JN209935

理解する力学

―科学する心と術を学ぶ―

信州大学教授
学術博士

川村嘉春 著

裳　華　房

MECHANICS

by

Yoshiharu KAWAMURA, Ph. D.

SHOKABO

TOKYO

まえがき

著者は常々，「能動的な学習意欲に燃える学生」や「創造力で勝負したいと心に秘めている学生」であふれる，元気な大学の姿を夢見ている．なぜなら，複雑化する社会の中で，「能動性」と「創造力」は今後ますます必要になるのではないかと予想しているためだ．そのため，大学入学後の早期に，能動性や創造力を高める教育ができれば理想的ではないかと思われる．著者としても，なんらかの形で手助けができればと考えている．

兼担という形で，大学での共通教育の授業を 15 年以上担当して，「力学」が能動性や創造力を養う絶好の教材になるのではないかという思いが募り，それと呼応するようにテキストの執筆依頼が来たため，本書を執筆する運びとなった．

絶好の教材と思える理由は以下の通りである．

- 身近に題材が存在していて，多くの場合，実験で検証しやすい．
- 題材の多くは視覚的に捉えることができる．
- 高校物理を学んでいなくても，少なくとも中学校で基礎的な内容を定性的に学んでいる．
- 微積分を用いていないが，高校物理で定量的なことも学んでいる．
- 定式化において用いる数学や数式はそれほど難解ではない．高校で学んだ数学 $+ \alpha$ で事足りる．
- 適切なヒントが与えられれば，独力で理論を作ることも可能である．

科学は，多くの場合，「目的・目標 → 現象・実験 → 予想・法則 → 模型・理論 → 実証・実例 → 拡張・応用」という一連の流れ・過程を通して発展してきた．この流れを適切な教材を用いて追体験し習得すれば，将来，研究や技術開発を含むさまざまな実生活の場面で活用できるのではないだろうか．

このような観点から，単に「力学を学ぶ」ではなくて，「**力学から科学する**

心と術を学ぼう」というのが本書のねらいの1つである．できればニュートンのような科学者になったつもりで，自然から与えられたヒントをもとにして，「力学」という理論体系を独自に構築するんだという気持ちで臨んでほしい．

本書の主な対象は大学の初年次生で，将来，自然科学を用いて研究や技術開発に挑む研究者や技術者の卵たちである．必ずしも高校で「物理」を学ばなかった方でも理解できるように，各章，初歩的な内容から始めて標準的な内容を網羅した．また，力学を理解するうえで必要な数学（ベクトル，微分，積分，三角関数など）についても，随時説明を加えた．

本書は16章で構成されていて，第1章から第3章は準備，第4章と第14章は運動の法則の定式化，その他の章（第5章から第13章，第15章，第16章）は具体的な物理系を用いた力の法則の解明・定式化と力学の諸法則の検証・整備である．さらに，多くの章は最後まで読み切らずとも，基本的なことを押さえたうえで次の章に移ることができるようになっている．章末問題も興味を引くように，身の回りの題材を含めた．**【発展】**は少し高度な内容を含むので，興味のある方が対象である．

研究や技術開発の際に役立つかどうかわからないが，「科学的なエピソード」の代わりに，各章の終わりに個人的な思いを対話形式で記した．時間のあるときに読んでもらって，自分独自の考えを生み出すきっかけにしてほしい．

「物理学」は暗記科目ではない．早期に「丸暗記」や「限定型の勉強」から脱却するのが望ましく，大学入学を契機として受動型から能動型の学習に切りかえてほしいと願いながら，従来のテキストとは少し異なるスタンスで執筆した．章や節のタイトル，本文，行間などに込めた思いを感じ取ってほしい．

3名の学部生（茶木敬典君，古谷優樹君，谷口建人君）に原稿を読んでもらい，読者の視点から有益な指摘をもらった．この場をお借りして，彼らに感謝の意を表したい．それから，執筆活動を温かく見守ってくれた家族に感謝したい．最後に本書の刊行に向けて，さまざまなアドバイスをしてくださった石黒浩之氏をはじめ出版社の皆様方に心より感謝申し上げる．

2019年夏

川村嘉春

目　　　次

第5章　重力による運動で検証しよう

第6章　束縛力がはたらく運動で検証しよう

第7章　振動現象を通して検証しよう

第8章　減衰振動と強制振動で検証しよう

第9章　振動現象をさらに探究しよう

第10章　衝突現象を通して検証しよう

第11章　惑星の運動で検証しよう

第12章　仕事とエネルギーにもっと親しもう

第13章 非慣性系から眺めてみよう

第14章 剛体の運動を定式化しよう

第15章 剛体の平面運動で検証しよう

第16章　固定点をもつ剛体の運動と衝突現象で検証しよう

コ　ラ　ム

1 目指すものを明確にしよう

何事をなすにしても，目的意識を植えつけること，出発点を確認すること，目指すべきものを明確にすることが重要である．目標を設定した後，準備として質点，単位，座標などについて学ぶ．

1.1 目的意識をもとう

まずは，「科学は万能か」という問いから始めよう．この問いに答えるためには，「科学とは何か」という問いに答える必要がある．この「科学とは何か」に対して，「科学とは再現性を有する現象（およびそれに準ずる現象）において，数量化できる量（およびそれに準ずる量）を扱う学問である」と回答した場合，最初の問いには「科学は数量化できて再現性のある現象に対して，万能である可能性が高い」という答えが出てくる．科学を志す方にとって一度は考えてほしい問いである．

物理学は科学の一分野で，その名の通り「物(もの)の理(ことわり)」を探究する学問である．ここで，「物」とは研究対象のことで，自然界に存在するさまざまなもの（リンゴ，地球，宇宙，原子，時間，空間，…）を指す．物理学の守備範囲の広さに注目してほしい．「理」とは，自然現象を支配する原理や法則（自然界の掟(おきて)やルール）のことである．

物理学は研究対象ごとに細分化されていて，物体にはたらく力のつり合いや，物体にはたらく力と物体の運動の関係を論じる学問が**力学**である．**身近にあるものを題材にして，力学を通して，科学的な考え方と技術（科学する心と**

術）を学び，能動性と独創力を養うためのヒントを提示するのが本書の第1のねらいである．第2のねらいは，物理学の基本的な法則から多種多様な現象が鮮やかに説明されること，すなわち，物理学が極めて普遍性の高い基礎的な学問分野であることを，力学を通して垣間見ることである．このような特徴により，物理学が工学・農学・医学などの分野に応用され，さまざまな科学技術が開発された．実際に，身近にある道具や機械の多くに力学の原理や法則が応用されている．**力学の学習を通して，専門科目（統計力学，量子力学，…，機械力学，材料力学，…）を学ぶうえでの基礎を確立するのが，第3のねらいである．**

中学校で，力学の基礎的な内容を定性的に学んでいる（本章の章末問題［1］参照）．これらを土台にして，定量的で**定式化**された理論の構築を追体験してほしい．ここで定式化とは，数式を用いて法則などを表現することである．

定量化や定式化のための道具立てとして数学が必要になる．力学においては多くの場合，高校で学ぶ数学で事足りるが，場合によっては，より高度な数学（偏微分など）が必要になる．ただし，高校数学の延長線上にあるものなので十分習得可能である．将来，研究や技術開発の場で必要に応じて，「自ら数学書にあたり勉強する」，「適切なものが見つからなければ自力で作ってみせる」という意識が芽生えればすばらしいと思う．

1.2　目標を設定しよう

前述のように，中学校ですでに力学に関する基本的な概念を定性的に学んでいる．これらを土台にして，以下のことを目標としよう．

（1）　力学では，「大きさ」と「向き」を併せもつ量を扱うことになる．このような量は「ベクトル」とよばれ，その数学的な性質を第2章で学ぶ．ベクトルに慣れ親しもう．

（2）　物体の運動を把握するためには，その「変化」を追う必要がある．変化を調べる方法として「微分法」があり，その数学的な性質を第3章で学ぶ．微分および積分に慣れ親しもう．

（3） 物体にはたらく力と物体の運動の関係については，すでに法則の形で定性的に学んでいるが，それをヒントにして，その定式化を第4章で行う．運動の法則を身につけよう．

（4） 第4章で得られた運動の法則の定式化に基づいて，第5章から第11章において次のような具体的な現象の理解に挑もう．

- リンゴが木から落ちる．どうして？どのように？

図1.1　リンゴの落下

- ボールを放り投げるとどうなるか？

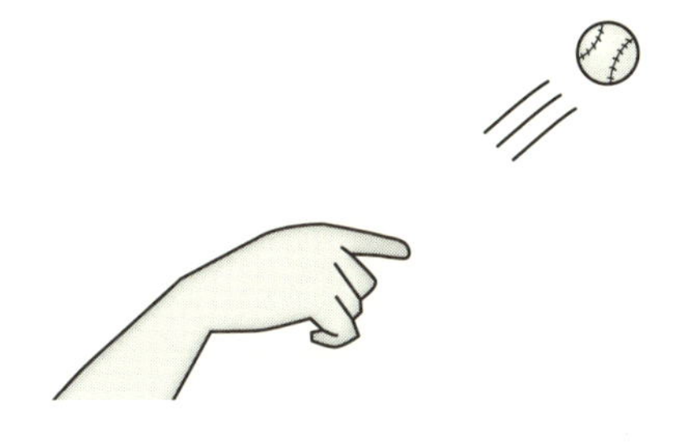

図1.2　ボールの運動

- 水平面に置かれた物体が静止し続けるのはなぜか？

図1.3　静止したカップ

- 斜面を滑（すべ）る物体の運動の様子をいかに記述するか？

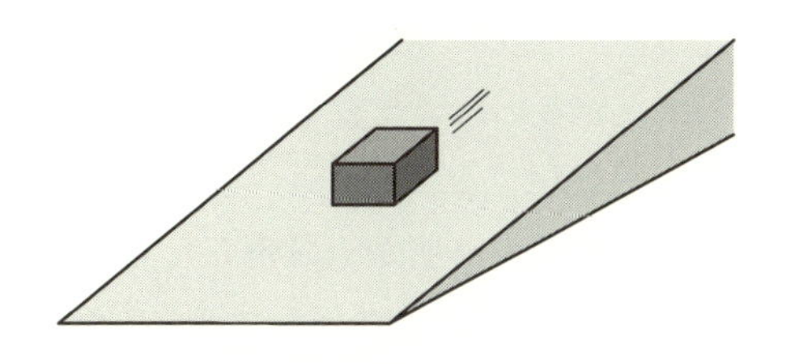

図1.4　斜面を滑る物体

• 振り子の運動の様子をいかに記述するか？

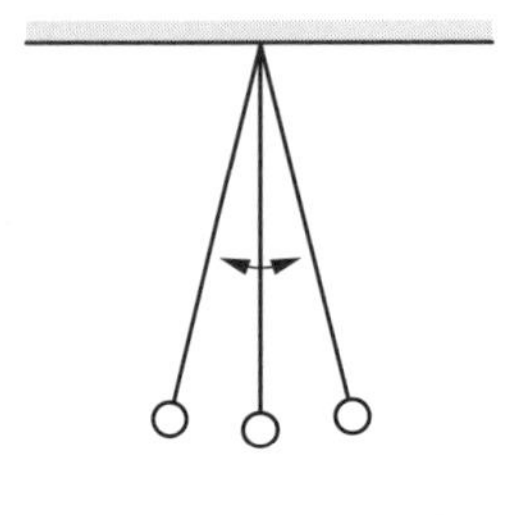

図 1.5　振り子の運動

• おもりの振動の様子をいかに記述するか？

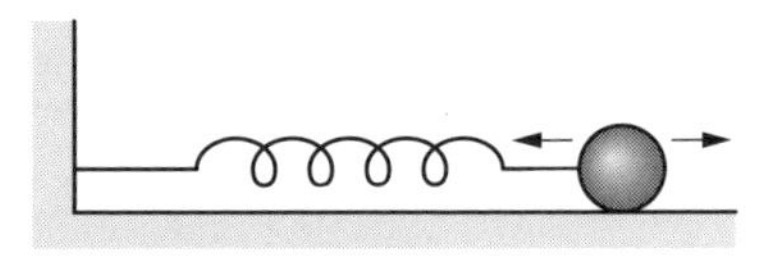

図 1.6　おもりの振動

• コインとコインの衝突の様子をいかに記述するか？

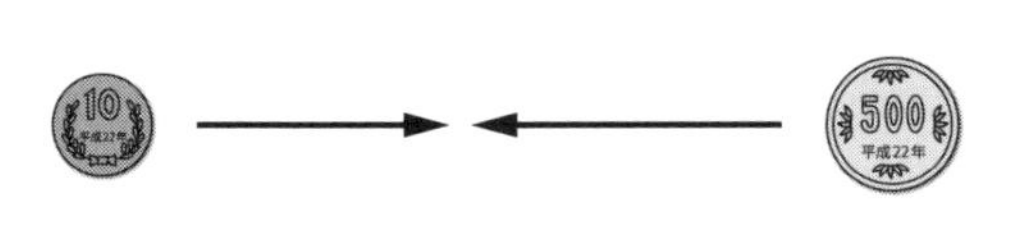

図 1.7　コインの衝突

• 太陽の周りの惑星の動きをいかに記述するか？

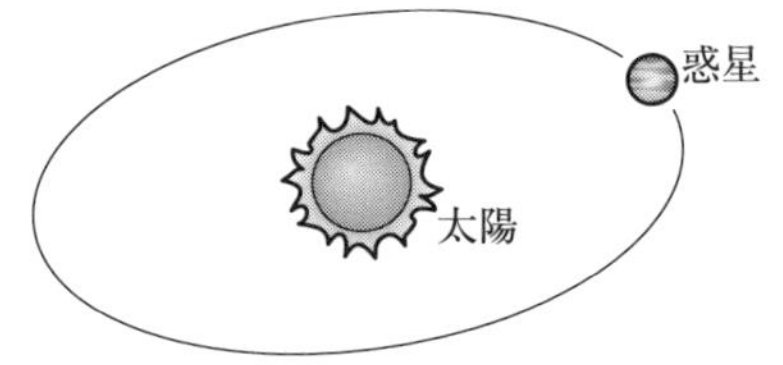

図 1.8　惑星の運動

これらの現象の理解を通して，力学の法則，方程式，関係式の成否を検証することができる．力学の法則は「運動の法則」と「力の法則」からなり，「運動の法則の検証」と「力の法則の解明」が同時進行でなされることが多い．より多くの現象を扱うのが望ましいが，さまざまな制約上，厳選した．

検証や解明が一段落したら，高い視点に立って理論構造を眺めてみよう．その際に，「何か共通する性質や特徴が存在しないか」や「適用範囲や記述の仕方を拡張できないか」という点に着目する．

（5）　中学校ですでに，エネルギーに関する基本的な性質を定性的に，仕事や仕事率に関する定義式を，力が一定である場合について学んでいる．これらを踏まえて，エネルギーと仕事に関する一般的な定式化と普遍的な性質の把握を第 12 章で行う．エネルギーと仕事に親しもう．

（6） 第 13 章では，さまざまな観測者の視点に立った現象の理解に向けて，記述の拡張を行い，次のような疑問を解決しよう．

- 回転している円盤上の物体が外側に放り出されるのはなぜか？
- 振り子の振動面がゆっくりと時間変動するのはなぜか？

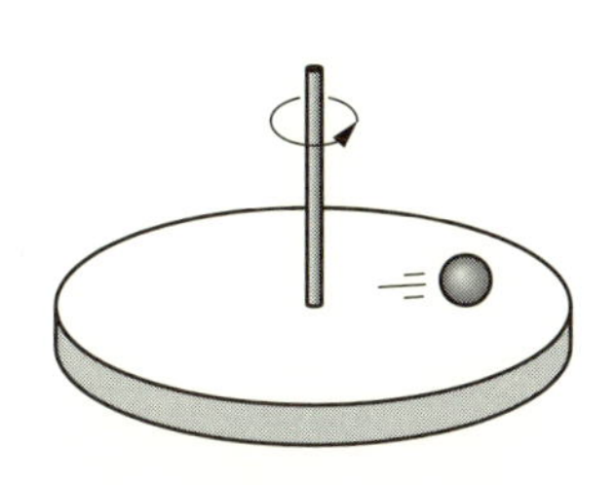

図 1.9 回転している円盤上の物体の運動

図 1.10 振り子の振動面の時間変動

（7） 第 14 章では，剛体とよばれる大きさをもつ物体の運動を定式化しよう．

（8） 第 15 章と第 16 章では，剛体に関する力のつり合いや回転運動を考察し，次のような現象の理解に挑もう．

- 壁に立てかけられたはしごが静止するのはなぜか？

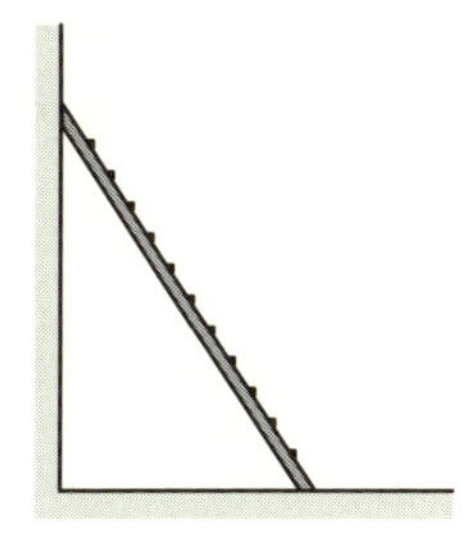

図 1.11 壁に立てかけられたはしご

- 斜面を転(ころ)がる物体の運動の様子をいかに記述するか？

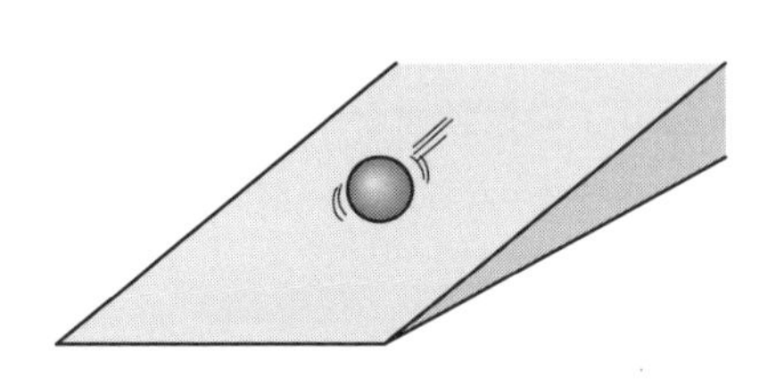

図 1.12　斜面を転がる物体

- 実体振り子の運動の様子をいかに記述するか？

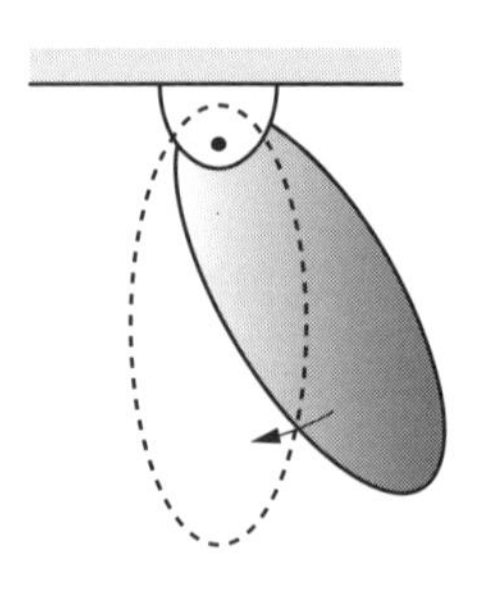

図 1.13　実体振り子の運動

- コマが回る動きをいかに記述するか？

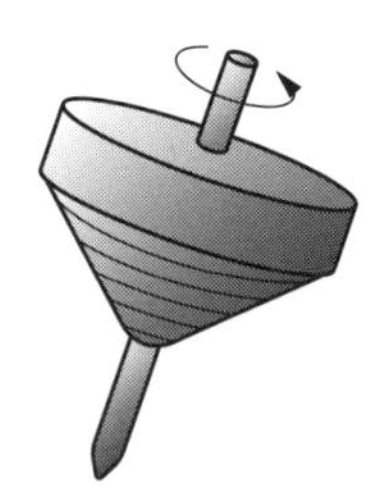

図 1.14　コマの回転

- テニスラケットのスイートスポットをいかに理解するか？

図 1.15　テニスラケットのスイートスポット

- スーパーボールのはね返りをいかに理解するか？　もとに戻ったり，重心の速さが増したりするのはなぜか？

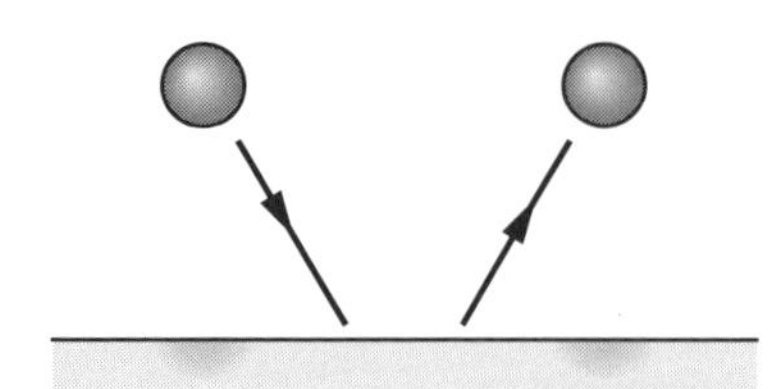

図 1.16　スーパーボールのはね返り

これらの目標を達成するための準備として，次節で力学に関する専門用語と座標などについて紹介する．

1.3 準備をしよう

1.3.1 質点と剛体

まずは，力学の対象を明確にする必要がある．対象は目で見える身の回りのもの（リンゴ，ボール，消しゴム，おもり，ビリヤードの玉，地球など）で，これらの物体を一般的に扱う．そこで物体に共通する性質である「質量をもつ」と「大きさがある」に着目する．ここで，質量とは物体の動きにくさを表す量である（4.1.2 項参照）．物体の組成によらない普遍的な理論を作るために，理想化や単純化を行うのが力学の常套手段である．ここでは，次のような 2 種類の理想化された物体を考える（図 1.17 参照）．

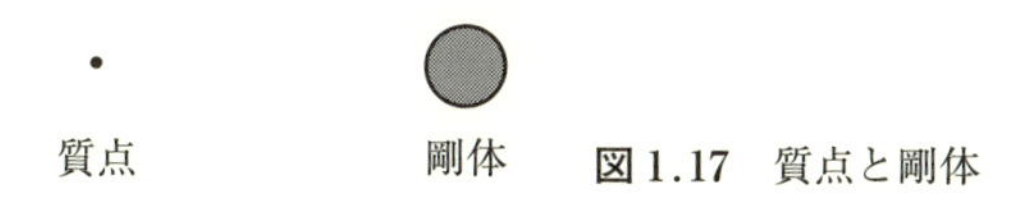

図 1.17 質点と剛体

> **質点**とよばれる，質量はあるが大きさが無視できるもの．
> **剛体**とよばれる，質量と大きさをもつが変形しないもの．

以下では，運動するものやそれに付随するものに対して，具体的な名称あるいは単に物体という言葉を用いたりする．第 13 章までは運動する物体を質点，第 14 章以降は剛体として扱う．

1.3.2 力学で使われる専門用語と言い回し

科学にはさまざまな専門用語が登場する．力学の専門用語の意味するところはその都度(つど)説明するとして，ここでは，注意事項について述べる．

専門用語の中には日常用語を借用している場合がある．例えば，速さ，力，仕事などである．また，日常用語ではほぼ同じ意味として使われているが，力学では区別して使用されるものがある．例えば，速さと速度である．さらに独特の言い回し・表現が存在する．例えば，静かに，粗い，滑らか，軽い，単位時間当りなどである．

言葉を覚えないと話が始まらない．専門用語に出くわしたら，その意味をそ

表 1.1　ギリシア文字とその読み方，および対応する主な専門用語

大文字	小文字	読み方	対応する専門用語
A	α	alpha：アルファ	
B	β	beta：ベータ	
Γ	γ	gamma：ガンマ	抵抗係数
Δ	δ	delta：デルタ	微小差分
E	ε	epsilon：イプシロン	無限小量
Z	ζ	zeta：ゼータ	
H	η	eta：イータ	
Θ	θ	theta：シータ	角度，天頂角
I	ι	iota：イオタ	
K	κ	kappa：カッパ	
Λ	λ	lambda：ラムダ	波長
M	μ	mu：ミュー	静止摩擦係数
N	ν	nu：ニュー	振動数
Ξ	ξ	xi：クシー	
O	o	omicron：オミクロン	
Π	π	pi：パイ	円周率
P	ρ	rho：ロー	密度
Σ	σ	sigma：シグマ	和の記号
T	τ	tau：タウ	時定数
Υ	υ	upsilon：ウプシロン	
Φ	ϕ　φ	phi：ファイ	角度，方位角
X	χ	chi：カイ	
Ψ	ψ	psi：プサイ	
Ω	ω	omega：オメガ	角速度，角振動数

らで言えるようにしよう．専門用語を熟知し，混同しないように注意しながら活用しよう．将来，新たなものが必要になったとき，「日常用語の中から選び出す」，「適切なものが見つからなければ，創作する」というチャンスに出くわすかもしれない．その際，センスが問われるので慎重に行おう．そのためにも，日頃から専門用語に慣れ親しむ習慣をつけておこう．

数式において，ラテン文字（ローマ字）の他に，ギリシア文字が使用される場合があるので覚えておくとよい．ギリシア文字とその読み方，および対応する主な専門用語を表1.1にまとめた．日本語読みは標準的なものを記載した．

1.3.3 力学で使われる単位と次元

物理的な実体の性質や状態を表す量を**物理量**とよぶ．物理量を数量化する際に設ける基準を**単位**とよぶ．力学において，基本的な物理量は質量，長さ，時間である．質量の単位をキログラム（kg），長さの単位をメートル（m），時間の単位を秒（s）とする**基本単位**で構成された単位系を MKS **単位系**とよぶ[†1]．ここで，括弧内のアルファベットは単位を表す記号（単位記号）である．表1.2に力学の基本単位をまとめた．

表1.2　力学の基本単位

物理量	単位名	単位記号
質量	キログラム	kg
長さ	メートル	m
時間	秒	s

その他の物理量は，基本単位を組み合わせて作られた**組立単位**とよばれる単位をもつ．例えば，速度はメートル毎秒（m/s），加速度はメートル毎秒毎秒（$\mathrm{m/s^2}$）である．組立単位の中には，固有の名称と記号を用いて表されるものがある．例えば，力はニュートン（N），エネルギーや仕事はジュール（J）である．ちなみに，$1\,\mathrm{N} = 1\,\mathrm{kg{\cdot}m/s^2}$，$1\,\mathrm{J} = 1\,\mathrm{N{\cdot}m} = 1\,\mathrm{kg{\cdot}m^2/s^2}$ である．

物理量は**次元**をもつ．単位が $\mathrm{kg}^{\alpha}\,\mathrm{m}^{\beta}\,\mathrm{s}^{\gamma}$ である物理量 Q の次元 $[Q]$ は，質量の次元 $[\mathrm{M}]$ を α で，長さの次元 $[\mathrm{L}]$ を β で，時間の次元 $[\mathrm{T}]$ を γ とすると，これらを組み合わせて $[Q] = [\mathrm{M}^{\alpha}\mathrm{L}^{\beta}\mathrm{T}^{\gamma}]$ と表記される．本書では，煩雑（はんざつ）さを避けるため，必要と思われる場合を除いて単位を省略する．

---

†1　物理学では，国際単位系（SI）とよばれる質量（kg），長さ（m），時間（s）に電流（A），温度（K），光度（cd），物質量（mol）を加えた7つの基本単位が広く用いられる．

ここで，「次元をもたない量のみを扱うほうが楽か」という問いについて考えよう．次元があるとさまざまな単位（例えば，長さに対してはメートル，インチ，寸(すん)など）を導入する自由度が生まれ，それらを併用する場合は換算が必要となり面倒(めんどう)である．この難点は単位を共通化することで解決される．次元をもつ量を扱うほうが便利な場合がある．それは，次元解析という離れ業が使えるからである．7.1.2 項で具体例を用いて紹介する．「弱点を強みに変える」という発想に近いものがある．

1.3.4　力学で使われる舞台と座標

力学の舞台を明確にする必要がある．ここで，舞台とは時間と空間のことである．最初から完璧(かんぺき)な理論を作るのは困難なので，直観に基づき次のような単純な舞台を用意しよう．

> **絶対時間**とよばれる，空間とは独立に一様に流れる時間．
> **ユークリッド空間**とよばれる，平坦で一様・等方な空間．

単純化したものは得(え)てして穴だらけかもしれないが，理論を作り実験と比較した後，必要に応じて修正を試みるのが得策である．

物体の運動を定量的に扱うために，物体の位置を数量化する必要がある．その手段として，**座標系**を導入しよう．

図 1.18 は**直交座標系**（**デカルト座標系**）とよばれるものである．この座標系は互いに直交する 3 本の座標軸（x 軸，y 軸，z 軸）からなり，その交点 O を原点とする．それぞれの軸の正の向きは，通常，**右手系**とよばれるものを選ぶ．すなわち，x 軸，y 軸，z 軸の正の向きを，それぞれ右手の親指，人差し指，中指の向きになるように選ぶ（図 1.19 参照）．

直交座標系において，点 P は 3 つの数の組 (x, y, z) で表され，P の**座標**とよばれる．原点 O は $(0,0,0)$ である．このような設定のもとで，時刻 t における物体の位置は $(x(t), y(t), z(t))$ と表され，これらは時刻の関数となる．物体が運動する道すじは**軌道**（**経路**）とよばれ，座標系内で線を描く（図 1.20 参照）．軌道が直線である運動を**直線運動**，円である運動を**円運動**という．

直線運動の例として，**自由落下**する物体の運動がある（図 1.21 参照）．運動の方向を x 軸に選ぶと，y 軸と z 軸を考慮する必要がないため便利である．**運動に応じて扱いやすい座標系を選ぶのがよい**．

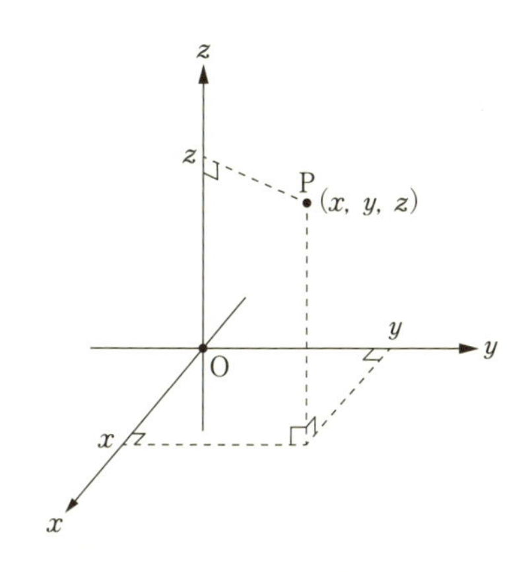

図 1.18　直交座標系（デカルト座標系）

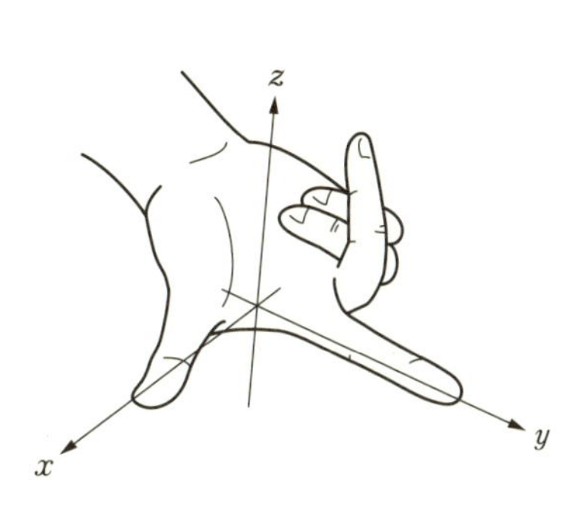

図 1.19　右手系

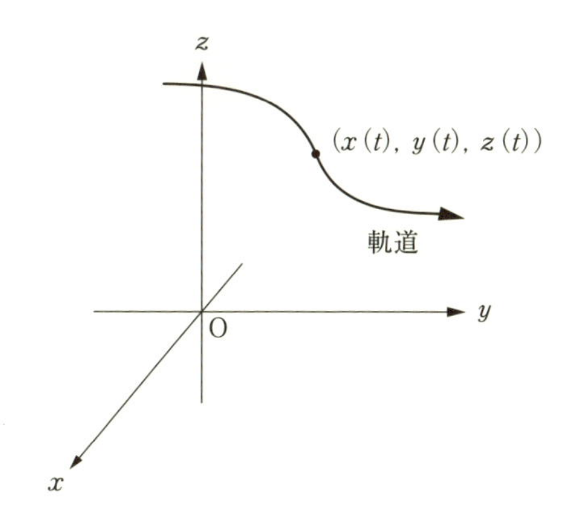

図 1.20　物体の軌道

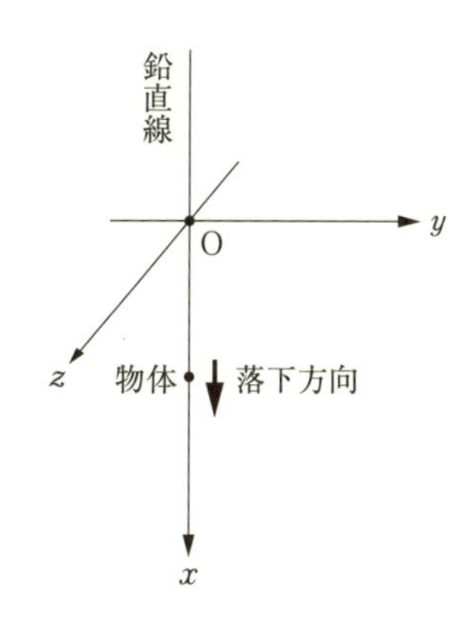

図 1.21　自由落下する物体

円運動の例として，円錐振り子の運動がある（次頁の図 1.22 参照）．円運動は平面内で行われ，平面内に円の中心を原点として x 軸と y 軸を選べば，z 軸を考慮する必要がないため便利である．さらに，**極座標系**とよばれる座標系を用いるとより扱いやすくなる．

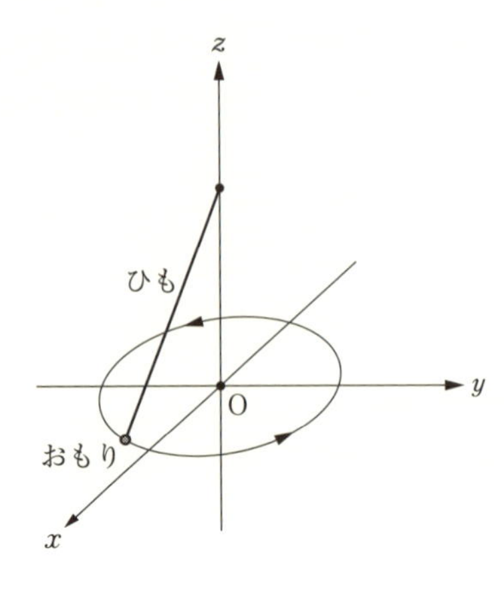

図 1.22　円錐振り子の運動

極座標系を紹介する前に，**三角比**について説明する．AB を斜辺，BC を対辺，AC を底辺とする直角三角形 ABC において，角 A の大きさを θ とする．このとき，辺の長さの間の 3 種類の比は次のように表される（図 1.23 参照）．

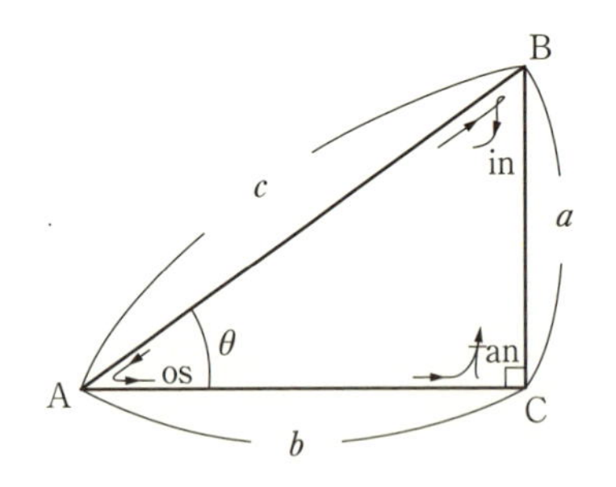

図 1.23　直角三角形と三角比

> $\dfrac{\text{対辺の長さ}}{\text{斜辺の長さ}}$ を角 θ の**正弦**といい，$\sin\theta$ と表す．
>
> $\dfrac{\text{底辺の長さ}}{\text{斜辺の長さ}}$ を角 θ の**余弦**といい，$\cos\theta$ と表す．
>
> $\dfrac{\text{対辺の長さ}}{\text{底辺の長さ}}$ を角 θ の**正接**といい，$\tan\theta$ と表す．

これらは，

$$\sin\theta = \frac{a}{c}, \quad \cos\theta = \frac{b}{c}, \quad \tan\theta = \frac{a}{b} \tag{1.1}$$

と表され,

$$\tan\theta = \frac{\sin\theta}{\cos\theta}, \quad \sin^2\theta + \cos^2\theta = 1, \quad 1 + \tan^2\theta = \frac{1}{\cos^2\theta} \tag{1.2}$$

という関係式が成り立つ.(1.2)の第2,3式は**ピタゴラスの定理**(**三平方の定理**)$a^2 + b^2 = c^2$ を用いて示される.

まず,極座標系(より正確には**2次元極座標系**)とは,図1.24のように,点Pの位置を,原点Oからはかった距離 r および線分OPと x 軸のなす角 θ を用いて指定する座標系である.このとき,三角比を $0° \leq \theta \leq 90°$ に限定せずに,すべての角度に拡張することができる.直交座標系,極座標系を用いて,点Pの座標をそれぞれ (x, y),(r, θ) と表したとき,

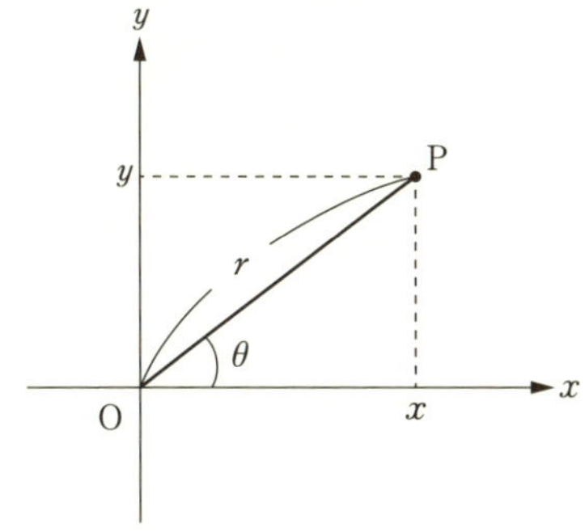

図1.24 2次元極座標系

$$x = r\cos\theta, \qquad y = r\sin\theta \tag{1.3}$$

あるいは,

$$r = \sqrt{x^2 + y^2}, \qquad \tan\theta = \frac{y}{x} \tag{1.4}$$

という関係式が成り立つ.θ を変数とする関数 $\sin\theta$,$\cos\theta$,$\tan\theta$ は**三角関数**とよばれる.三角関数の性質に関しては,7.2節で説明する.

角度については,**弧度法**を用いて表す.弧度法とは,半径 r の円に対して,円弧の長さ s に対応する角度 θ を r と s の比

$$\theta = \frac{s}{r} \tag{1.5}$$

を用いて表す方法で,単位は**ラジアン**,記号はradを用いる(次頁の図1.25参照).例えば,360°は 2π radである.ここで,π(=3.14159…)は円周率を表す.以後,多くの場合,radを省略する.極座標系を用いると,半径 R の円運動は r の値が固定されるため,θ の時間変化のみを考えれば十分である.

次に,**3次元極座標系**について紹介する.この座標系により,次頁の図1.26のように,点Pの位置が原点Oからの距離 r と向きを表す2つの角度(**天頂角** θ と**方位角** ϕ)を用いて指定される.(x, y, z) と (r, θ, ϕ) の間には,

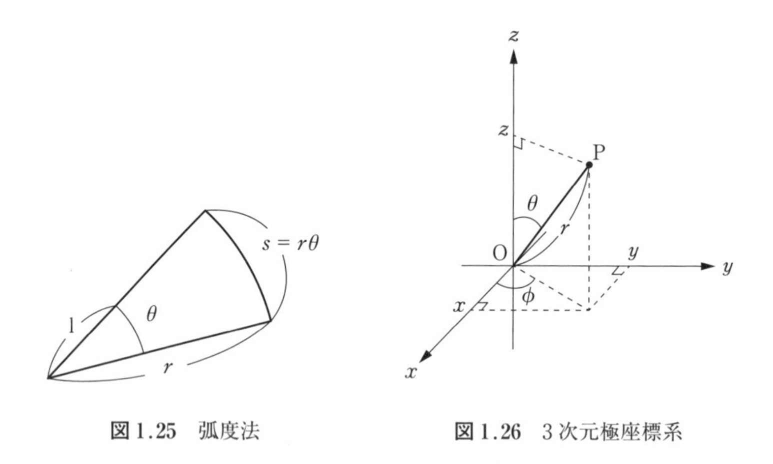

図 1.25　弧度法

図 1.26　3 次元極座標系

$$x = r\sin\theta\cos\phi, \quad y = r\sin\theta\sin\phi, \quad z = r\cos\theta \qquad (1.6)$$

あるいは,

$$r = \sqrt{x^2 + y^2 + z^2}, \quad \tan\theta = \frac{\sqrt{x^2 + y^2}}{z}, \quad \tan\phi = \frac{y}{x} \qquad (1.7)$$

という関係式が成り立つ（円筒座標系に関しては，本章の章末問題［2］参照）.

座標系は，数量化と視覚化を目的としたすばらしい発明である．いろいろな座標系が考えられ任意に使うことができるが，標準的な座標系を理解したうえで便利なものを使うことを心がければ強力な道具になる.

1.3.5　自然現象を理解する鍵：法則と思考実験

法則とは自然界を支配するルールを具現化したもので，ルールの存在は暗黙の了解とする．さらに，法則を定式化した体系が理論や模型である．いずれも，人間が構築するものなので，近似的で適用限界がある場合が多い．そこで，理論の構築に際し，「最初から完成品を作ろうとしないで，試行錯誤しながら完成度を高めよう」という態度で臨むのがよいであろう.

法則を探究する際に，まずは質点や剛体を考えるときと同じように物理系の理想化や単純化を試みよう．実験や観測を通して得られたデータはもとより，**思考実験**も法則を探究するための強力な手段になる．ここで，思考実験とは頭の中で仮想的に行う“実験”（理想化された物理系に基づく物理的な推論）のことで，実際に行うことが困難な実験の代わりに威力を発揮する場合がある（第4章の章末問題［9］，第5章の章末問題［10］参照）．

法則は，数式を用いて表すのが最適である．なぜなら，数式を扱う数学は一般性に富み，我々が住んでいる“この宇宙の共通語”と考えられるからである．よって，必要な数学に慣れ親しむことが法則の理解と探究と応用の近道になるだろう．

1.3.6　力学を理解するための作業工程

物体の運動状態を指定する物理量である，物体の（原点を基準とした）位置，位置の時間変化，速度の時間変化および物体にはたらく力は，「ベクトル」で表される．また，「微分」を用いて，物理量の時間変化を捉えることができる．

力学を構築し理解するという作業工程は，以下の3つに大別される．

（i）　必要な数学（ベクトル，微分，積分など）に慣れ親しむ．

（ii）　運動の法則を見出し定式化（運動方程式による記述）し，身につける．

同一の運動方程式のもとで多様な現象が起こるのは，物体にはたらく力が異なるためである．個々の場合に応じて，次のような作業を行う．

（iii）　さまざまな力に関する法則を見出し定式化し，運動方程式を立て，それを解いて，現象と比較しフィードバックする．

「物理学」は受験のために生まれたものではないし，机上の空論でもない．本当に起こっている現象を扱う学問である．当初予想した法則に反する現象が起こった場合，必ずそれなりの理由がある．法則を熟知すれば，その現象がより神秘的に見えてくる．見逃していた要素の導入や法則の改良などにより謎が解かれたとき，爽快（そうかい）な気分になる．これが物理学を含む自然科学の醍醐（だいご）味である．

頭脳と五感を駆使して，上記の作業を通して力学の理解を深め，専門科目習得に向けた基礎固めとともに，科学する心と術を身につけてほしい．

コ ラ ム
謎の仮面現る

力学を勉強しようとしているタロちゃんの前に，謎の仮面が現れた．仮面がつぶやき，タロちゃんとの間に問答が始まった．『力学を学ぶうえでは，理想化や単純化が重要になるぞ.』驚きつつもタロちゃんが答えた．「どのように？」『きちんと学べばわかるよ.』「教えてよ.」『それじゃ少しだけ．惑星の公転を理解する際に，惑星を点として扱うとうまくいくんだ.』「地球の大きさを無視するってこと？　大胆だね.」『そうだよ．なぜうまくいくのかはいずれわかるよ.』「楽しみにしているよ.」『とにかく，理想化や単純化を実行する際には，本質を損わないように注意することだ.』

タロちゃんが仮面に恐る恐る尋ねた．「直交座標系はデカルト座標系ともよばれるけど，このデカルトって哲学者のデカルト？」『そうだよ．近代哲学の祖(そ)とよばれるあのデカルトが座標系を発明したんだ．彼の有名な言葉を知っているか？』「確か，“我思う，ゆえに我あり” だったかな.」『その通り，彼は徹底的に疑うことを実践し，その境地に到達したんだ.』「なんとなくわかるよ.」『むやみに哲学に傾倒する必要はないけど，科学においても疑うことは大切だぞ.』

章 末 問 題

［1］ 本書で学ぶ読者の中には，高校物理未履修の方もいるかもしれない．まずはウォーミングアップとして，以下の問いに定性的に答えよ．

(a) 力のはたらきについて述べよ．

(b) 力を図示する方法を述べよ．

(c) 重力の性質について述べよ．

(d) ばねに作用する力の性質について述べよ．

(e) 斜面を降りる台車の運動の様子を述べよ．

(f) 物体に力がはたらかないときの物体の運動の様子を述べよ．

(g) エネルギーとは何か．説明せよ．

（h） 運動エネルギーの性質について述べよ．

（i） 重力に関する位置エネルギーの性質について述べよ．

（j） 仕事とは何か．説明せよ．

［2］ 図1.27のように，直交座標系のz軸をそのまま用い，xy平面に関しては2次元極座標(l, θ)（l：z軸からの距離）とした座標系を**円筒座標系**とよぶ．ここで，(x, y, z)と(l, θ, z)の間に成り立つ関係式を書き下せ． ⇨ **1.3.4項**

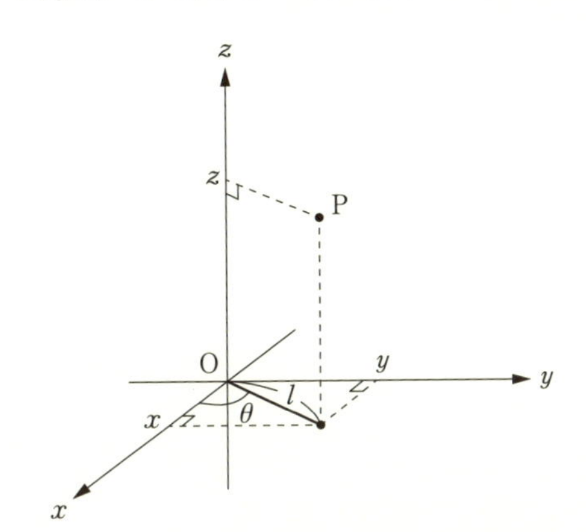

図1.27 円筒座標系

［3］ 中学校で，「慣性の法則」と「作用・反作用の法則」を定性的に学んでいる．中学時代に舞い戻ったつもりで，これらの法則について説明せよ．

2 ベクトルに慣れ親しもう

中学校で力の合成と分解を学んでいる．「力」という抽象的なものをベクトルを用いた図で表すことで，「大きさ」と「向き」を併せもつものとして視覚化していることを思い出してほしい．力と運動を記述するために，「ベクトル」に慣れ親しもう．ベクトルは基本的な道具立ての１つで，その学習は準備運動に相当するので，入念に行うに越したことはない．

2.1 ベクトルの演算に慣れよう

2.1.1 ベクトルとは

ベクトルとは「大きさ」と「向き」を併せもつ量で，$\vec{A}$，あるいは$\boldsymbol{A}$と表記される．本書では，太字を用いて$\boldsymbol{A}$，$\boldsymbol{B}$，$\boldsymbol{C}$，$\boldsymbol{r}$のように表記する．手書きのときは，右のように2重線を加えて表記したりする．図示する際には，「大きさ」を長さで，「向き」を矢印で表す（図2.1参照）．ちなみに，ベクトルの始点Oと終点Pを指定することによる表し方もある（図2.2参照）．この場合，$\overrightarrow{\mathrm{OP}}$のように表記される．

$\mathbb{A}, \mathbb{B}, \mathbb{C}, \cdots$

$\mathbb{a}, \mathbb{b}, \mathbb{c}, \cdots$

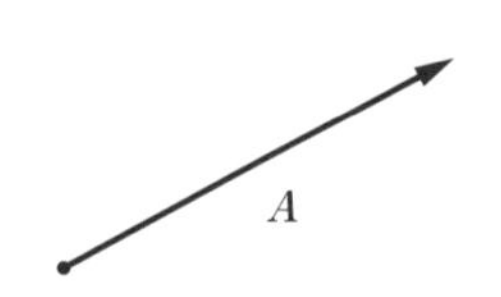

図 2.1　ベクトルの表し方（その 1）

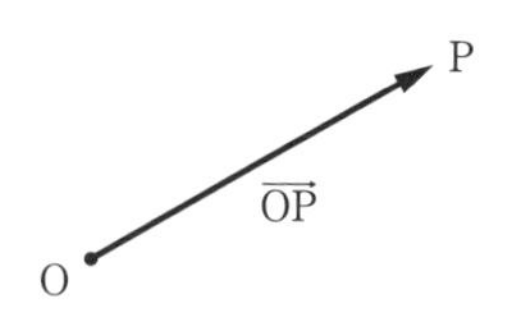

図 2.2　ベクトルの表し方（その 2）

【注意】 数学では，大きさが等しく向きが同じベクトルは同一（平行移動させて一致するものは同一）と見なす．このようなベクトルは**自由ベクトル**とよばれる．物理では変位や力のように，始点が意味をもつようなベクトルを扱うことがあるので注意しよう．

ちなみに，「向き」をもたない量は**スカラー**とよばれる．長さはスカラーである．スカラーは細字を用いてA，B，s，rのように表記する．

2.1.2　ベクトルの演算

ここでは，ベクトルに関する演算のルールの紹介から始めよう．

ベクトルの和（加法）

$\boldsymbol{A}$と$\boldsymbol{B}$の和$\boldsymbol{A}+\boldsymbol{B}$（$=\boldsymbol{B}+\boldsymbol{A}$）は，図2.3のように$\boldsymbol{A}$（$\boldsymbol{B}$）の終点に$\boldsymbol{B}$（$\boldsymbol{A}$）の始点が来るように$\boldsymbol{B}$（$\boldsymbol{A}$）を平行移動させて得られる．$\boldsymbol{A}+\boldsymbol{B}$は$\boldsymbol{A}$と$\boldsymbol{B}$から構成される平行四辺形の対角線に向きをつけたものに相当するため，このような和の規則は**平行四辺形の法則**とよばれる．

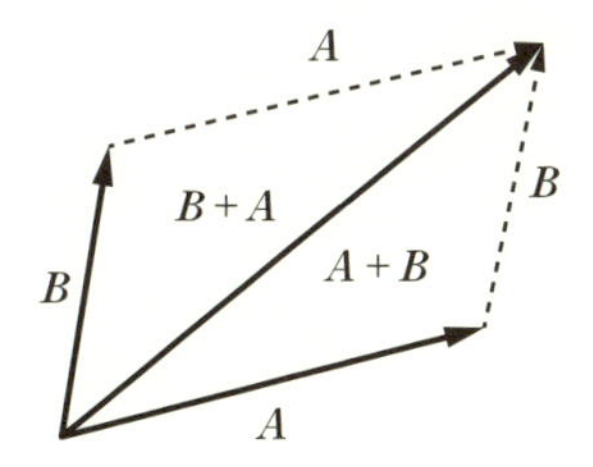

図2.3　ベクトルの和

ベクトルの定数倍

$\boldsymbol{A}$の定数倍$s\boldsymbol{A}$（$\boldsymbol{A}$とスカラーsの積）は，$s>0$のときはベクトルの向きは変わらず，長さがs倍されたものになる．$s<0$のときはベクトルの長さが$|s|$倍され，向きが反対のものになる．$\boldsymbol{A}$と大きさが等しくて向きが反対のベクトルは$-\boldsymbol{A}$で，$\boldsymbol{A}$の**逆ベクトル**とよばれる（図2.4参照）．

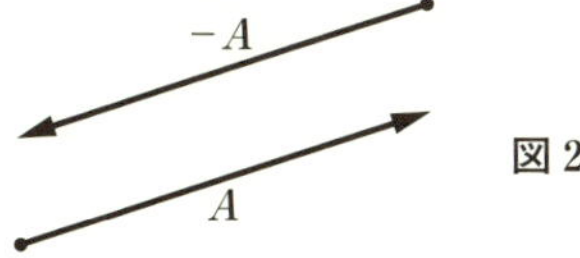

図2.4　逆ベクトル

ベクトルの差（減法）

$\boldsymbol{A}$ と $\boldsymbol{B}$ の差 $\boldsymbol{A}-\boldsymbol{B}$ は，数の演算 $a-b=a+(-b)$ を参考にして $\boldsymbol{A}-\boldsymbol{B}=\boldsymbol{A}+(-\boldsymbol{B})$ とすれば，図2.5のように $\boldsymbol{A}$ の終点に $-\boldsymbol{B}$ の始点がくるように $-\boldsymbol{B}$ を平行移動させて得られる．また，$\boldsymbol{A}+(-\boldsymbol{A})=\boldsymbol{0}$ である．ここで，$\boldsymbol{0}$ は**零ベクトル**とよばれる大きさが0のベクトルである．

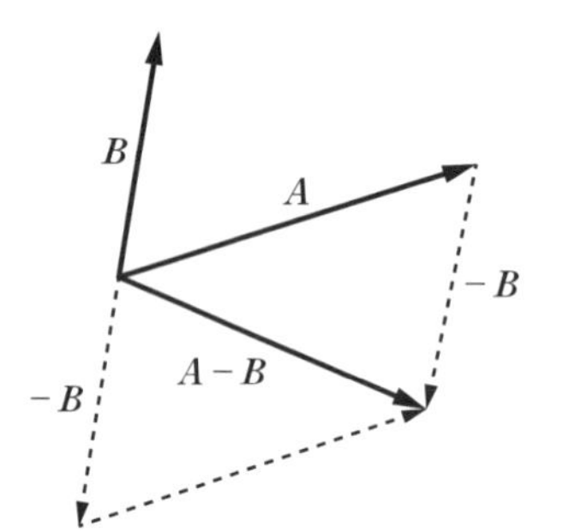

図2.5　ベクトルの差

ベクトルの大きさ

ベクトルの大きさとはベクトルの長さのことで，$\boldsymbol{A}$ の大きさは $|\boldsymbol{A}|$，あるいは通常の太さの文字を用いて A と表記される．

ベクトルの成分表示

座標系を導入して，ベクトルを数量化すると実用的である．このような数量化は**ベクトルの成分表示**とよばれ，その値は設定する座標系に依存することに注意しよう．直交座標系を採用すると，ベクトル $\boldsymbol{A}$ は

$$\boldsymbol{A}=(A_x, A_y, A_z) \tag{2.1}$$

のように表示される．ここで，A_x，A_y，A_z はそれぞれ $\boldsymbol{A}$ の x 成分，y 成分，z 成分とよばれ，これらは $\boldsymbol{A}$ の始点を原点としたときの x 軸，y 軸，z 軸上への正射影した際の値である（図2.6参照）．ピタゴラスの定理より，$\boldsymbol{A}$ の大きさは

$$|\boldsymbol{A}|=\sqrt{A_x^2+A_y^2+A_z^2} \tag{2.2}$$

で与えられる．図2.7より，$\boldsymbol{A}=(A_x, A_y, A_z)$ と $\boldsymbol{B}=(B_x, B_y, B_z)$ の和が

$$\boldsymbol{A}+\boldsymbol{B}=(A_x+B_x, A_y+B_y, A_z+B_z) \tag{2.3}$$

であることがわかる．

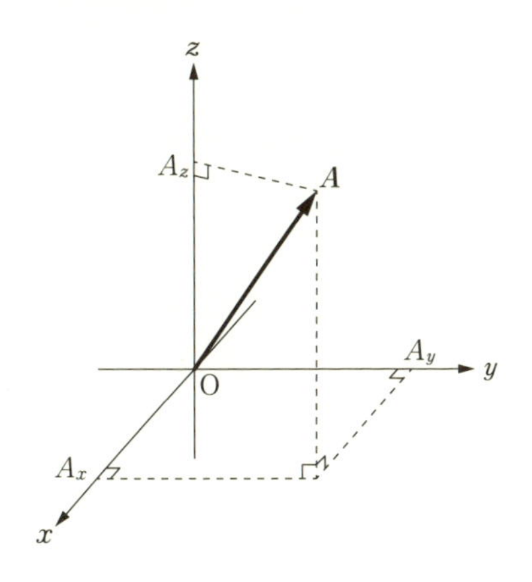

図 2.6 ベクトルの成分表示

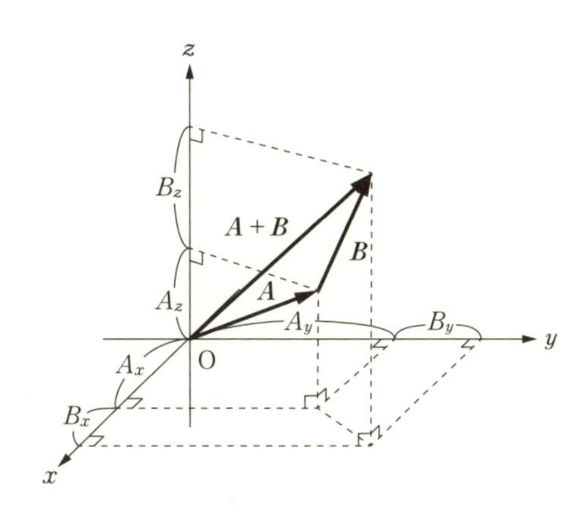

図 2.7 ベクトルの和

単位ベクトル

単位ベクトルとは大きさが 1 のベクトルである．$\boldsymbol{A}$ をその大きさ $|\boldsymbol{A}|$ で割って（$1/|\boldsymbol{A}|$ 倍して）得られるベクトル $\boldsymbol{e}_A$ は，$\boldsymbol{A}$ と同じ向きをもつ単位ベクトルとなり，

$$\boldsymbol{e}_A = \frac{\boldsymbol{A}}{|\boldsymbol{A}|} = \left(\frac{A_x}{A}, \frac{A_y}{A}, \frac{A_z}{A}\right) \tag{2.4}$$

と表示される．成分表示において，$|\boldsymbol{A}|$ を A と記した．

例題 2.1

$\boldsymbol{e}_A$ の大きさが 1 であることを示せ．

解 (2.2) を用いて，$\boldsymbol{e}_A$ の大きさは

$$|\boldsymbol{e}_A| = \sqrt{\left(\frac{A_x}{A}\right)^2 + \left(\frac{A_y}{A}\right)^2 + \left(\frac{A_z}{A}\right)^2} = \sqrt{\frac{A_x^2 + A_y^2 + A_z^2}{A^2}} = 1 \tag{2.5}$$

のように求められる．◆

単位ベクトルを用いて，どんなベクトルも，

$$\boldsymbol{A} = |\boldsymbol{A}|\boldsymbol{e}_A \tag{2.6}$$

と表される．$|\boldsymbol{A}|$ が $\boldsymbol{A}$ の大きさを，$\boldsymbol{e}_A$ が $\boldsymbol{A}$ の向きを表していることに注目し

よう．(2.6) は (2.4) に $|\boldsymbol{A}|$ を掛ければ得られる．

ベクトルの内積（スカラー積）

$\boldsymbol{A}$ と $\boldsymbol{B}$ の**内積**は

$$\boldsymbol{A}\cdot\boldsymbol{B} = |\boldsymbol{A}||\boldsymbol{B}|\cos\theta \qquad (2.7)$$

で定義される．ここで，θ は $\boldsymbol{A}$ と $\boldsymbol{B}$ のなす角である（図 2.8 参照）．内積により得られる量はスカラーであり，内積は**スカラー積**ともよばれる．また，ベクトルの大きさやなす角は幾何学的な量であり，内積の値は座標系に依存しないことに注意しよう．

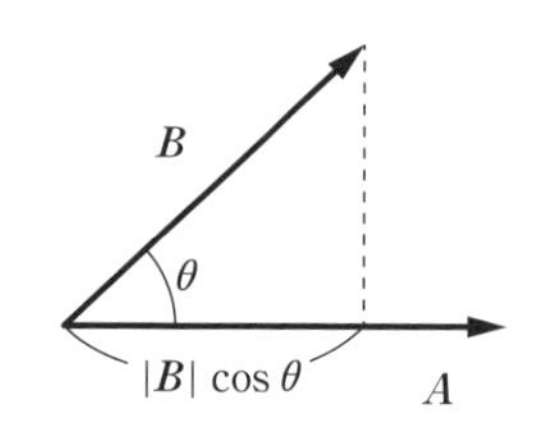

図 2.8　2 つのベクトルのなす角

$\boldsymbol{A}$ と $\boldsymbol{A}$ の内積は $\cos 0 = 1$ より，$\boldsymbol{A}\cdot\boldsymbol{A} = |\boldsymbol{A}|^2$ である．単位ベクトル $\boldsymbol{e}$ に対して，$\boldsymbol{e}\cdot\boldsymbol{e} = 1$ が成り立つ．また，$\boldsymbol{A}$ と $\boldsymbol{B}$ が直交する場合，すなわち，$\theta = \pi/2$（90°）または $3\pi/2$（270°）のとき，$\cos(\pi/2) = 0$ および $\cos(3\pi/2) = 0$ より，$\boldsymbol{A}\cdot\boldsymbol{B} = 0$ である．これらの性質をまとめると，

$$\boldsymbol{A}\cdot\boldsymbol{A} = |\boldsymbol{A}|^2, \quad \boldsymbol{e}\cdot\boldsymbol{e} = 1 \quad (\boldsymbol{e}：単位ベクトル) \qquad (2.8)$$

$$\boldsymbol{A} \perp \boldsymbol{B} ならば，\boldsymbol{A}\cdot\boldsymbol{B} = 0 \qquad (2.9)$$

である．ここで，$\perp$ は $\boldsymbol{A}$ と $\boldsymbol{B}$ が直交していることを表す記号である．また，(2.9) の逆「$\boldsymbol{A}\cdot\boldsymbol{B} = 0$ ならば，$\boldsymbol{A} \perp \boldsymbol{B}$」も成り立つ．

ベクトルの外積（ベクトル積）

$\boldsymbol{A}$ と $\boldsymbol{B}$ の**外積**は

$$\boldsymbol{A} \times \boldsymbol{B} = |\boldsymbol{A}||\boldsymbol{B}|\sin\theta\, \boldsymbol{e}_\perp \qquad (2.10)$$

で定義される．ここで，θ は $\boldsymbol{A}$ と $\boldsymbol{B}$ のなす角で $0 \leq \theta \leq \pi$，$\boldsymbol{e}_\perp$ は $\boldsymbol{A}$ と $\boldsymbol{B}$ に垂直な単位ベクトルである（図 2.9 参照）．$\boldsymbol{A} \times \boldsymbol{B}$ の大きさと向きを言葉で説明すると次のようになる．

- $\boldsymbol{A} \times \boldsymbol{B}$ の大きさは $|\boldsymbol{A}||\boldsymbol{B}|\sin\theta$ で，その値は $\boldsymbol{A}$ と $\boldsymbol{B}$ から構成される平行四辺形の面積に等しい．
- $\boldsymbol{A} \times \boldsymbol{B}$ の向きは $\boldsymbol{A}$ と $\boldsymbol{B}$ に垂直で，$\boldsymbol{A}$ から

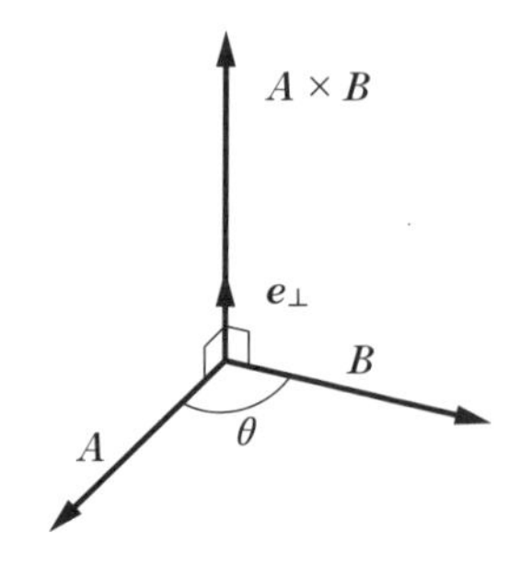

図 2.9　ベクトルの外積

$\boldsymbol{B}$ に回したときに右ねじの進む向きである（図 2.10 参照）.

図 2.10　右ねじが進む向き

外積により得られる量はベクトルであり，外積は**ベクトル積**ともよばれる．外積も座標系に依存しない概念であることに注意しよう．

外積の性質として，$\boldsymbol{B} \times \boldsymbol{A} = -\boldsymbol{A} \times \boldsymbol{B}$ が成り立つ．$\boldsymbol{A}$ と $\boldsymbol{B}$ を入れかえると右ねじの進む向きが逆になることに気づこう．この公式から $\boldsymbol{A} = \boldsymbol{B}$ として，$\boldsymbol{A} \times \boldsymbol{A} = \boldsymbol{0}$ が導かれる．また，$\boldsymbol{A}$ と $\boldsymbol{B}$ が平行である場合，すなわち，$\theta = 0$ または π のとき，$\sin 0 = 0$ および $\sin \pi = 0$ より，$\boldsymbol{A} \times \boldsymbol{B} = \boldsymbol{0}$（特別な場合として $\boldsymbol{A} \times \boldsymbol{A} = \boldsymbol{0}$）である．

これらの性質をまとめると，

$$\boldsymbol{B} \times \boldsymbol{A} = -\boldsymbol{A} \times \boldsymbol{B}, \quad \boldsymbol{A} \times \boldsymbol{A} = \boldsymbol{0} \tag{2.11}$$

$$\boldsymbol{A} /\!/ \boldsymbol{B} \text{ ならば，} \boldsymbol{A} \times \boldsymbol{B} = \boldsymbol{0} \tag{2.12}$$

である．ここで，$/\!/$ は $\boldsymbol{A}$ と $\boldsymbol{B}$ が平行であることを表す記号である．また，(2.12) の逆「$\boldsymbol{A} \times \boldsymbol{B} = \boldsymbol{0}$ ならば，$\boldsymbol{A} /\!/ \boldsymbol{B}$」も成り立つ．

ベクトルの分解

ベクトルの合成すなわち和は一意的に与えられるが，ベクトルの分解は一意的には決まらないことに注意しよう．実際，分解の仕方は

$$\boldsymbol{C} = \boldsymbol{A} + \boldsymbol{B} = \tilde{\boldsymbol{A}} + \tilde{\boldsymbol{B}} = \cdots \tag{2.13}$$

のように無数に存在する（図 2.11 参照）.

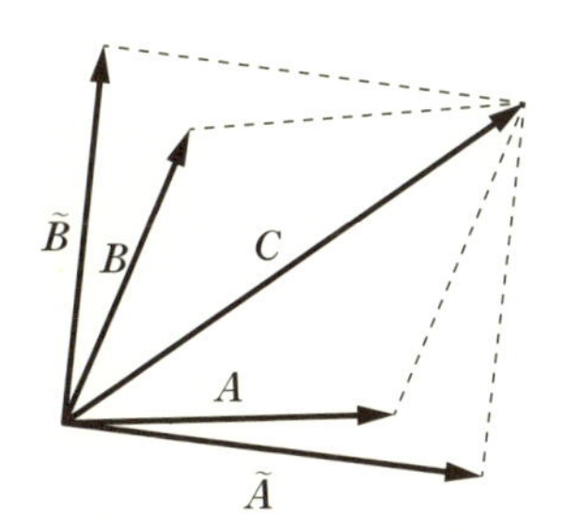

図 2.11　ベクトルの分解

互いに直交するベクトルを用いて，ベクトルを分解すると便利である．次頁の図 2.12 のように，直交座標系を導入して，x 軸，y 軸，z 軸の正の向きを取る単位ベクトルを $\boldsymbol{e}_x$，$\boldsymbol{e}_y$，$\boldsymbol{e}_z$ とする．それらを成分表示すると，

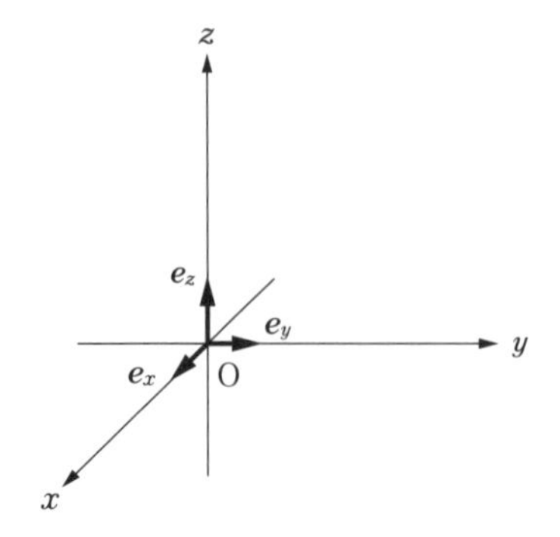

図 2.12　基底ベクトル（基本ベクトル）

$$\boldsymbol{e}_x = (1, 0, 0), \quad \boldsymbol{e}_y = (0, 1, 0), \quad \boldsymbol{e}_z = (0, 0, 1) \tag{2.14}$$

となる．$\boldsymbol{e}_x$, $\boldsymbol{e}_y$, $\boldsymbol{e}_z$ を用いると，$\boldsymbol{A}$ は

$$\boldsymbol{A} = (A_x, A_y, A_z) = A_x\boldsymbol{e}_x + A_y\boldsymbol{e}_y + A_z\boldsymbol{e}_z \tag{2.15}$$

のように分解される．$\boldsymbol{e}_x$, $\boldsymbol{e}_y$, $\boldsymbol{e}_z$ は**基底ベクトル**（**基本ベクトル**）とよばれる．

$\boldsymbol{e}_x$, $\boldsymbol{e}_y$, $\boldsymbol{e}_z$ の間に，

$$\boldsymbol{e}_x\cdot\boldsymbol{e}_x = 1, \quad \boldsymbol{e}_y\cdot\boldsymbol{e}_y = 1, \quad \boldsymbol{e}_z\cdot\boldsymbol{e}_z = 1 \tag{2.16}$$

$$\boldsymbol{e}_x\cdot\boldsymbol{e}_y = 0, \quad \boldsymbol{e}_y\cdot\boldsymbol{e}_z = 0, \quad \boldsymbol{e}_z\cdot\boldsymbol{e}_x = 0 \tag{2.17}$$

が成り立つ．(2.16) は $\boldsymbol{e}_x$, $\boldsymbol{e}_y$, $\boldsymbol{e}_z$ が単位ベクトルであること，(2.17) は互いに直交することを意味する．さらに，

$$\boldsymbol{e}_x \times \boldsymbol{e}_x = \boldsymbol{0}, \quad \boldsymbol{e}_y \times \boldsymbol{e}_y = \boldsymbol{0}, \quad \boldsymbol{e}_z \times \boldsymbol{e}_z = \boldsymbol{0} \tag{2.18}$$

$$\boldsymbol{e}_x \times \boldsymbol{e}_y = \boldsymbol{e}_z, \quad \boldsymbol{e}_y \times \boldsymbol{e}_z = \boldsymbol{e}_x, \quad \boldsymbol{e}_z \times \boldsymbol{e}_x = \boldsymbol{e}_y \tag{2.19}$$

$$\boldsymbol{e}_y \times \boldsymbol{e}_x = -\boldsymbol{e}_z, \quad \boldsymbol{e}_z \times \boldsymbol{e}_y = -\boldsymbol{e}_x, \quad \boldsymbol{e}_x \times \boldsymbol{e}_z = -\boldsymbol{e}_y \tag{2.20}$$

が成り立つ．

例題 2.2

(2.16) と (2.17) を用いて，$\boldsymbol{A} = (A_x, A_y, A_z)$ と $\boldsymbol{B} = (B_x, B_y, B_z)$ の内積を計算せよ．

解　$\boldsymbol{A}$ と $\boldsymbol{B}$ の内積は，

$$\begin{aligned}\boldsymbol{A}\cdot\boldsymbol{B} &= (A_x\boldsymbol{e}_x + A_y\boldsymbol{e}_y + A_z\boldsymbol{e}_z)\cdot(B_x\boldsymbol{e}_x + B_y\boldsymbol{e}_y + B_z\boldsymbol{e}_z)\\ &= A_xB_x\boldsymbol{e}_x\cdot\boldsymbol{e}_x + A_xB_y\boldsymbol{e}_x\cdot\boldsymbol{e}_y + A_xB_z\boldsymbol{e}_x\cdot\boldsymbol{e}_z\\ &\qquad + A_yB_x\boldsymbol{e}_y\cdot\boldsymbol{e}_x + A_yB_y\boldsymbol{e}_y\cdot\boldsymbol{e}_y + A_yB_z\boldsymbol{e}_y\cdot\boldsymbol{e}_z\\ &\qquad + A_zB_x\boldsymbol{e}_z\cdot\boldsymbol{e}_x + A_zB_y\boldsymbol{e}_z\cdot\boldsymbol{e}_y + A_zB_z\boldsymbol{e}_z\cdot\boldsymbol{e}_z\end{aligned}$$

$$= A_xB_x + A_yB_y + A_zB_z \tag{2.21}$$

のように求められる. ◆

例題 2.3

(2.18), (2.19), (2.20) を用いて, $\boldsymbol{A}$ と $\boldsymbol{B}$ の外積を計算せよ.

解 $\boldsymbol{A}$ と $\boldsymbol{B}$ の外積は,

$$\begin{aligned}
\boldsymbol{A} \times \boldsymbol{B} &= (A_x\boldsymbol{e}_x + A_y\boldsymbol{e}_y + A_z\boldsymbol{e}_z) \times (B_x\boldsymbol{e}_x + B_y\boldsymbol{e}_y + B_z\boldsymbol{e}_z) \\
&= A_xB_x\boldsymbol{e}_x \times \boldsymbol{e}_x + A_xB_y\boldsymbol{e}_x \times \boldsymbol{e}_y + A_xB_z\boldsymbol{e}_x \times \boldsymbol{e}_z \\
&\qquad + A_yB_x\boldsymbol{e}_y \times \boldsymbol{e}_x + A_yB_y\boldsymbol{e}_y \times \boldsymbol{e}_y + A_yB_z\boldsymbol{e}_y \times \boldsymbol{e}_z \\
&\qquad + A_zB_x\boldsymbol{e}_z \times \boldsymbol{e}_x + A_zB_y\boldsymbol{e}_z \times \boldsymbol{e}_y + A_zB_z\boldsymbol{e}_z \times \boldsymbol{e}_z \\
&= (A_xB_y - A_yB_x)\boldsymbol{e}_z + (A_zB_x - A_xB_z)\boldsymbol{e}_y + (A_yB_z - A_zB_y)\boldsymbol{e}_x \\
&= (A_yB_z - A_zB_y, A_zB_x - A_xB_z, A_xB_y - A_yB_x)
\end{aligned} \tag{2.22}$$

のように求められる. ◆

ベクトルの内積と外積の公式は有用なので, 改めて記載する.

$$\boxed{\begin{aligned}
&\boldsymbol{A}\cdot\boldsymbol{B} = A_xB_x + A_yB_y + A_zB_z \\
&\boldsymbol{A} \times \boldsymbol{B} = (A_yB_z - A_zB_y, A_zB_x - A_xB_z, A_xB_y - A_yB_x)
\end{aligned}}$$

2.2 座標変換を理解しよう

座標変換のもとで, ベクトルの成分がどのように変わるかについて調べよう. $\boldsymbol{A}$ の成分は座標系に依存し, 原点を共有する 2 種類の直交座標系のもとで,

$$\boldsymbol{A} = A_x\boldsymbol{e}_x + A_y\boldsymbol{e}_y + A_z\boldsymbol{e}_z = A_{x'}\boldsymbol{e}_{x'} + A_{y'}\boldsymbol{e}_{y'} + A_{z'}\boldsymbol{e}_{z'} \tag{2.23}$$

のように表示される. 簡単のため, 2 次元空間において, 次頁の図 2.13 のような座標軸の異なる 2 つの直交座標系について考える. $\boldsymbol{e}_x, \boldsymbol{e}_y$ と $\boldsymbol{e}_{x'}, \boldsymbol{e}_{y'}$ の間に,

$$\left.\begin{aligned}
&\boldsymbol{e}_x\cdot\boldsymbol{e}_{x'} = \cos\theta, \quad \boldsymbol{e}_x\cdot\boldsymbol{e}_{y'} = \cos\left(\frac{\pi}{2} + \theta\right) = -\sin\theta \\
&\boldsymbol{e}_y\cdot\boldsymbol{e}_{x'} = \cos\left(\frac{\pi}{2} - \theta\right) = \sin\theta, \quad \boldsymbol{e}_y\cdot\boldsymbol{e}_{y'} = \cos\theta
\end{aligned}\right\} \tag{2.24}$$

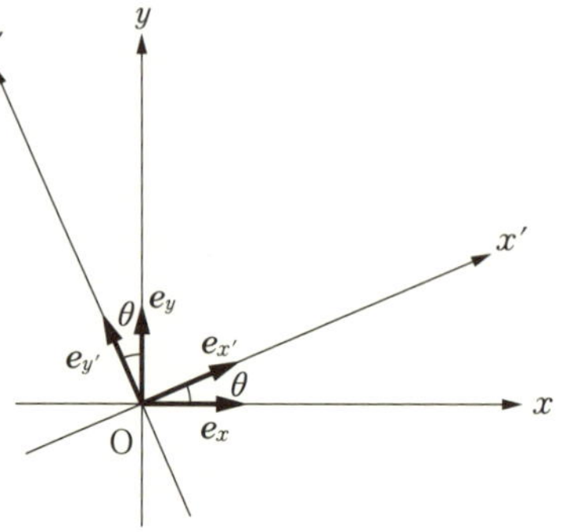

図 2.13　空間回転

が成り立つ．xy 平面内の変換により z 軸方向は不変に保たれる（$\boldsymbol{e}_z = \boldsymbol{e}_{z'}$）ので，$\boldsymbol{e}_x \cdot \boldsymbol{e}_{z'} = 0$ および $\boldsymbol{e}_y \cdot \boldsymbol{e}_{z'} = 0$ が成り立つ．この場合，

$$\begin{aligned} A_x &= \boldsymbol{e}_x \cdot (A_x \boldsymbol{e}_x + A_y \boldsymbol{e}_y + A_z \boldsymbol{e}_z) \\ &= \boldsymbol{e}_x \cdot (A_{x'} \boldsymbol{e}_{x'} + A_{y'} \boldsymbol{e}_{y'} + A_{z'} \boldsymbol{e}_{z'}) \\ &= A_{x'} \boldsymbol{e}_x \cdot \boldsymbol{e}_{x'} + A_{y'} \boldsymbol{e}_x \cdot \boldsymbol{e}_{y'} + A_{z'} \boldsymbol{e}_x \cdot \boldsymbol{e}_{z'} \\ &= A_{x'} \cos\theta - A_{y'} \sin\theta \end{aligned} \tag{2.25}$$

が得られる．同様にして，

$$A_y = \boldsymbol{e}_y \cdot \boldsymbol{A} = A_{x'} \sin\theta + A_{y'} \cos\theta \tag{2.26}$$

が得られる．

（2.25）や（2.26）のように，ベクトルの成分が

$$V_x = V_{x'} \cos\theta - V_{y'} \sin\theta, \quad V_y = V_{x'} \sin\theta + V_{y'} \cos\theta, \quad V_z = V_{z'} \tag{2.27}$$

で結ばれる変換は**直交変換**の一種で，（xy 平面内における）**空間回転**とよばれる（13.1 節および第 13 章の章末問題［1］参照）．空間回転のもとでスカラーの値は変化しない．スカラーの例として，$|\boldsymbol{A}|$ や $\boldsymbol{A} \cdot \boldsymbol{B}$ がある．

例題 2.4

$\boldsymbol{A} \cdot \boldsymbol{B}$ が座標変換（2.27）のもとで変わらないことを示せ．

解　（2.27）を用いて，$\boldsymbol{A} \cdot \boldsymbol{B}$ を計算すると，

$$\boldsymbol{A} \cdot \boldsymbol{B} = A_x B_x + A_y B_y + A_z B_z$$

$$= (A_{x'}\cos\theta - A_{y'}\sin\theta)(B_{x'}\cos\theta - B_{y'}\sin\theta)$$
$$+ (A_{x'}\sin\theta + A_{y'}\cos\theta)(B_{x'}\sin\theta + B_{y'}\cos\theta) + A_{z'}B_{z'}$$
$$= A_{x'}B_{x'} + A_{y'}B_{y'} + A_{z'}B_{z'} \qquad (2.28)$$

となり，$\boldsymbol{A}\cdot\boldsymbol{B}$ の値が (2.27) のような空間回転のもとで不変であることがわかる．◆

さらに，**空間反転**とよばれる直交変換の一種を用いて，ベクトルが 2 種類に分類される．ここで空間反転とは，直交座標系において，すべての座標軸の向きが反転された座標系に移（うつ）る変換 $\boldsymbol{e}_x \to \boldsymbol{e}_{x'} = -\boldsymbol{e}_x, \boldsymbol{e}_y \to \boldsymbol{e}_{y'} = -\boldsymbol{e}_y, \boldsymbol{e}_z \to \boldsymbol{e}_{z'} = -\boldsymbol{e}_z$ で，この変換のもとで座標の成分は $x = -x'$，$y = -y'$，$z = -z'$ で結ばれる．空間反転のもとで $\boldsymbol{A}$（$= (A_x, A_y, A_z)$）が $-\boldsymbol{A}$（$= (-A_x, -A_y, -A_z) = (A_{x'}, A_{y'}, A_{z'})$）に変わるベクトルは，単にベクトルまたは**極性**（きょくせい）**ベクトル**とよばれる．空間反転のもとで成分の値が変わらないベクトルは，**擬**（ぎ）**ベクトル**または**軸性**（じくせい）**ベクトル**とよばれる．ちなみに，2 つの極性ベクトルの外積 $\boldsymbol{A}\times\boldsymbol{B}$ は軸性ベクトルである．

コ ラ ム
ベクトルのこころ

とある力学の教科書を示しつつ，タロちゃんが仮面に尋ねた．「この本読んだことある？」『あるよ.』「座標系に依存する・しないにこだわりすぎじゃない？」『やっぱりそう感じるか．でもな，意識することは案外重要なんだ.』タロちゃんは腑に落ちず，仮面に聞き返した．「どうして？」『科学において，現象を記述し検証するために観測量を定量化する必要があるだろ.』「うん.」『観測量は観測者が設ける基準（座標系，単位など）に依存する場合が多いだろ.』「うん.」すると，仮面は急にかしこまってタロちゃんに聞いた．『それでは質問．観測結果を比較する際に大切なことはなーんだ？』「あらかじめ，共通の便利な基準を設けておくこと？」『その通り．つけ加えるとしたら，基準に依存する量としない量を区別しておくこと，基準が異なる場合，読みかえのルール（座標系の場合は座標変換）をおさえておくことだ.』「あっそうか．そのうえで基準に依存しない量の比較から始めればよいね.」『“ベクトルのこころ”がわかってきたようだね.』

タロちゃんが仮面につぶやいた．「ある友人がベクトルを成分表示するとき，屈辱感や敗北感を感じると言っていたけど，どういうことかなあ.」『君の友人は一般性や美しさを好む傾向があり，数学に向いているのかもしれないね.』「そういえば，そんな気がするよ．美しさが損なわれるのは気持ちがよいことではないよね.」『友人に伝えて．“科学において，数学はとても有用な共通語だ．科学的な考え方を優先すれば，むやみに屈辱感や敗北感を抱く必要はない”と.』

章　末　問　題

［1］ $\boldsymbol{A}$ が各座標軸となす角を α, β, γ とすると，$\boldsymbol{A}$ の各成分は $A_x = A\cos\alpha$，$A_y = A\cos\beta$，$A_z = A\cos\gamma$（$A = |\boldsymbol{A}|$）と表される．ここで，$\cos\alpha$，$\cos\beta$，$\cos\gamma$ は $\boldsymbol{A}$ の**方向余弦**とよばれ，$\cos^2\alpha + \cos^2\beta + \cos^2\gamma = 1$ が成り立つ．$\boldsymbol{A} = (3, 4, 5)$ の大きさと方向余弦を求めよ．

⇨ 2.1.2 項

［2］ 2 点 P，Q の位置ベクトルをそれぞれ $\boldsymbol{P}$，$\boldsymbol{Q}$ とする．線分 PQ を $m : n$ の比に内分する，点 R を表す位置ベクトル $\boldsymbol{R}$ を $\boldsymbol{P}$ と $\boldsymbol{Q}$ を用いて表せ（図 2.14 参照）．

⇨ 2.1.2 項

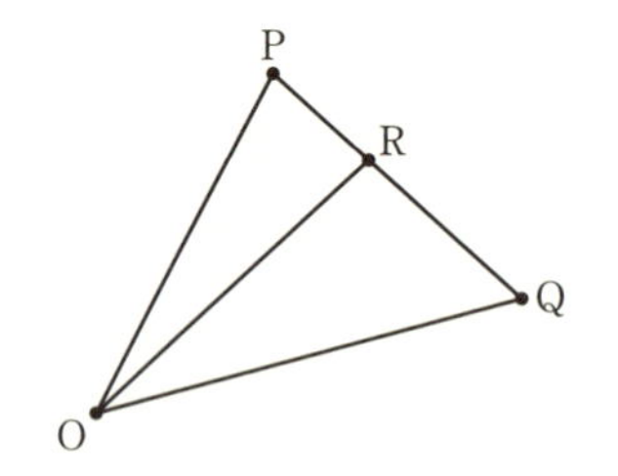

図 2.14

［3］ 3 つのベクトル $\boldsymbol{A}$，$\boldsymbol{B}$，$\boldsymbol{C}$ の間で $\boldsymbol{A} + \boldsymbol{B} + \boldsymbol{C} = \boldsymbol{0}$ が成り立つとき，それぞれのベクトルの大きさは他の 2 つのベクトルのなす角の正弦に比例することを示せ（図 2.15 参照）．この性質は力のつり合いにおいても成り立ち，**ラミの定理**とよばれる．

⇨ 2.1.2 項

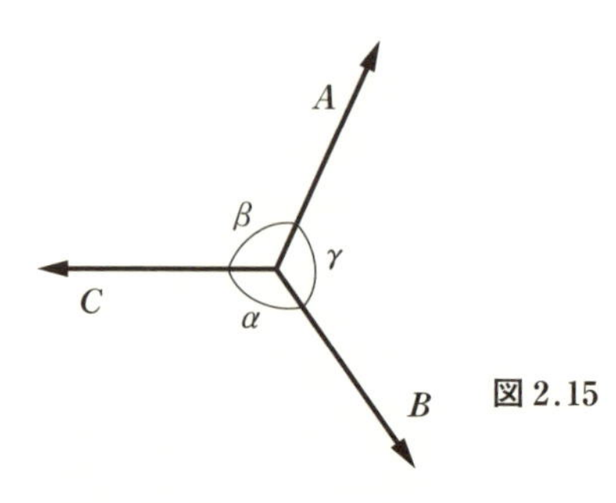

図 2.15

［4］ 内積を用いて，三角形 ABC に関する**余弦定理** $a^2 = b^2 + c^2 - 2bc\cos\theta$ を導け．ここで，a，b，c は三角形の 3 辺の長さで，θ は長さが b の辺と長さが c の辺がなす角である（図 2.16 参照）． ⇨ **2.1.2 項**

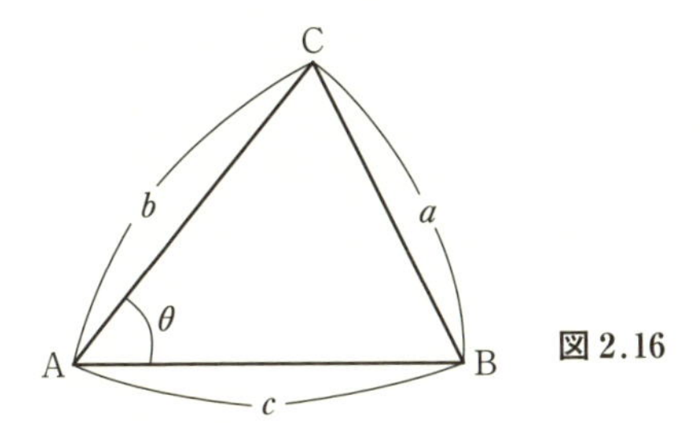

図 2.16

［5］ 内積を用いて，半径 R の球面の方程式を書き下せ（図 2.17 参照）． ⇨ **2.1.2 項**

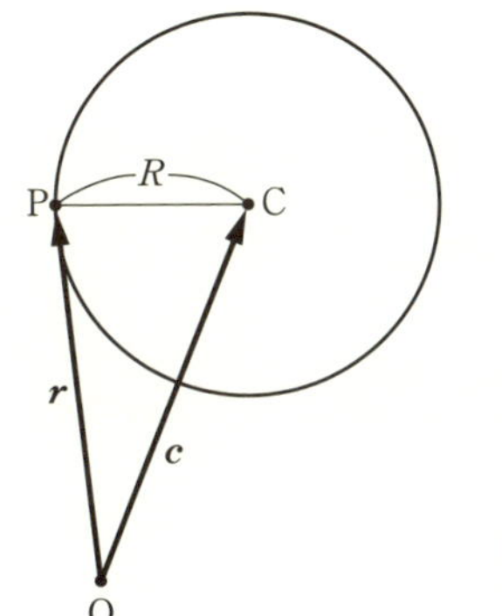

図 2.17

［6］ 3 つのベクトル $\boldsymbol{A}$，$\boldsymbol{B}$，$\boldsymbol{C}$ の間で $\boldsymbol{A} + \boldsymbol{B} + \boldsymbol{C} = \boldsymbol{0}$ が成り立つとき，$\boldsymbol{A} \times \boldsymbol{B} = \boldsymbol{B} \times \boldsymbol{C} = \boldsymbol{C} \times \boldsymbol{A}$ を示せ． ⇨ **2.1.2 項**

［7］ 外積を用いて，$\sin(\alpha + \beta) = \sin\alpha\cos\beta + \cos\alpha\sin\beta$（三角関数の加法定理の 1 つ）を導け（図 2.18 参照）． ⇨ **2.1.2 項**

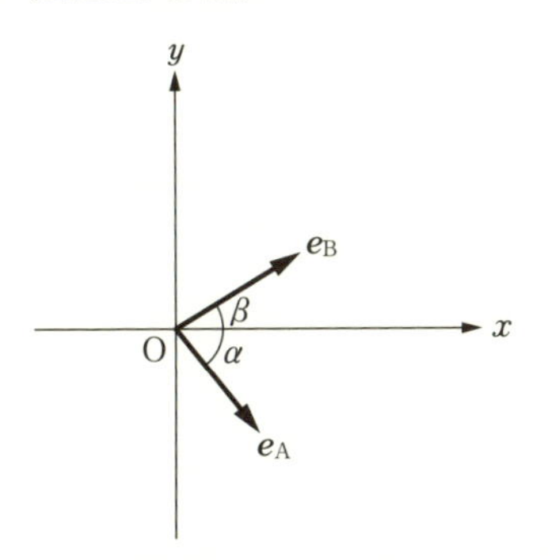

図 2.18

［8］ 三角形の頂点の位置ベクトルを $\boldsymbol{a}$, $\boldsymbol{b}$, $\boldsymbol{c}$ とする．この三角形の面積は $|(\boldsymbol{b}-\boldsymbol{a})\times(\boldsymbol{c}-\boldsymbol{a})|/2$, あるいは $|\boldsymbol{b}\times\boldsymbol{c}+\boldsymbol{c}\times\boldsymbol{a}+\boldsymbol{a}\times\boldsymbol{b}|/2$ と表されることを示せ． ⇨2.1.2項

［9］ $\boldsymbol{A}$, $\boldsymbol{B}$ を辺にもつ平行四辺形の面積は $S=|\boldsymbol{A}\times\boldsymbol{B}|$ と表される．これを変形して，$S=\sqrt{|\boldsymbol{A}|^2|\boldsymbol{B}|^2-(\boldsymbol{A}\cdot\boldsymbol{B})^2}$ を示せ． ⇨2.1.2項

［10］ $\boldsymbol{A}\cdot(\boldsymbol{B}\times\boldsymbol{C})=\boldsymbol{B}\cdot(\boldsymbol{C}\times\boldsymbol{A})=\boldsymbol{C}\cdot(\boldsymbol{A}\times\boldsymbol{B})$ を示せ． ⇨2.1.2項

［11］ 3つの単位ベクトル $\boldsymbol{e}_x$, $\boldsymbol{e}_y$, $\boldsymbol{e}_z$ に関して，$\boldsymbol{e}_x\cdot(\boldsymbol{e}_y\times\boldsymbol{e}_z)=\boldsymbol{e}_y\cdot(\boldsymbol{e}_z\times\boldsymbol{e}_x)=\boldsymbol{e}_z\cdot(\boldsymbol{e}_x\times\boldsymbol{e}_y)=1$ が成り立つことを示せ． ⇨2.1.2項

［12］ $\boldsymbol{A}$, $\boldsymbol{B}$, $\boldsymbol{C}$ を3辺とする平行六面体の体積が，$\boldsymbol{A}\cdot(\boldsymbol{B}\times\boldsymbol{C})$ と表されることを示せ（図2.19参照）． ⇨2.1.2項

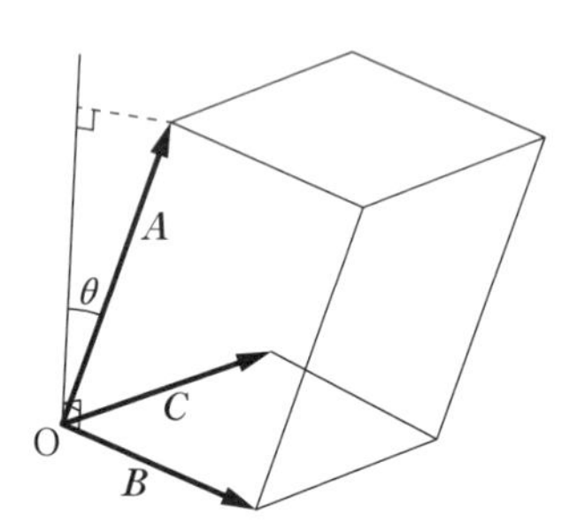

図2.19

［13］ $\boldsymbol{A}\times(\boldsymbol{B}\times\boldsymbol{C})=(\boldsymbol{A}\cdot\boldsymbol{C})\boldsymbol{B}-(\boldsymbol{A}\cdot\boldsymbol{B})\boldsymbol{C}$ を示せ． ⇨2.1.2項

［14］ $(\boldsymbol{A}\times\boldsymbol{B})\cdot(\boldsymbol{C}\times\boldsymbol{D})=(\boldsymbol{A}\cdot\boldsymbol{C})(\boldsymbol{B}\cdot\boldsymbol{D})-(\boldsymbol{A}\cdot\boldsymbol{D})(\boldsymbol{B}\cdot\boldsymbol{C})$ を示せ． ⇨2.1.2項

［15］ 任意の単位ベクトル $\boldsymbol{e}$ を用いて，$\boldsymbol{B}=(\boldsymbol{e}\cdot\boldsymbol{B})\boldsymbol{e}+\boldsymbol{e}\times(\boldsymbol{B}\times\boldsymbol{e})$ のように，$\boldsymbol{B}$ が $\boldsymbol{e}$ と平行な成分と垂直な成分に分解されることを示せ． ⇨2.1.2項

［16］ 同一平面上にない3つのベクトル $\boldsymbol{a}$, $\boldsymbol{b}$, $\boldsymbol{c}$ に対して，$\tilde{\boldsymbol{a}}=(\boldsymbol{b}\times\boldsymbol{c})/[\boldsymbol{a},\boldsymbol{b},\boldsymbol{c}]$, $\tilde{\boldsymbol{b}}=(\boldsymbol{c}\times\boldsymbol{a})/[\boldsymbol{a},\boldsymbol{b},\boldsymbol{c}]$, $\tilde{\boldsymbol{c}}=(\boldsymbol{a}\times\boldsymbol{b})/[\boldsymbol{a},\boldsymbol{b},\boldsymbol{c}]$ で定義されるベクトル $\tilde{\boldsymbol{a}}$, $\tilde{\boldsymbol{b}}$, $\tilde{\boldsymbol{c}}$ を，$\boldsymbol{a}$, $\boldsymbol{b}$, $\boldsymbol{c}$ の**相反系**（そうはん）という．ここで，$[\boldsymbol{a},\boldsymbol{b},\boldsymbol{c}]=\boldsymbol{a}\cdot(\boldsymbol{b}\times\boldsymbol{c})$ である．また，$l\boldsymbol{e}_x, m\boldsymbol{e}_y, n\boldsymbol{e}_z\ (l,m,n\neq 0)$ の相反系は $\boldsymbol{e}_x/l$, $\boldsymbol{e}_y/m$, $\boldsymbol{e}_z/n$ であることを示せ． ⇨2.1.2項

［17］ 座標変換（2.27）のもとで，$\boldsymbol{A}\times\boldsymbol{B}$ の z 成分が不変であることを示せ． ⇨2.2節

［18］ 空間反転のもとで，符号を変えるスカラーは**擬スカラー**とよばれる．極性ベクトル $\boldsymbol{A}$, $\boldsymbol{B}$, $\boldsymbol{C}$ を用いて，擬スカラーを構成せよ． ⇨2.2節

3 微分と積分に慣れ親しもう

物体の運動状態を記述するために，「微分」と「積分」に慣れ親しもう．併せて，変位，速さ，速度，加速度，直線運動，円運動について理解しよう．ベクトルと同様，着実に自分のものにしてほしい．

3.1 微分に触れよう

変数 t の関数 $f(t)$ において，t に関する微分は

$$\frac{df(t)}{dt} = \lim_{\Delta t \to 0} \frac{f(t + \Delta t) - f(t)}{\Delta t} \tag{3.1}$$

で定義される．関数 $df(t)/dt$ は $f(t)$ の**導関数**（**微分係数**）とよばれ，図 3.1 からわかるように接線の傾きを表す関数である．

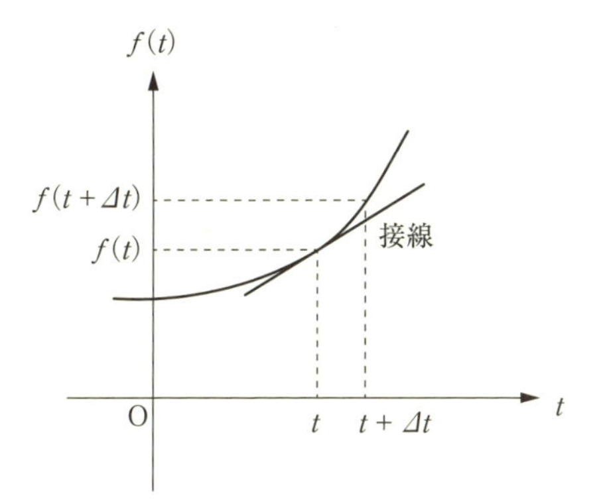

図 3.1　接線と導関数

微分に関する基本的な公式として，

$$\frac{d}{dt}(f(t)g(t)) = \frac{df(t)}{dt}g(t) + f(t)\frac{dg(t)}{dt} \tag{3.2}$$

$$\frac{d}{dt}F(\theta(t)) = \frac{dF(\theta)}{d\theta}\frac{d\theta(t)}{dt} \tag{3.3}$$

が成り立つ（本章の章末問題［1］参照）．また，公式

$$\frac{d}{dt}\left(\frac{1}{f(t)}\right) = -\frac{df(t)/dt}{f(t)^2} \tag{3.4}$$

$$\frac{d}{dt}\left(\frac{g(t)}{f(t)}\right) = \frac{(dg(t)/dt)f(t) - g(t)(df(t)/dt)}{f(t)^2} \tag{3.5}$$

も有用である．

例として，t^n，$\sin\theta$，$\cos\theta$ を微分すると，

$$\frac{dt^n}{dt} = nt^{n-1}, \quad \frac{d\sin\theta}{d\theta} = \cos\theta, \quad \frac{d\cos\theta}{d\theta} = -\sin\theta \tag{3.6}$$

となる（本章の章末問題［2］参照）．三角関数の性質に関しては，7.2 節で紹介する．

ベクトルは関数の組と見なせる．ベクトル $\boldsymbol{A}$ が変数 t に依存するとき，t に関する微分は関数の場合と同様にして，

$$\frac{d\boldsymbol{A}(t)}{dt} = \lim_{\Delta t\to 0}\frac{\boldsymbol{A}(t+\Delta t) - \boldsymbol{A}(t)}{\Delta t} \tag{3.7}$$

で定義され，

$$\frac{d}{dt}(f(t)\boldsymbol{A}(t)) = \frac{df(t)}{dt}\boldsymbol{A}(t) + f(t)\frac{d\boldsymbol{A}(t)}{dt} \tag{3.8}$$

$$\frac{d}{dt}(\boldsymbol{A}(t)\cdot\boldsymbol{B}(t)) = \frac{d\boldsymbol{A}(t)}{dt}\cdot\boldsymbol{B}(t) + \boldsymbol{A}(t)\cdot\frac{d\boldsymbol{B}(t)}{dt} \tag{3.9}$$

$$\frac{d}{dt}(\boldsymbol{A}(t)\times\boldsymbol{B}(t)) = \frac{d\boldsymbol{A}(t)}{dt}\times\boldsymbol{B}(t) + \boldsymbol{A}(t)\times\frac{d\boldsymbol{B}(t)}{dt} \tag{3.10}$$

$$\frac{d}{dt}\boldsymbol{V}(\theta(t)) = \frac{d\boldsymbol{V}(\theta)}{d\theta}\frac{d\theta(t)}{dt} \tag{3.11}$$

が成り立つ（本章の章末問題［3］参照）．大きさと向きが変化しないベクトルは**定ベクトル**とよばれる．

3.2　変位，速さ，速度，加速度を理解しよう

物体の運動状態に関する物理量（変位，速さ，速度，加速度）を定義する．

位置ベクトルと変位

位置ベクトルとは，原点 O を基準点（始点）とする位置を表すベクトルで $\boldsymbol{r}$ と表記される．(2.15) を用いて，直交座標系において，

$$\boldsymbol{r} = (x, y, z) = x\boldsymbol{e}_x + y\boldsymbol{e}_y + z\boldsymbol{e}_z \tag{3.12}$$

と表される（図 3.2 参照）．さらに，物体がどの向きにどれだけ変化したかを表す量，すなわち，位置の変化量を**変位**といい，$\Delta\boldsymbol{r}$ と表す．図 3.3 のように，物体の位置が $\boldsymbol{r}_{\mathrm{A}}$ から $\boldsymbol{r}_{\mathrm{B}}$ に変化したとき，変位は

$$\Delta\boldsymbol{r} = \boldsymbol{r}_{\mathrm{B}} - \boldsymbol{r}_{\mathrm{A}} \tag{3.13}$$

である．

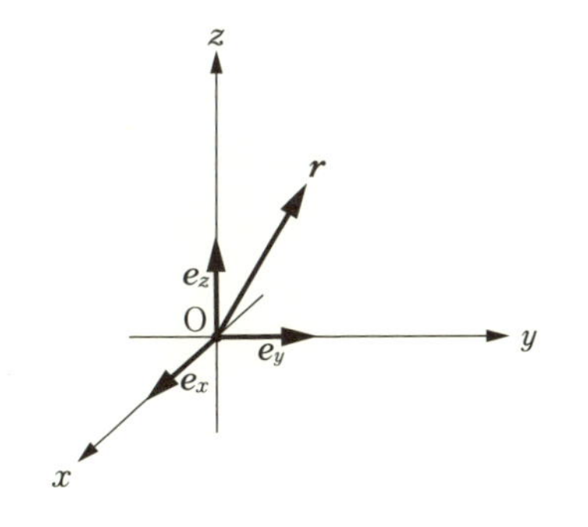

図 3.2　位置ベクトル

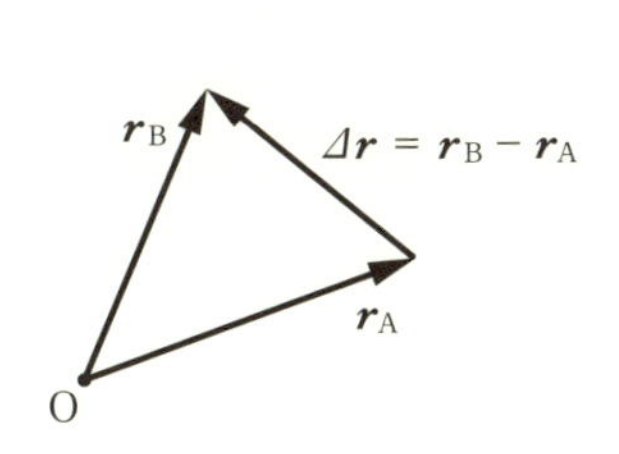

図 3.3　変位

速　さ

物体の移動距離を時刻 t の関数 $s(t)$ として表す（次頁の図 3.4 参照）．物体が時間 Δt [s] の間に距離 $\Delta s = (s(t + \Delta t) - s(t))$ [m] だけ移動したとき，**平均の速さ**は

$$\bar{v}(t, \Delta t) = \frac{s(t + \Delta t) - s(t)}{\Delta t} \tag{3.14}$$

である．$\bar{v}(t, \Delta t)$ は線分 AB の傾きに等しい．また，速さの単位はメートル毎秒（m/s）である．

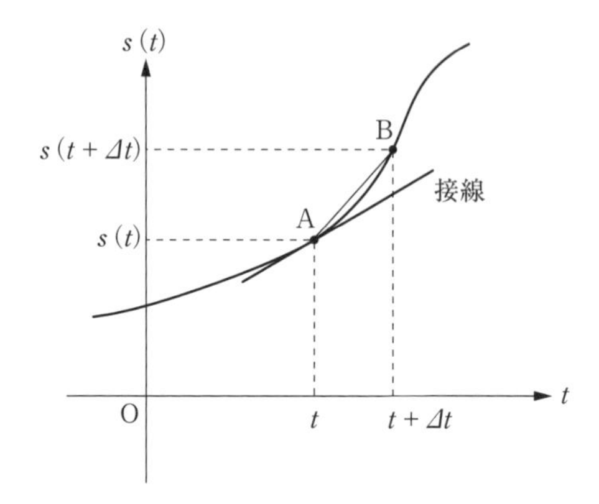

図 3.4　移動距離と速さ

時刻 t での**瞬間の速さ**は

$$v(t) = \lim_{\Delta t \to 0} \frac{s(t+\Delta t) - s(t)}{\Delta t} = \frac{ds(t)}{dt} \tag{3.15}$$

で定義され，（「瞬間の」という言葉はしばしば省略され，単に）**速さ**とよばれる．速さ $v(t)$ は点 A における接線の傾きに等しい．t に関する微分 $ds(t)/dt$ を，簡単のため $\dot{s}(t)$ のようにドット（˙）を用いて表記することもある．物体の速さはスカラーで，速さが時間によらない運動は**等速運動**とよばれる．

速　度

物体の速さと運動する向きを組み合わせたベクトルを**速度**とよぶ．物体が時間 Δt の間に $\boldsymbol{r}(t)$ から $\boldsymbol{r}(t+\Delta t)$ に移動したとき，**平均の速度**は

$$\bar{\boldsymbol{v}}(t, \Delta t) = \frac{\boldsymbol{r}(t+\Delta t) - \boldsymbol{r}(t)}{\Delta t} \tag{3.16}$$

である．$\bar{\boldsymbol{v}}(t, \Delta t)$ の向きは変位 $\Delta\boldsymbol{r}$（$= \boldsymbol{r}(t+\Delta t) - \boldsymbol{r}(t)$）の向きに等しい．

時刻 t での速度は

$$\boldsymbol{v}(t) = \lim_{\Delta t \to 0} \frac{\boldsymbol{r}(t+\Delta t) - \boldsymbol{r}(t)}{\Delta t} = \frac{d\boldsymbol{r}(t)}{dt} \tag{3.17}$$

で定義される．直交座標系を用いて，速度 $\boldsymbol{v}(t)$ の成分 $(v_x(t), v_y(t), v_z(t))$ は

$$v_x(t) = \lim_{\Delta t \to 0} \frac{x(t+\Delta t) - x(t)}{\Delta t} = \frac{dx(t)}{dt} \tag{3.18}$$

$$v_y(t) = \lim_{\Delta t \to 0} \frac{y(t+\Delta t) - y(t)}{\Delta t} = \frac{dy(t)}{dt} \tag{3.19}$$

$$v_z(t) = \lim_{\Delta t \to 0} \frac{z(t+\Delta t) - z(t)}{\Delta t} = \frac{dz(t)}{dt} \tag{3.20}$$

で定義される．$d\boldsymbol{r}(t)/dt$ を $\dot{\boldsymbol{r}}(t)$，$dx(t)/dt$，$dy(t)/dt$，$dz(t)/dt$ をそれぞれ $\dot{x}(t)$, $\dot{y}(t)$, $\dot{z}(t)$ のように表記することもある．(3.12) を用いて，$\boldsymbol{v} = \boldsymbol{v}(t)$ は

$$\boldsymbol{v} = \frac{dx}{dt}\boldsymbol{e}_x + \frac{dy}{dt}\boldsymbol{e}_y + \frac{dz}{dt}\boldsymbol{e}_z \tag{3.21}$$

と表記される．直交座標系の基底ベクトル $\boldsymbol{e}_x, \boldsymbol{e}_y, \boldsymbol{e}_z$ は，時間的に変化しないことに注意しよう．

例題 3.1

速さが速度の大きさであることを示せ．

解　(3.15) に基づいて，

$$\begin{aligned}
v(t) &= \lim_{\Delta t \to 0} \frac{s(t + \Delta t) - s(t)}{\Delta t} = \lim_{\Delta t \to 0} \frac{\Delta s}{\Delta t} \\
&= \lim_{\Delta t \to 0} \frac{\sqrt{(\Delta x)^2 + (\Delta y)^2 + (\Delta z)^2}}{\Delta t} \\
&= \lim_{\Delta t \to 0} \sqrt{\left(\frac{\Delta x}{\Delta t}\right)^2 + \left(\frac{\Delta y}{\Delta t}\right)^2 + \left(\frac{\Delta z}{\Delta t}\right)^2} \\
&= \sqrt{\left(\frac{dx(t)}{dt}\right)^2 + \left(\frac{dy(t)}{dt}\right)^2 + \left(\frac{dz(t)}{dt}\right)^2} \\
&= \sqrt{v_x(t)^2 + v_y(t)^2 + v_z(t)^2} = |\boldsymbol{v}(t)|
\end{aligned} \tag{3.22}$$

のように示される．ここで，$\Delta x = x(t + \Delta t) - x(t)$，$\Delta y = y(t + \Delta t) - y(t)$，$\Delta z = z(t + \Delta t) - z(t)$ である．◆

速度の大きさが速さに等しいことがわかったので，(2.6) を用いて $\boldsymbol{v} = v\boldsymbol{e}_{\mathrm{t}}$ と表記される ((3.41) 参照)．ここで，$\boldsymbol{e}_{\mathrm{t}}$ は速度の向きを表す単位ベクトルである ((3.40) 参照)．

加 速 度

速度の変化を表すベクトルは**加速度**とよばれ，時刻 t での加速度は

$$\boldsymbol{a}(t) = \lim_{\Delta t \to 0} \frac{\boldsymbol{v}(t + \Delta t) - \boldsymbol{v}(t)}{\Delta t} = \frac{d\boldsymbol{v}(t)}{dt} \tag{3.23}$$

で定義される．$\boldsymbol{a}(t)$ は，軌道が曲がる向きに向いたベクトルである（次頁の図 3.5 参照）．直交座標系を用いて，加速度の成分 $\boldsymbol{a}(t) = (a_x(t), a_y(t), a_z(t))$ は

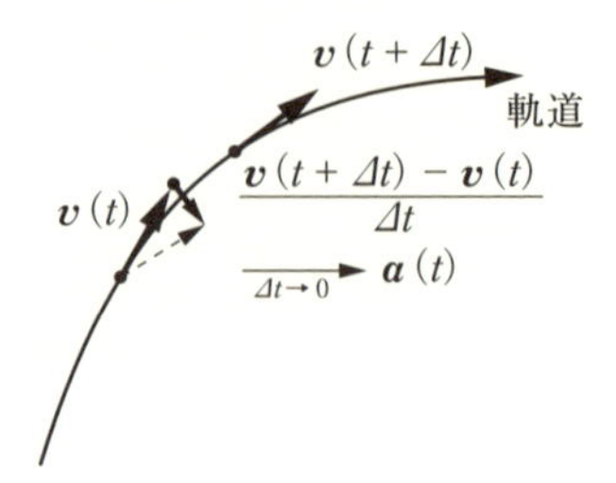

図 3.5　加速度

$$a_x(t)=\frac{dv_x(t)}{dt},\quad a_y(t)=\frac{dv_y(t)}{dt},\quad a_z(t)=\frac{dv_z(t)}{dt} \tag{3.24}$$

のように定義される．また，$\boldsymbol{v}(t)=d\boldsymbol{r}(t)/dt$ より，

$$\boldsymbol{a}(t)=\frac{d}{dt}\left(\frac{d\boldsymbol{r}(t)}{dt}\right)=\frac{d^2\boldsymbol{r}(t)}{dt^2} \tag{3.25}$$

$$a_x(t)=\frac{d^2x(t)}{dt^2},\quad a_y(t)=\frac{d^2y(t)}{dt^2},\quad a_z(t)=\frac{d^2z(t)}{dt^2} \tag{3.26}$$

が成り立つ．加速度の単位はメートル毎秒毎秒（$\mathrm{m/s^2}$）である．t に関する 2 階微分 $d^2\boldsymbol{r}(t)/dt^2$ を $\ddot{\boldsymbol{r}}(t)$，$d^2x(t)/dt^2$，$d^2y(t)/dt^2$，$d^2z(t)/dt^2$ をそれぞれ $\ddot{x}(t)$，$\ddot{y}(t)$，$\ddot{z}(t)$ のように，2 つのドット(¨)を用いて表記することもある．(3.12) を用いて，$\boldsymbol{a}=\boldsymbol{a}(t)$ は

$$\boldsymbol{a}=\frac{d^2x}{dt^2}\boldsymbol{e}_x+\frac{d^2y}{dt^2}\boldsymbol{e}_y+\frac{d^2z}{dt^2}\boldsymbol{e}_z \tag{3.27}$$

と表記される．

例題 3.2

$\boldsymbol{r}=(R\cos\theta, R\sin\theta)$ で平面運動している物体の速さ，速度，加速度を求めよ．ここで，R は正の定数，$\theta=\theta(t)$ とする．

解　$\boldsymbol{v}=d\boldsymbol{r}/dt$，$\boldsymbol{a}=d^2\boldsymbol{r}/dt^2$ より，速度，加速度はそれぞれ

$$\boldsymbol{v}=\left(-R\frac{d\theta}{dt}\sin\theta,\quad R\frac{d\theta}{dt}\cos\theta\right) \tag{3.28}$$

$$\boldsymbol{a}=\left(-R\left(\frac{d\theta}{dt}\right)^2\cos\theta-R\frac{d^2\theta}{dt^2}\sin\theta,\quad -R\left(\frac{d\theta}{dt}\right)^2\sin\theta+R\frac{d^2\theta}{dt^2}\cos\theta\right) \tag{3.29}$$

である．(3.28) より，速さは $v=|\boldsymbol{v}|=R\,|d\theta/dt|$ である．◆

上記の例題において，物体は円軌道 $|\boldsymbol{r}|^2 = x^2 + y^2 = R^2$ を描くため，円運動を行う（図 3.6 参照）．解答中に出てくる $\omega = d\theta/dt$ は**角速度**で，角度の増減に応じて正または負の値を取る．この角速度の単位はラジアン毎秒 (rad/s) である．また，同様に $d\omega/dt = d^2\theta/dt^2$ は**角加速度**である．なお，$\boldsymbol{r} \cdot \boldsymbol{v} = 0$ なので，運動方向は動径方向と直交することがわかる．ここで，運動方向は $\boldsymbol{v}$ の向きで，**動径方向**とは原点から物体に向かう方向，すなわち，$\boldsymbol{r}$ の向きである．さらに $d\theta/dt$ が一定の場合，物体の速さ $v = R|\omega|$ は一定となる．物体の速さが時間によらない円運動は**等速円運動**とよばれる．このとき，$\boldsymbol{a} = -\omega^2\boldsymbol{r}$ となり，物体の加速度は常に円軌道の中心に向かい，その大きさは $|\boldsymbol{a}| = R\omega^2\ (= v^2/R)$ となり一定である（図 3.7 参照）．単位時間当りの回転数を ν とすると $|\omega| = 2\pi\nu$ が成り立ち，周期とよばれる 1 回転するのに要する時間 T は，$T = 1/\nu = 2\pi/|\omega|$ と表される．$d^2\boldsymbol{r}/dt^2 = -\omega^2\boldsymbol{r}$（$\omega^2$ は正の定数）に従って運動する物体は，3 次元調和振動子とよばれる（第 7 章の章末問題［10］参照）．

等速円運動は重要なので，改めてその性質を以下に記載する．

> 等速円運動をしている物体の加速度は常に円軌道の中心に向かい，その大きさは軌道半径に角速度の 2 乗を掛けたものに等しい．

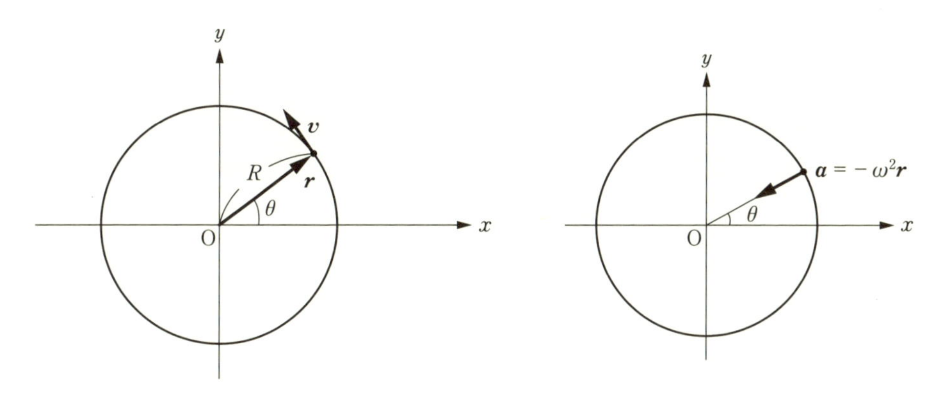

図 3.6　円運動

図 3.7　等速円運動の加速度

極座標系における速度と加速度

前章で，ベクトルが（2.6）のように表記されることを学んだ．これを $\boldsymbol{r}$ に用いて，さらに $\boldsymbol{r}$ を時間で微分することにより，

$$\boldsymbol{r} = r\boldsymbol{e}_r, \quad \boldsymbol{v} = \frac{d\boldsymbol{r}}{dt} = \frac{dr}{dt}\boldsymbol{e}_r + r\frac{d\boldsymbol{e}_r}{dt} \tag{3.30}$$

$$\boldsymbol{a} = \frac{d^2\boldsymbol{r}}{dt^2} = \frac{d^2}{dt^2}(r\boldsymbol{e}_r) = \frac{d^2r}{dt^2}\boldsymbol{e}_r + 2\frac{dr}{dt}\frac{d\boldsymbol{e}_r}{dt} + r\frac{d^2\boldsymbol{e}_r}{dt^2} \tag{3.31}$$

が得られる．ここで，$r = |\boldsymbol{r}|$ で，$\boldsymbol{e}_r$ は $\boldsymbol{r}$ と同じ向きをもつ単位ベクトルである．また，dr/dt は点 O からの距離の変化率を，$d\boldsymbol{e}_r/dt$ は点 O の周りでの回転の度合いを表す（図 3.8 参照）．

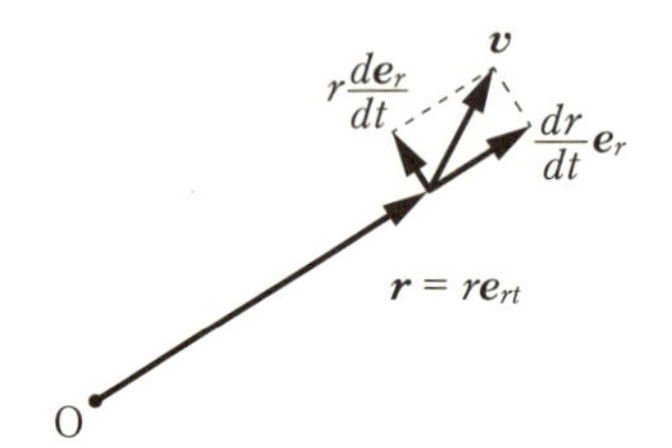

図 3.8　位置ベクトルと速度

例題 3.3

$\boldsymbol{e}_r$ と $d\boldsymbol{e}_r/dt$ が直交することを示せ．

解　$\boldsymbol{e}_r$ は単位ベクトルであるから，その大きさは 1 で一定である．一般に大きさが一定のベクトル $\boldsymbol{A}$（$= \boldsymbol{A}(t)$）について，$d|\boldsymbol{A}|^2/dt = 0$ から $d|\boldsymbol{A}|^2/dt = 2\boldsymbol{A}\cdot(d\boldsymbol{A}/dt) = 0$ が示されるので，$\boldsymbol{A}$ と $d\boldsymbol{A}/dt$ は直交する．◆

まずは物体が平面運動をしているとして，その運動を 2 次元極座標系で記述しよう．物体の位置は $\boldsymbol{r} = r\boldsymbol{e}_r$ で指定される．動径方向の単位ベクトル $\boldsymbol{e}_r$ と方位に関する単位ベクトル $\boldsymbol{e}_\theta$ は直交座標系を用いて，

$$\boldsymbol{e}_r = (\cos\theta, \sin\theta) = \cos\theta\,\boldsymbol{e}_x + \sin\theta\,\boldsymbol{e}_y \tag{3.32}$$

$$\boldsymbol{e}_\theta = (-\sin\theta, \cos\theta) = -\sin\theta\,\boldsymbol{e}_x + \cos\theta\,\boldsymbol{e}_y \tag{3.33}$$

と表される（図 3.9 参照）．(3.32)，(3.33) より，

$$\frac{d\boldsymbol{e}_r}{dt} = \frac{d\theta}{dt}\boldsymbol{e}_\theta, \quad \frac{d\boldsymbol{e}_\theta}{dt} = -\frac{d\theta}{dt}\boldsymbol{e}_r \tag{3.34}$$

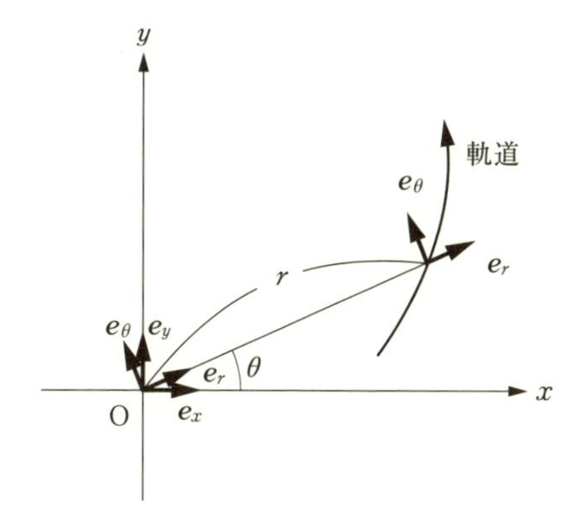

図 3.9　極座標における単位ベクトル

が成り立ち，(3.30)，(3.31) に対して，(3.34) を用いて，

$$\boldsymbol{v} = \frac{dr}{dt}\boldsymbol{e}_r + r\frac{d\theta}{dt}\boldsymbol{e}_\theta \tag{3.35}$$

$$\begin{aligned}\boldsymbol{a} &= \left\{\frac{d^2r}{dt^2} - r\left(\frac{d\theta}{dt}\right)^2\right\}\boldsymbol{e}_r + \left(r\frac{d^2\theta}{dt^2} + 2\frac{dr}{dt}\frac{d\theta}{dt}\right)\boldsymbol{e}_\theta \\ &= \left\{\frac{d^2r}{dt^2} - r\left(\frac{d\theta}{dt}\right)^2\right\}\boldsymbol{e}_r + \frac{1}{r}\frac{d}{dt}\left(r^2\frac{d\theta}{dt}\right)\boldsymbol{e}_\theta\end{aligned} \tag{3.36}$$

が導かれる．

例題 3.4

(3.35)，(3.36) に基づいて，直線運動について考察せよ．

解　図 3.10 のように物体の軌道上に原点 O を選ぶと，直線軌道の場合，(3.35) において $\boldsymbol{e}_r$ は一定 ($d\boldsymbol{e}_r/dt = (d\theta/dt)\boldsymbol{e}_\theta = \boldsymbol{0}$) で，物体の速度は $\boldsymbol{v} = (dr/dt)\boldsymbol{e}_r$ となる．また，(3.36) から，物体の加速度は $\boldsymbol{a} = (d^2r/dt^2)\boldsymbol{e}_r$ となる．ここで，d^2r/dt^2 が一定の場合は $\boldsymbol{a}$ が一定となる．さらに，dr/dt が一定の場合は $\boldsymbol{v}$ も一定となる．◆

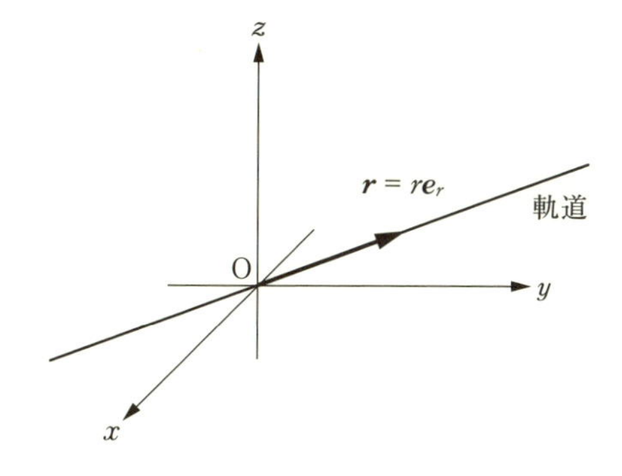

図 3.10　直線運動

例題 3.5

(3.35)，(3.36) に基づいて，円運動について考察せよ．

解　円軌道の半径を R とし，円の中心を原点 O に選ぶ（図 3.11 参照）．$r = R =$ 一定（$dr/dt = 0$）のとき，(3.35)，(3.36) より，

$$\boldsymbol{v} = R\omega\boldsymbol{e}_\theta, \quad \boldsymbol{a} = -R\omega^2\boldsymbol{e}_r + R\frac{d\omega}{dt}\boldsymbol{e}_\theta \quad \left(\omega = \frac{d\theta}{dt}\right) \tag{3.37}$$

が得られる．ここで，$\boldsymbol{a}$ において，$\boldsymbol{a}_r = -R\omega^2\boldsymbol{e}_r$ は円の中心に向かい，$\boldsymbol{a}_\theta = R(d\omega/dt)\boldsymbol{e}_\theta$ は円の接線の向きに向かう（図 3.12 参照）．なお，$\boldsymbol{e}_\theta \cdot \boldsymbol{e}_r = 0$ なので，運動方向は動径方向と直交する．角速度 ω が一定の場合は，速さ $v = |\boldsymbol{v}| = R|\omega|$ が一定となる．

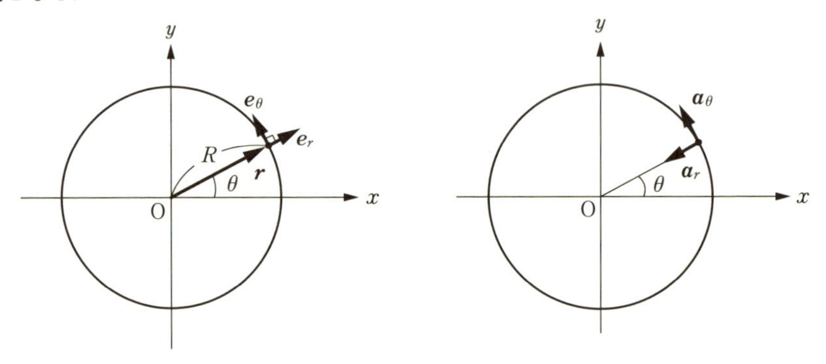

図 3.11　円運動における極座標の基底ベクトル

図 3.12　円運動の加速度

◆

参考までに，3 次元極座標系（(1.6)，(1.7) 参照）において，物体の速度と加速度に関する公式は

$$\boldsymbol{v} = \frac{dr}{dt}\boldsymbol{e}_r + r\frac{d\theta}{dt}\boldsymbol{e}_\theta + r\frac{d\phi}{dt}\sin\theta\,\boldsymbol{e}_\phi \tag{3.38}$$

$$\begin{aligned}\boldsymbol{a} = &\left\{\frac{d^2r}{dt^2} - r\left(\frac{d\theta}{dt}\right)^2 - r\left(\frac{d\phi}{dt}\right)^2\sin^2\theta\right\}\boldsymbol{e}_r \\ &+ \left\{\frac{1}{r}\frac{d}{dt}\left(r^2\frac{d\theta}{dt}\right) - r\left(\frac{d\phi}{dt}\right)^2\sin\theta\cos\theta\right\}\boldsymbol{e}_\theta \\ &+ \frac{1}{r\sin\theta}\frac{d}{dt}\left(r^2\frac{d\phi}{dt}\sin^2\theta\right)\boldsymbol{e}_\phi\end{aligned} \tag{3.39}$$

で与えられる（本章の章末問題［11］参照）．ここで，$\boldsymbol{e}_r = (\sin\theta\cos\phi, \sin\theta \times \sin\phi, \cos\theta)$, $\boldsymbol{e}_\theta = (\cos\theta\cos\phi, \cos\theta\sin\phi, -\sin\theta)$, $\boldsymbol{e}_\phi = (-\sin\phi, \cos\phi, 0)$ は基底ベクトルである．また，円筒座標系 (l, θ, z)（第 1 章の章末問題［2］参照）における速度と加速度は 2 次元極座標のもの（3.35），（3.36）に対して，r を l に代えて，$\boldsymbol{v}$ に $v_z\boldsymbol{e}_z$ を，$\boldsymbol{a}$ に $a_z\boldsymbol{e}_z$ を加えたものになる．

自然座標系における速度と加速度

物体の軌道に内在した量（距離，曲率半径など）を用いて，運動状態を記述しよう．軌道上のある点 P_0 からはかった距離を $s = s(t)$ とする．すると，次のような軌道に付随する 3 つの単位ベクトル

$$\boldsymbol{e}_\mathrm{t} = \frac{d\boldsymbol{r}}{ds}, \quad \boldsymbol{e}_\mathrm{n} = \rho\frac{d\boldsymbol{e}_\mathrm{t}}{ds}, \quad \boldsymbol{e}_\mathrm{b} = \boldsymbol{e}_\mathrm{t} \times \boldsymbol{e}_\mathrm{n} \tag{3.40}$$

は右手系をなし，これらを基底ベクトルとする座標系は**自然座標系**とよばれる（図 3.13 参照）．ここで，$\boldsymbol{e}_\mathrm{t}$ は運動の向きを表す単位ベクトルで，軌道に関する接線と同じ向き（移動距離が増加する向きを正とする）をもち**接線ベクトル**とよばれる．また，$\rho\ (= |d\boldsymbol{e}_\mathrm{t}/ds|^{-1})$ は**曲率半径**である（本章の章末問題［12］参照）．$\boldsymbol{e}_\mathrm{n}$ は**主法線ベクトル**，$\boldsymbol{e}_\mathrm{b}$ は**従法線ベクトル**とよばれる．これらの基底ベクトルはフレネ・セレの公式に従って，s とともに変化する（本章の章末問題［12］参照）．

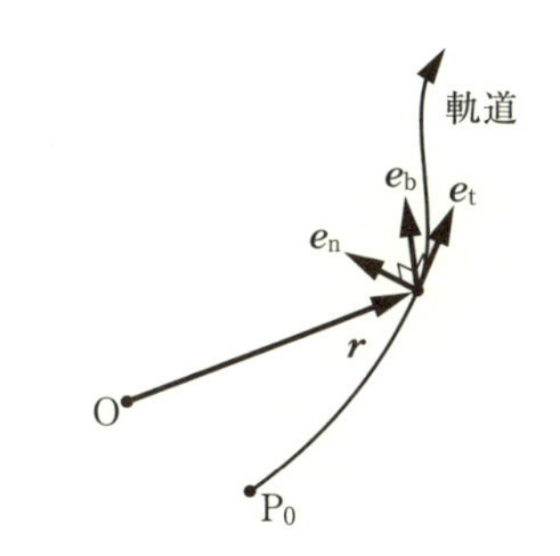

図 3.13　自然座標系の基本ベクトル

自然座標系において，$\boldsymbol{v}$ と $\boldsymbol{a}$ は

$$\boldsymbol{v} = \frac{d\boldsymbol{r}}{dt} = \frac{ds}{dt}\frac{d\boldsymbol{r}}{ds} = \frac{ds}{dt}\boldsymbol{e}_\mathrm{t}\ (= v\boldsymbol{e}_\mathrm{t}) \tag{3.41}$$

$$\boldsymbol{a} = \frac{d}{dt}(v\boldsymbol{e}_\mathrm{t}) = \frac{dv}{dt}\boldsymbol{e}_\mathrm{t} + v\frac{d\boldsymbol{e}_\mathrm{t}}{dt} = \frac{d^2s}{dt^2}\boldsymbol{e}_\mathrm{t} + \frac{1}{\rho}\left(\frac{ds}{dt}\right)^2\boldsymbol{e}_\mathrm{n} \tag{3.42}$$

と表される．ここで，$v = ds/dt$，$d/dt = (ds/dt)(d/ds)$，$d\boldsymbol{e}_\mathrm{t}/ds = \boldsymbol{e}_\mathrm{n}/\rho$ を用いた．（3.42）の 3 番目の式から，加速度は「速さの変化」と「向きの変化」という 2 つの要素からなることがわかる．**速さが変わらなくても，運動の向きが**

変われば加速度が生じることに留意しよう.

例題 3.6

(3.41), (3.42) に基づいて, 直線運動について考察せよ.

解 (3.41) において, $\boldsymbol{e}_\mathrm{t}$ が一定のとき物体は直線軌道を描く. また, (3.42) において $\boldsymbol{a} = (d^2s/dt^2)\boldsymbol{e}_\mathrm{t}$ となり, 加速度の向きも変化しない (速度 $\boldsymbol{v}$ の向きと同じ). ここで, d^2s/dt^2 が一定の場合は $\boldsymbol{a}$ が一定となる. さらに, $v = ds/dt$ が一定の場合は $\boldsymbol{v}$ も一定となる. ◆

物体の速度 $\boldsymbol{v}$ が時間によらない運動は, v も $\boldsymbol{e}_\mathrm{t}$ も一定で**等速直線運動**とよばれる. また, 物体の加速度 $\boldsymbol{a}$ が時間によらない運動は**等加速度運動**とよばれ, 直線軌道のときは**等加速度直線運動**とよばれる. 直線軌道ではない等加速度運動の典型例は, 地上で物体が放り出されたときに重力の作用により起こる放物線軌道を描く運動である (第 5 章参照).

例題 3.7

(3.37), (3.41), (3.42) に基づいて, 円運動のとき, ρ が半径 R と一致することを示し, $\boldsymbol{e}_\mathrm{t}$, $\boldsymbol{e}_\mathrm{n}$, R, θ を用いて円運動の速度と加速度を表せ.

解 円運動のとき, $\boldsymbol{e}_\theta = \boldsymbol{e}_\mathrm{t}$, $\boldsymbol{e}_r = -\boldsymbol{e}_\mathrm{n}$ が成り立ち, (3.37), (3.41), (3.42) より,

$$R\omega = v, \quad R\omega^2 = \frac{1}{\rho}v^2, \quad R\frac{d\omega}{dt} = \frac{dv}{dt} \tag{3.43}$$

が導かれ, これらから $\rho = R$ であることがわかる. 円運動の速度と加速度はそれぞれ

$$\boldsymbol{v} = R\frac{d\theta}{dt}\boldsymbol{e}_\mathrm{t}, \quad \boldsymbol{a} = R\frac{d^2\theta}{dt^2}\boldsymbol{e}_\mathrm{t} + R\left(\frac{d\theta}{dt}\right)^2\boldsymbol{e}_\mathrm{n} \tag{3.44}$$

と表される. ◆

直線運動と円運動は運動の典型例なので, 例題 3.2, 例題 3.4 ～ 例題 3.7 を何度も復習し習得すると, 後々の理解の助けになるだろう. ちなみに, 運動の原因を問わずに, 物体の運動を記述する学問体系は**運動学**とよばれる.

3.3　積分に触れよう

微分すると $f(t)$ になる関数，すなわち，

$$\frac{dF(t)}{dt} = f(t) \tag{3.45}$$

となる $F(t)$ を $f(t)$ の**不定積分**（**原始関数**）という．これを，

$$\int f(t)\,dt = F(t) + C \tag{3.46}$$

と表す．ここで，C は**積分定数**とよばれる定数である．また，$f(t)$ は**被積分関数**とよばれ，$f(t)$ の不定積分を求めることを**積分**するという．

積分に関する基本的な公式として，

$$\int \frac{df(t)}{dt} g(t)\,dt = f(t)g(t) - \int f(t)\frac{dg(t)}{dt}\,dt \quad \text{（部分積分）} \tag{3.47}$$

$$\int f(\theta)\,d\theta = \int f(\theta(t))\frac{d\theta(t)}{dt}\,dt \quad \text{（置換積分）} \tag{3.48}$$

が成り立つ．

例として，t^n，$\sin\theta$，$\cos\theta$ を不定積分すると，

$$\int t^n\,dt = \frac{1}{n+1}t^{n+1} + C \quad (n \neq -1) \tag{3.49}$$

$$\int \sin\theta = -\cos\theta + C, \quad \int \cos\theta = \sin\theta + C \tag{3.50}$$

となる．ここで，C は積分定数である．

$f(t)$ の不定積分 $F(t)$ に対して，

$$\int_a^b f(t)\,dt = \int_a^b \frac{dF(t)}{dt}\,dt = [F(t)]_a^b = F(b) - F(a) \tag{3.51}$$

を $f(t)$ の区間 a から b までの**定積分**といい，図 3.14（次頁参照）における面積を表す．(3.51) は**微分積分学の基本定理**とよばれる．

図 3.15（次頁参照）からわかるように，連続な関数 $f(t)$ に関する区間 a から b までの定積分は区分求積法に基づき，

$$\int_a^b f(t)\,dt = \lim_{N\to\infty}\sum_{k=1}^{N} f(t_k)\Delta t \tag{3.52}$$

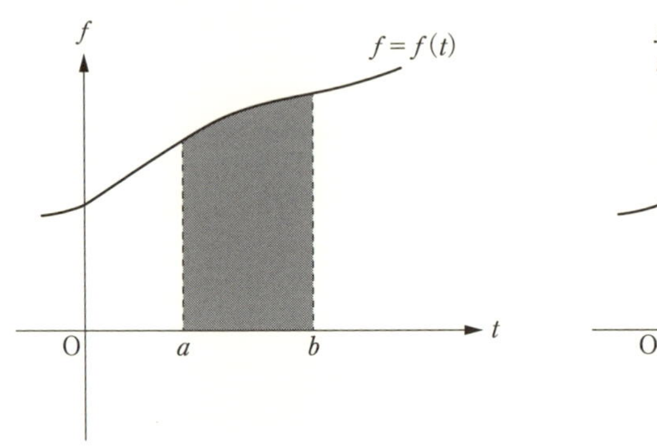

図 3.14　定積分と面積　　　　**図 3.15**　定積分の定義

で定義される．ここで，$a = t_1$，$b = t_{N+1}$，$\Delta t = (b - a)/N$ である．

3.4　微分方程式に触れよう

一定の加速度（大きさ a_0）で直線運動している物体について考察しよう．運動の向きを x 軸の正の向きに選ぶと，物体の運動は方程式

$$\frac{dv_x}{dt} = a_0, \quad \text{あるいは} \quad \frac{d^2x}{dt^2} = a_0 \tag{3.53}$$

で記述される．ここで，$v_x = v_x(t)$，$x = x(t)$ である．$v_x = dx/dt$ が成り立つので（3.53）の 2 つの式は等価である．このような導関数を含む方程式は**微分方程式**とよばれる．より詳しく説明すると，第 1 式は v_x について t に関する 1 階の常微分方程式で，第 2 式は x について t に関する 2 階の**常微分方程式**である．

（3.53）の第 1 式を積分することにより，物体の速度が

$$v_x = \frac{dx}{dt} = a_0t + c_1 \tag{3.54}$$

のように求められる．ここで，c_1 は積分定数である．さらに，（3.54）を積分することにより，物体の位置が

$$x = \frac{1}{2}a_0t^2 + c_1t + c_2 \tag{3.55}$$

のように求められる．ここで，c_2 は積分定数である．積分定数は**初期条件**により定められる．例えば，時刻 $t = 0$ において速度が v_0 で位置が x_0 であったとき，(3.54) と (3.55) より，

$$v_0 = v_x(0) = c_1, \quad x_0 = x(0) = c_2 \tag{3.56}$$

のように c_1，c_2 が決まり，これらを用いて，物体の速度と位置が

$$v_x(t) = a_0 t + v_0, \quad x(t) = \frac{1}{2} a_0 t^2 + v_0 t + x_0 \tag{3.57}$$

のように決まる．

(3.54) や (3.55) のように積分定数を含む解は**一般解**とよばれる．また (3.57) のように，初期条件や境界条件を用いて，積分定数が定められた解は**特解**（**特殊解**）とよばれる．

【予告】 第 2 章と第 3 章で，物体の運動の法則を記述するのに必要な最小限の数学を導入した．力学の定式化とその検証を遂行するためにさらなる道具立てが必要となり，順次紹介する．具体的には，4.2 節で「偏微分（へんびぶん）」，5.2.3 項で「指数関数」と「対数関数」，7.2 節で「三角関数」，8.3 節で「微分方程式の解法」を紹介する．

コ ラ ム

力学の申し子（もうご）

仮面がタロちゃんにつぶやいた．『微積分は概念が理解できると，単なる操作にすぎないと思いがちだ．』「いけないこと？」『操作は慣れるに越したことはないが，油断は禁物だ．』「どうすればいいの？」『怪しくなったら，基本に戻れ．何を言っているかわかるか？』「定義に戻るってこと？」『そうだ．さらに積分を実行したら微分して検証せよ！　微分方程式の解が求まったら，方程式に入れて解であることを確かめよ！　微積分に限らず，チェックする習慣を身につけよということだ．』

また，仮面がタロちゃんにつぶやいた．『力学を学ぶ学生の間で，習熟度に差が生じる原因が気になっているんだ．』「難しくなるからじゃない．」『そう思うだろ．でもね，学ぶ内容は高校までのとそれほど差がないんだ．』「とすると不思議だね．どんな要因が考えられるの？」『数学が鍵を握っているのではと思うんだ．』「詳しく説明して？」『数学に関する知識の違い，数学に対する態度の違い，ひいては，問題への接し方の違いによるんじゃないかと思うんだ．』「具体的に教えて？」『実は，微積

分を使わずに解かなければいけないと思い込んでる学生が，一部いるような気がするんだ.』「変だよね. 微積分は力学の申し子なのに.」『その通り！誤った学習観から早く脱してほしいものだ.』

章末問題

［1］ (3.1) に基づいて，(3.2)，(3.3) を示せ. ⇨3.1 節

［2］ (3.1) に基づいて，$dt^n/dt = nt^{n-1}$ を示せ. ⇨3.1 節

［3］ (3.2) を用いて，(3.9)，(3.10) を示せ. ⇨3.1 節

［4］ $\boldsymbol{e}_A = \boldsymbol{A}/A$ を t で微分せよ. ここで，$\boldsymbol{A} = \boldsymbol{A}(t)$，$A = |\boldsymbol{A}(t)|$ である. ⇨3.1 節

［5］ 位置ベクトル $\boldsymbol{r} = (R(\omega t + \sin\omega t),\ R(1 - \cos\omega t))$ で平面運動している物体の速度と加速度を求めよ. ここで，R，ω は定数とする. ⇨3.1 節

［6］ $\boldsymbol{r} = \boldsymbol{a}\cos\omega t + \boldsymbol{b}\sin\omega t$ ($\boldsymbol{a}$，$\boldsymbol{b}$ は定ベクトル，ω は定数) について，以下の問いに答えよ. ⇨3.2 節

（a） $d^2\boldsymbol{r}/dt^2 = -\omega^2\boldsymbol{r}$ を示せ.

（b） $\boldsymbol{r} \times (d\boldsymbol{r}/dt)$ を計算せよ.

（c） $\boldsymbol{r}\cdot[(d\boldsymbol{r}/dt) \times (d^2\boldsymbol{r}/dt^2)]$ を計算せよ.

［7］ 物体が3次元空間内にあり，z 軸に注目すると，z 軸の正の向きに一定の速さ v_0 で進み，xy 平面に注目すると，その平面に関して角速度 ω で原点を中心とした半径 R の等速円運動をしているとする（図3.16参照）. このような運動は**螺旋運動**(らせん)とよばれる. この物体の速度と加速度を求めよ. ⇨3.2 節

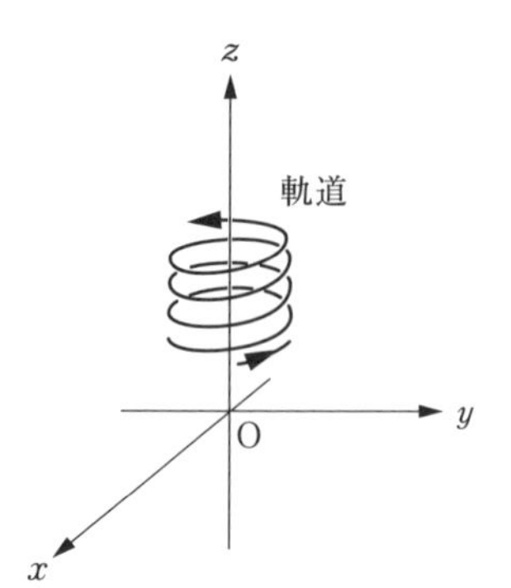

図3.16

［8］　座標軸が (v_x, v_y, v_z) である速度空間とよばれる空間内で，速度ベクトルの始点を原点に選んだとき，終点が描く曲線は**ホドグラフ**とよばれ，加速度を視覚的に捉えやすいという利点をもつ．ホドグラフについて，以下の問いに答えよ．

⇨ 3.2 節

（a）　等速直線運動に関するホドグラフはどんな形か．

（b）　等速円運動に関するホドグラフはどんな形か．

（c）　ホドグラフで加速度はどのように理解されるか．

［9］　太陽と地球との距離は 1 億 4960 万 km，地球と月との距離は 38 万 4400 km，地球の半径は 6378 km，月の公転周期は 27.3 日である．以下の物体の角速度（rad/s）と速さ（m/s）を有効数字 2 桁で答えよ．⇨ 3.2 節

（a）　太陽の周りの，地球の公転の角速度とそれに伴う地球の速さ．

（b）　地球の周りの，月の公転の角速度とそれに伴う月の速さ．

（c）　地球の自転の角速度とそれに伴う地表の速さ．

［10］　$d^2\boldsymbol{r}/dt^2 = \boldsymbol{a}_0$（$\boldsymbol{a}_0$ は定ベクトル）の解を求めよ．⇨ 3.4 節

［11］　**【発展】**　速度と加速度に関する公式（3.38），（3.39）を確かめよ．

⇨ 3.2 節

［12］　**【発展】**　物体の軌道について，以下の問いに答えよ．⇨ 3.2 節

（a）　軌道上の点 P_0 から点 P までの物体の移動距離を s とし，点 P の位置ベクトルを $\boldsymbol{r}$ とする．このとき，$d\boldsymbol{r}/ds$ は接線ベクトル $\boldsymbol{e}_t$ に一致する．$d\boldsymbol{r}/ds$ の大きさが 1 であることを示せ（図 3.17 参照）．

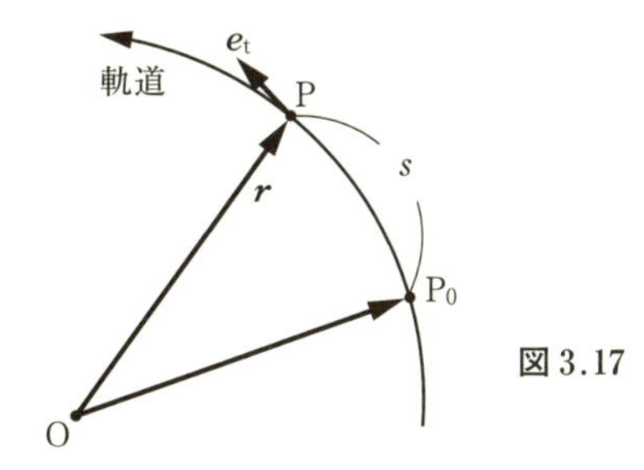

図 3.17

（b）　点 P における接線と $s + \Delta s$ に対応する点 Q における接線のなす角を $\Delta\theta$ とし，点 P と点 Q における接線ベクトルをそれぞれ $\boldsymbol{e}_t(s)$，$\boldsymbol{e}_t(s + \Delta s)$ とする（次頁の図 3.18 参照）．このとき，$\kappa = |d\theta/ds|$ は点 P における**曲率**とよばれる量である．$|d\boldsymbol{e}_t/ds| = \kappa$ を示せ．

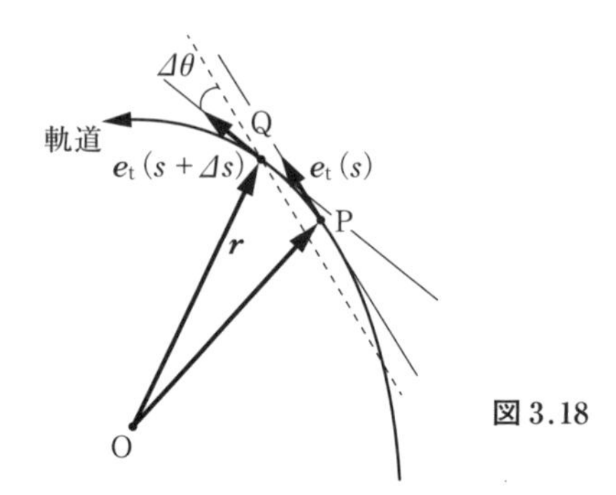

図 3.18

（c） $d\boldsymbol{e}_{\mathrm{t}}/ds$ と同じ向きをもつ単位ベクトル $\boldsymbol{e}_{\mathrm{n}}$ は，$d\boldsymbol{e}_{\mathrm{t}}/ds = \kappa\boldsymbol{e}_{\mathrm{n}}$ と表される．$\boldsymbol{e}_{\mathrm{b}} = \boldsymbol{e}_{\mathrm{t}} \times \boldsymbol{e}_{\mathrm{n}}$ により定義された単位ベクトル $\boldsymbol{e}_{\mathrm{b}}$ について，$d\boldsymbol{e}_{\mathrm{b}}/ds$ が $\boldsymbol{e}_{\mathrm{n}}$ に平行であることを示せ．

（d） 前問より，$d\boldsymbol{e}_{\mathrm{b}}/ds = -\tau\boldsymbol{e}_{\mathrm{n}}$ が成り立つ．ここで，τ は**捩率**（れいりつ）（**ねじれ率**）とよばれる量である．$d\boldsymbol{e}_{\mathrm{n}}/ds = -\kappa\boldsymbol{e}_{\mathrm{t}} + \tau\boldsymbol{e}_{\mathrm{b}}$ を示せ．参考までに，これら 3 組の公式 $d\boldsymbol{e}_{\mathrm{t}}/ds = \kappa\boldsymbol{e}_{\mathrm{n}}$，$d\boldsymbol{e}_{\mathrm{n}}/ds = -\kappa\boldsymbol{e}_{\mathrm{t}} + \tau\boldsymbol{e}_{\mathrm{b}}$，$d\boldsymbol{e}_{\mathrm{b}}/ds = -\tau\boldsymbol{e}_{\mathrm{n}}$ は**フレネ・セレの公式**とよばれる．

（e） $\boldsymbol{e}_{\mathrm{t}}\cdot[(d\boldsymbol{e}_{\mathrm{t}}/ds) \times (d^2\boldsymbol{e}_{\mathrm{t}}/ds^2)]$ を計算し，$\tau = (d\boldsymbol{r}/ds)\cdot[(d^2\boldsymbol{r}/ds^2) \times (d^3\boldsymbol{r}/ds^3)]/|d^2\boldsymbol{r}/ds^2|^2$ を示せ．

（f） 平面運動をしている物体の軌道の捩率は，0 であることを示せ．

運動の 3 法則を身につけよう

運動を記述するための準備が整ったので，力学の定式化を始めよう．前半（4.1 節）では，物体の運動を支配する基本法則であるニュートンの運動の 3 法則について考察する．後半（4.2 節）では，運動の 3 法則から導かれる一般的な性質について考察する．**運動の 3 法則およびそれに付随する物理量（運動量，角運動量，エネルギー）は基本中の基本なので，納得がいくまで何度も読み返し考え抜いて身につけてほしい．**

4.1 ニュートンの運動の 3 法則を理解しよう

運動に関する基本法則は，次の 3 法則にまとめられる．

運動の第 1 法則：物体が力を受けないとき，物体の運動状態は変化しない．
運動の第 2 法則：物体に力がはたらくとき，力に比例する加速度をもつ．
運動の第 3 法則：物体 1 が別の物体 2 に力を及ぼすとき，物体 1 は物体 2 から，大きさが同じで逆向きの力を受ける．

これらの法則は**ニュートンの運動の 3 法則**とよばれている．以下で，これらの法則を定式化する．

4.1.1 運動の第 1 法則

第 1 法則において「物体が力を受けないとき」は，物体にはたらく力の総和である**合力**が$\mathbf{0}$である状況を含んでいる．また，「物体の運動状態は変化しない」とは，静止している物体は静止したままであり，動いている物体は速度を変えずに運動し続けることである．第1法則を式を交えて表すと，

$$\text{物体にはたらく力が}\,\mathbf{0}\,\text{のとき，}\quad \frac{d\boldsymbol{r}(t)}{dt} = \text{一定，}\quad \frac{d^2\boldsymbol{r}(t)}{dt^2} = \mathbf{0} \qquad (4.1)$$

となる．

物体が，その運動状態を保ち続けようとする性質を**慣性**という．それゆえ，運動の第1法則は**慣性の法則**ともよばれる．乗り物に乗っているとき，我々はしばしば慣性を体験する．例えば，進行方向を向いて立っているとする．乗り物が急停車や急発進したとき我々の体は前のめりになったり，後ろに倒れそうになったりする．この現象は，慣性に従おうとする体と乗り物の動きの変化との間の駆け引きにより起こる．

物体の運動は観測者の運動状態により異なって見える．例えば，合力が$\mathbf{0}$の物体を加速度運動している観測者が観察した場合，物体が加速度運動しているように見える．このような観測者には (4.1) が成立しないため，運動の記述に際し別の要素を加味する必要がある（第13章参照）．ここでは，なるべく便利で実用的な基準を設けるという方針に基づいて，**慣性系**とよばれる慣性の法則が成り立つ座標系を力学の定式化の基礎に据(す)える．

4.1.2　運動の第2法則

第2法則を式で表すと，

$$m\frac{d^2\boldsymbol{r}}{dt^2} = \boldsymbol{F} \quad \left(\boldsymbol{v}\,\text{を用いると，}\ m\frac{d\boldsymbol{v}}{dt} = \boldsymbol{F}\right) \qquad (4.2)$$

となる（図4.1,4.2参照）．ここで，質量mは物体の運動状態の変えにくさ（慣性の大きさ）を表す比例係数で，**慣性質量**または単に**質量**[†1]とよばれる．また，$\boldsymbol{F}$は物体にはたらく**力**で，物体の運動状態を変えるはたらきをする．力はベクトルで**力の3要素**とよばれる「作用点」，「大きさ」，「向き」により，その効果が決まる（図4.3参照）．物体にはたらく力を図示する習慣を身につけよう．力の単位はニュートンでNで表される．例えば，1kgの物体に

---

†1　質量は重さ（重力の大きさ）と異なり物体に固有の量である．重さはそれをはかる場所により異なる．例えば，月で重さをはかると地球での重さの6分の1ほどになる．

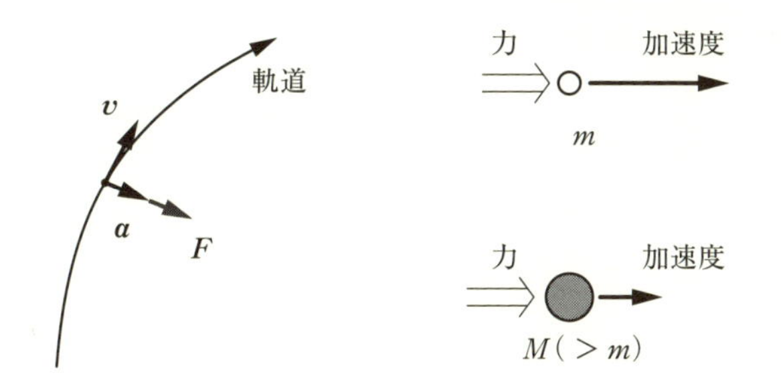

図 4.1　加速度と力　　図 4.2　質量と加速度

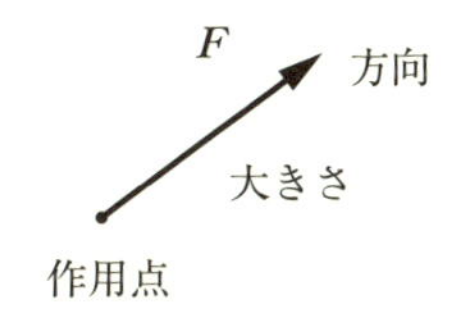

図 4.3　力の 3 要素

1 m/s² の加速度を生み出すのに必要な力は 1 N である．(4.2) の両辺は同じ単位をもつので，1 N は 1 kg·m/s² のことである．(4.2) は**ニュートンの運動方程式**とよばれ，力の形態が特定されれば，この微分方程式を解くことにより物体の運動状態が理解される．物体の運動が初期条件により決定されること，すなわち，**因果律**とよばれる「原因は結果に先立つ」という性質が成り立つことに注目しよう．逆に，運動方程式を用いて，さまざまな力（重力，摩擦力，…）の性質や法則が明らかになる．運動の第 2 法則は**運動の法則**ともよばれる．運動に関する物理量の間の関係を図 4.4 にまとめた．

物体にはたらく力が $\mathbf{0}$ のとき，(4.2) は $md^2\boldsymbol{r}/dt^2 = \mathbf{0}$ となり，

$$\boldsymbol{r}(t) = \boldsymbol{v}_0 t + \boldsymbol{r}_0 \tag{4.3}$$

という解が得られる．ここで，$\boldsymbol{r}_0$ は時刻 $t = 0$ での物体の位置ベクトルである．(4.3) は，物体が一定の速度 $\boldsymbol{v}_0$ で運動していることを表し，慣性の法則を意味する．第 2 法則も第 1 法則と同様に慣性系で成り立つ法則である．

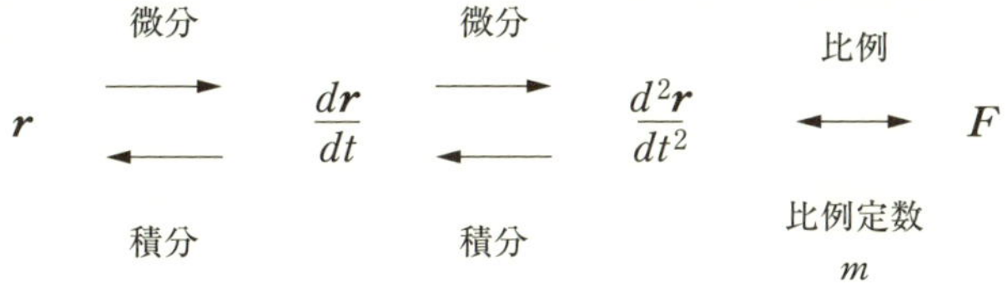

微分　　微分　　比例

$\boldsymbol{r}$ ⇄ $\dfrac{d\boldsymbol{r}}{dt}$ ⇄ $\dfrac{d^2\boldsymbol{r}}{dt^2}$ ↔ $\boldsymbol{F}$

積分　　積分　　比例定数 m

図 4.4　運動に関する物理量の間の関係

4.1.3 運動の第3法則

第3法則を式で表すと，

$$\boldsymbol{F}_{1\leftarrow 2} = -\boldsymbol{F}_{2\leftarrow 1} \tag{4.4}$$

となる．ここで，$\boldsymbol{F}_{1\leftarrow 2}$ は物体2が物体1に及ぼす力で，$\boldsymbol{F}_{2\leftarrow 1}$ は物体1が物体2に及ぼす力である．物体1を基準にして，物体1が物体2に及ぼす力を**作用**，物体1が物体2から受ける力を**反作用**とよぶ．それゆえ，運動の第3法則は**作用・反作用の法則**ともよばれる．

さらに次の法則を追加したものが，**強い形の第3法則**である．

作用と反作用の方向は，2つの物体を結ぶ直線に平行である．

これを式で表すと，

$$\boldsymbol{F}_{1\leftarrow 2} \parallel \boldsymbol{r}_1 - \boldsymbol{r}_2, \text{ あるいは } \boldsymbol{F}_{1\leftarrow 2} \times (\boldsymbol{r}_1 - \boldsymbol{r}_2) = \boldsymbol{0} \tag{4.5}$$

となる．ここで，$\boldsymbol{r}_1$ は物体1の位置ベクトルで，$\boldsymbol{r}_2$ は物体2の位置ベクトルである（図4.5参照）．

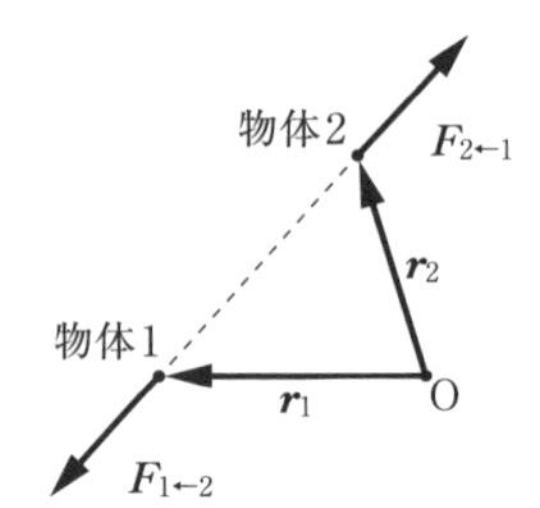

図4.5　作用と反作用

4.2 運動の3法則からの帰結を理解しよう

物体の運動を記述する基本的な方程式（4.2）が明らかになったので，具体的な物理系においてその成否を確かめたいところであるが，ここでは，はやる気持ちを抑えて，運動の3法則から導かれる一般的な性質について考察しよう．一般的な性質の把握は，さまざまな物理系を理解するうえでの促進剤になる可能性がある．考察に際して，運動量，角運動量，エネルギーに着目する．

これら3つの量の重要性については14.4節で言及する.

4.2.1 1つの物体に着目した場合の帰結

力の根源を特定せずに，物体の運動に付随する性質について考察する.

運 動 量

物体の質量 m に速度 $\boldsymbol{v}$ を掛けた量

$$\boldsymbol{p} = m\boldsymbol{v} = m\frac{d\boldsymbol{r}}{dt} \tag{4.6}$$

は，**運動量**とよばれる運動の勢(いきお)いを表すベクトルである．例えば，車の質量が大きいほど，また速く走っているほど，急ブレーキをかけても勢い余ってすぐには止まれない．(4.6) を用いて，ニュートンの運動方程式は

$$\frac{d\boldsymbol{p}}{dt} = \boldsymbol{F} \tag{4.7}$$

と表され，**物体の運動量の変化率は物体にはたらく力に等しい**ことがわかる.

力 積

(4.7) の両辺を時間で積分することにより，

$$\int_{t_1}^{t_2}\frac{d\boldsymbol{p}}{dt}\,dt = \int_{t_1}^{t_2}\boldsymbol{F}\,dt \tag{4.8}$$

すなわち，

$$\boldsymbol{p}(t_2) - \boldsymbol{p}(t_1) = \int_{t_1}^{t_2}\boldsymbol{F}\,dt \tag{4.9}$$

が得られる．(4.9) の右辺の量は，時刻 t_1 から t_2 の間に物体にはたらく力を積分したもので**力積**とよばれ，**物体の運動量の変化分はその間に物体にはたらく力積に等しい**ことがわかる.

角 運 動 量

物体の位置ベクトル $\boldsymbol{r}$ と運動量 $\boldsymbol{p}$ の外積を取った量

$$\boldsymbol{l} = \boldsymbol{r} \times \boldsymbol{p} = m\boldsymbol{r} \times \frac{d\boldsymbol{r}}{dt} \tag{4.10}$$

は，原点Oの周りの**角運動量**とよばれるベクトルである．動径方向と運動方向のなす角を θ とすると，$|\boldsymbol{l}| = m|\boldsymbol{r}|\,|d\boldsymbol{r}/dt|\sin\theta$ により，$\boldsymbol{l}$ は m および θ の正弦に比例するので回転運動の勢いを表す（次頁の図4.6参照)．$\boldsymbol{l}$ は

$$\frac{d\boldsymbol{l}}{dt} = \boldsymbol{r} \times \boldsymbol{F} \qquad (4.11)$$

に従う．ここで，$m(d\boldsymbol{r}/dt) \times (d\boldsymbol{r}/dt) = \boldsymbol{0}$ および $md^2\boldsymbol{r}/dt^2 = \boldsymbol{F}$ を用いた．(4.11) の右辺の量 $\boldsymbol{r} \times \boldsymbol{F}$ は，原点の周りの**力のモーメント**とよばれる．

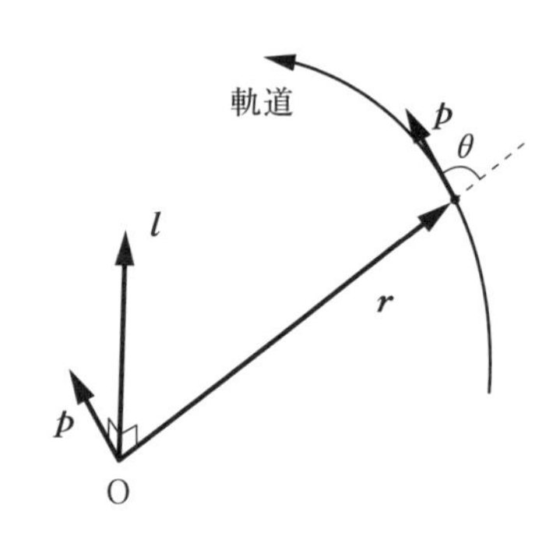

図 4.6　角運動量

【注意】 角運動量や力のモーメントはどの点を基準点に選ぶかにより異なる（本章の章末問題［6］参照）．例えば，原点の代わりに点 $\boldsymbol{r}_0$ を基準点に選ぶと，(4.10)，(4.11) はそれぞれ

$$\boldsymbol{l} = (\boldsymbol{r} - \boldsymbol{r}_0) \times \boldsymbol{p}, \quad \frac{d\boldsymbol{l}}{dt} = (\boldsymbol{r} - \boldsymbol{r}_0) \times \boldsymbol{F} \qquad (4.12)$$

に代わる．角運動量や力のモーメントを扱う場合，どの点の周りなのかを絶えず意識しよう．

$\boldsymbol{F}$ と $\boldsymbol{r}$ が同じ方向をもつ場合，$\boldsymbol{r} \times \boldsymbol{F} = \boldsymbol{0}$ となり角運動量は一定に保たれる．この性質 ($d\boldsymbol{l}/dt = \boldsymbol{0}$) は**角運動量保存**とよばれる．物体にはたらく力の方向が定点 O を通り，力の大きさが O からの距離にのみ依存するような力（O が原点のとき，$\boldsymbol{F} = -f(r)\boldsymbol{e}_r$）を**中心力**とよぶ（図 4.7 参照）．O は力の中心で，$f(r) > 0$ のとき物体に引力がはたらき，$f(r) < 0$ のとき斥力がはたらく．中心力の特徴を改めて記載する．

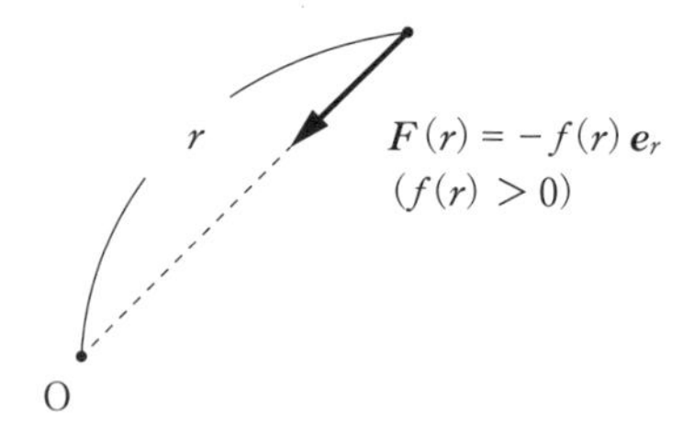

図 4.7　中心力

> 中心力は力の源と物体を結ぶ方向にはたらくため，中心力のもとで物体の角運動量は保存される．

力積のモーメント

(4.11) の両辺を時間で積分することにより，

$$\boldsymbol{l}(t_2) - \boldsymbol{l}(t_1) = \int_{t_1}^{t_2} \boldsymbol{r} \times \boldsymbol{F}\, dt \qquad (4.13)$$

が得られる．(4.13) の右辺の量は**力積のモーメント**とよばれる．

エネルギー

運動エネルギーは

$$K = \frac{1}{2}m\left(\frac{d\boldsymbol{r}}{dt}\right)^2 \tag{4.14}$$

で定義される．ここで，$(d\boldsymbol{r}/dt)^2$ は $|d\boldsymbol{r}/dt|^2$ のことである（以後も同様）．K は

$$\frac{dK}{dt} = \boldsymbol{F}\cdot\frac{d\boldsymbol{r}}{dt} \tag{4.15}$$

に従う．実際，(4.14) を時間で微分して，微分公式 $(d/dt)\{(d\boldsymbol{r}/dt)^2\} = 2(d^2\boldsymbol{r}/dt^2)\cdot(d\boldsymbol{r}/dt)$ と運動方程式 $md^2\boldsymbol{r}/dt^2 = \boldsymbol{F}$ を用いて，(4.15) が導かれる．運動エネルギーを有する物体は，別の物体を動かす能力をもっている．

ここでは，K と別の形態のエネルギー U が運動の途中で互いに変化分を補いながら，$K + U$ が常に一定に保たれる場合を考えよう．このようなことが起こるためには，(4.15) より $\boldsymbol{F}\cdot d\boldsymbol{r}/dt = -dU/dt$ が成り立つ必要がある．ここで，U は x，y，z を変数とする関数 $U = U(x, y, z)$ とすると，dU/dt は**偏微分**（次頁の【偏微分】のところを参照）を用いて，

$$\frac{dU}{dt} = \frac{\partial U}{\partial x}\frac{dx}{dt} + \frac{\partial U}{\partial y}\frac{dy}{dt} + \frac{\partial U}{\partial z}\frac{dz}{dt} = \nabla U\cdot\frac{d\boldsymbol{r}}{dt} \tag{4.16}$$

と表される．ここで，$\nabla = (\partial/\partial x, \partial/\partial y, \partial/\partial z)$ である[†2]．$\boldsymbol{F}\cdot d\boldsymbol{r}/dt = -dU/dt$ と (4.16) より，物体にはたらく力が

$$\boldsymbol{F} = -\nabla U = \left(-\frac{\partial U}{\partial x}, -\frac{\partial U}{\partial y}, -\frac{\partial U}{\partial z}\right) \tag{4.17}$$

のように表されるとき，(4.15) は

$$\frac{d}{dt}\left\{\frac{1}{2}m\left(\frac{d\boldsymbol{r}}{dt}\right)^2 + U(x, y, z)\right\} = 0 \tag{4.18}$$

となる．(4.18) を時間で積分することにより，

$$E = \frac{1}{2}m\left(\frac{d\boldsymbol{r}}{dt}\right)^2 + U(x, u, z) = 一定 \tag{4.19}$$

---

†2　∇ は微分演算子の一種で，ナブラ（nabla）とよばれる．∇U の代わりに，grad U や $\partial U/\partial\boldsymbol{r}$ と表記されることもある．また，$\partial/\partial x$ は変数 x に関する偏微分の記号で，∂ はデル（del）またはラウンドデルタ（round delta）とよばれる．

が導かれる．ここで，E は**エネルギー積分**または**力学的エネルギー**とよばれる物理量で，(4.18) や (4.19) は**力学的エネルギー保存則**を意味する．$U(x, y, z)$ は**位置エネルギー**または**ポテンシャルエネルギー**とよばれる．(4.17) のように表される力は**保存力**とよばれる[†3]．

【偏微分】　$\partial U/\partial x$，$\partial U/\partial y$，$\partial U/\partial z$ はそれぞれ変数 x，y，z による偏微分で，

$$\frac{\partial U}{\partial x} = \lim_{\Delta x \to 0} \frac{U(x + \Delta x, y, z) - U(x, y, z)}{\Delta x} \tag{4.20}$$

$$\frac{\partial U}{\partial y} = \lim_{\Delta y \to 0} \frac{U(x, y + \Delta y, z) - U(x, y, z)}{\Delta y} \tag{4.21}$$

$$\frac{\partial U}{\partial z} = \lim_{\Delta z \to 0} \frac{U(x, y, z + \Delta z) - U(x, y, z)}{\Delta z} \tag{4.22}$$

で定義される．文字通り，偏微分は特定の変数に着目した偏った微分のことである．一方，dU は U の**全微分**とよばれ，

$$\begin{aligned}
\frac{dU}{dt} &= \lim_{\Delta t \to 0} \frac{U(x + \Delta x, y + \Delta y, z + \Delta z) - U(x, y, z)}{\Delta t} \\
&= \lim_{\Delta t \to 0} \left\{ \frac{U(x + \Delta x, y + \Delta y, z + \Delta z) - U(x, y + \Delta y, z + \Delta z)}{\Delta t} \right. \\
&\qquad + \frac{U(x, y + \Delta y, z + \Delta z) - U(x, y, z + \Delta z)}{\Delta t} \\
&\qquad \left. + \frac{U(x, y, z + \Delta z) - U(x, y, z)}{\Delta t} \right\} \\
&= \lim_{\Delta t \to 0} \left\{ \frac{U(x + \Delta x, y + \Delta y, z + \Delta z) - U(x, y + \Delta y, z + \Delta z)}{\Delta x} \frac{\Delta x}{\Delta t} \right. \\
&\qquad + \frac{U(x, y + \Delta y, z + \Delta z) - U(x, y, z + \Delta z)}{\Delta y} \frac{\Delta y}{\Delta t} \\
&\qquad \left. + \frac{U(x, y, z + \Delta z) - U(x, y, z)}{\Delta z} \frac{\Delta z}{\Delta t} \right\} \\
&= \frac{\partial U}{\partial x} \frac{dx}{dt} + \frac{\partial U}{\partial y} \frac{dy}{dt} + \frac{\partial U}{\partial z} \frac{dz}{dt} = \nabla U \cdot \frac{d\boldsymbol{r}}{dt}
\end{aligned} \tag{4.23}$$

が成り立つ．ここで，$\Delta x = x(t + \Delta t) - x(t)$，$\Delta y = y(t + \Delta t) - y(t)$，$\Delta z = z(t + \Delta t) - z(t)$ で，$\Delta t \to 0$ に連動して，$\Delta x \to 0$，$\Delta y \to 0$，$\Delta z \to 0$ となることを用いた．

---

†3　重力やばねの弾性力は保存力であるが，すべての力が保存力とは限らない．実際，抵抗力や摩擦力は保存力ではない．保存力に関するより詳しい考察を第 12 章で行う．

1次元運動の解法

物体に保存力がはたらく場合，1次元運動に関して以下のようなエネルギー積分を経由した解法が存在する．

1次元の座標変数を x とする．質量 m の物体に保存力 $F_x = -dU/dx$ がはたらく場合，運動方程式は2階の微分方程式

$$m\frac{d^2x}{dt^2} = -\frac{dU}{dx} \tag{4.24}$$

で与えられる．(4.24) の両辺に dx/dt を掛けて微分公式を用いて変形し，時間で積分することにより，エネルギー積分

$$E = \frac{1}{2}m\left(\frac{dx}{dt}\right)^2 + U(x) = 一定 \tag{4.25}$$

が導かれる（本章の章末問題［8］参照）．さらに (4.25) を変形すると，1階の微分方程式

$$\frac{dx}{dt} = \pm\sqrt{\frac{2}{m}(E - U(x))} \tag{4.26}$$

が得られる．ここで，$+$ は x の正の向きに，$-$ は x の負の向きに運動していることを表す．微分の階数が減少しているのは E を求める際に積分を行っているからである．ここで，物体が x の正の向きに運動しているとする．変数分離法に基づいて，

$$\sqrt{\frac{m}{2}}\int_{x_0}^{x}\frac{dx'}{\sqrt{E - U(x')}} = \int_{t_0}^{t}dt' = t - t_0 \tag{4.27}$$

が得られる．$U(x)$ が与えられれば，左辺の積分を実行して，

$$\sqrt{\frac{m}{2}}\int_{x_0}^{x}\frac{dx'}{\sqrt{E - U(x')}} = f(x) \tag{4.28}$$

のように $f(x)$ が得られ，

$$x = f^{-1}(t - t_0) \tag{4.29}$$

のように解を書き下すことができる．ここで，f^{-1} は f の逆関数を表す．E の値は初期条件により決まる．例えば，時刻 t_0 で $x(t_0) = x_0$，$v_x(t_0) = v_0$ のとき，$E = mv_0^2/2 + U(x_0)$ である．

4.2.2 2つの物体に着目した場合の帰結

2つの物体（物体1，物体2の質量をそれぞれ m_1，m_2，位置ベクトルをそれぞれ $\boldsymbol{r}_1$，$\boldsymbol{r}_2$ とする）の運動に付随する性質について考察する．

運 動 量

物体1の運動量 $\boldsymbol{p}_1$，物体2の運動量 $\boldsymbol{p}_2$ は，それぞれ

$$\boldsymbol{p}_1 = m_1 \frac{d\boldsymbol{r}_1}{dt}, \quad \boldsymbol{p}_2 = m_2 \frac{d\boldsymbol{r}_2}{dt} \tag{4.30}$$

で定義され，

$$\frac{d\boldsymbol{p}_1}{dt} = \boldsymbol{F}_{1\leftarrow 2} + \boldsymbol{F}_1, \quad \frac{d\boldsymbol{p}_2}{dt} = \boldsymbol{F}_{2\leftarrow 1} + \boldsymbol{F}_2 \tag{4.31}$$

に従う．ここで，$\boldsymbol{F}_{1\leftarrow 2}$ は物体2が物体1に及ぼす力，$\boldsymbol{F}_{2\leftarrow 1}$ は物体1が物体2に及ぼす力であり，これらは**内力**とよばれる．また，$\boldsymbol{F}_1$，$\boldsymbol{F}_2$ はそれぞれ物体1，物体2にこれらの物体の外部からはたらく力で**外力**とよばれる．

（4.31）の2式の辺々を足し算し，$\boldsymbol{F}_{1\leftarrow 2} = -\boldsymbol{F}_{2\leftarrow 1}$ を用いて，

$$\frac{d}{dt}(\boldsymbol{p}_1 + \boldsymbol{p}_2) = \boldsymbol{F}_1 + \boldsymbol{F}_2 \tag{4.32}$$

が得られる．$\boldsymbol{F}_1 + \boldsymbol{F}_2 = \boldsymbol{0}$ の場合，（4.32）は

$$\frac{d}{dt}(\boldsymbol{p}_1 + \boldsymbol{p}_2) = \boldsymbol{0} \tag{4.33}$$

となり，

$$\boldsymbol{P} = \boldsymbol{p}_1 + \boldsymbol{p}_2 = \text{一定} \tag{4.34}$$

が成り立つ．ここで，$\boldsymbol{P}$ は**全運動量**で，（4.33）や（4.34）は**運動量保存則**とよばれる．

角 運 動 量

物体1,2の原点の周りの角運動量 $\boldsymbol{l}_1$，$\boldsymbol{l}_2$ は，それぞれ

$$\boldsymbol{l}_1 = \boldsymbol{r}_1 \times \boldsymbol{p}_1, \quad \boldsymbol{l}_2 = \boldsymbol{r}_2 \times \boldsymbol{p}_2 \tag{4.35}$$

で定義され，

$$\frac{d\boldsymbol{l}_1}{dt} = \boldsymbol{r}_1 \times \boldsymbol{F}_{1\leftarrow 2} + \boldsymbol{r}_1 \times \boldsymbol{F}_1, \quad \frac{d\boldsymbol{l}_2}{dt} = \boldsymbol{r}_2 \times \boldsymbol{F}_{2\leftarrow 1} + \boldsymbol{r}_2 \times \boldsymbol{F}_2 \tag{4.36}$$

に従う．ここで，（4.30），（4.31）および外積の性質 $\boldsymbol{A} \times \boldsymbol{A} = \boldsymbol{0}$ を用いた．

（4.36）の2式の辺々を足し算し，$\boldsymbol{F}_{1\leftarrow 2} = -\boldsymbol{F}_{2\leftarrow 1}$ を用いて，

$$\frac{d}{dt}(\boldsymbol{l}_1 + \boldsymbol{l}_2) = (\boldsymbol{r}_1 - \boldsymbol{r}_2) \times \boldsymbol{F}_{1\leftarrow 2} + \boldsymbol{r}_1 \times \boldsymbol{F}_1 + \boldsymbol{r}_2 \times \boldsymbol{F}_2 \tag{4.37}$$

が導かれる．強い形の第3法則が成り立つ場合，$\boldsymbol{F}_{1\leftarrow 2} /\!/ \boldsymbol{r}_1 - \boldsymbol{r}_2$ より，

$$\frac{d}{dt}(\boldsymbol{l}_1 + \boldsymbol{l}_2) = \boldsymbol{r}_1 \times \boldsymbol{F}_1 + \boldsymbol{r}_2 \times \boldsymbol{F}_2 \tag{4.38}$$

が得られる．さらに，$\boldsymbol{r}_1 \times \boldsymbol{F}_1 + \boldsymbol{r}_2 \times \boldsymbol{F}_2 = \boldsymbol{0}$ の場合（例えば，外力が原点を力の中心とする中心力のとき），(4.38) は

$$\frac{d}{dt}(\boldsymbol{l}_1 + \boldsymbol{l}_2) = \boldsymbol{0} \tag{4.39}$$

となり，

$$\boldsymbol{L} = \boldsymbol{l}_1 + \boldsymbol{l}_2 = \text{一定} \tag{4.40}$$

が成り立つ．ここで，$\boldsymbol{L}$ は**全角運動量**で，(4.39) や (4.40) は**角運動量保存則**とよばれる．

エネルギー

物体1,2の運動エネルギーK_1，K_2 は，それぞれ

$$K_1 = \frac{1}{2} m_1 \left(\frac{d\boldsymbol{r}_1}{dt}\right)^2, \quad K_2 = \frac{1}{2} m_2 \left(\frac{d\boldsymbol{r}_2}{dt}\right)^2 \tag{4.41}$$

で定義され，

$$\frac{dK_1}{dt} = \boldsymbol{F}_{1\leftarrow 2}\cdot\frac{d\boldsymbol{r}_1}{dt} + \boldsymbol{F}_1\cdot\frac{d\boldsymbol{r}_1}{dt}, \quad \frac{dK_2}{dt} = \boldsymbol{F}_{2\leftarrow 1}\cdot\frac{d\boldsymbol{r}_2}{dt} + \boldsymbol{F}_2\cdot\frac{d\boldsymbol{r}_2}{dt} \tag{4.42}$$

に従う．(4.43) の2式の辺々を足し算し，

$$\frac{dK}{dt} = (\boldsymbol{F}_{1\leftarrow 2} + \boldsymbol{F}_1)\cdot\frac{d\boldsymbol{r}_1}{dt} + (\boldsymbol{F}_{2\leftarrow 1} + \boldsymbol{F}_2)\cdot\frac{d\boldsymbol{r}_2}{dt} \tag{4.43}$$

が得られる．物体にはたらく力が保存力の場合，すなわち，力が関数 $U(\boldsymbol{r}_1, \boldsymbol{r}_2)$ を用いて，

$$\boldsymbol{F}_{1\leftarrow 2} + \boldsymbol{F}_1 = -\nabla_1 U = \left(-\frac{\partial U}{\partial x_1}, -\frac{\partial U}{\partial y_1}, -\frac{\partial U}{\partial z_1}\right) \tag{4.44}$$

$$\boldsymbol{F}_{2\leftarrow 1} + \boldsymbol{F}_2 = -\nabla_2 U = \left(-\frac{\partial U}{\partial x_2}, -\frac{\partial U}{\partial y_2}, -\frac{\partial U}{\partial z_2}\right) \tag{4.45}$$

と表されるとき，エネルギー積分

$$E = \frac{1}{2} m_1 \left(\frac{d\boldsymbol{r}_1}{dt}\right)^2 + \frac{1}{2} m_2 \left(\frac{d\boldsymbol{r}_2}{dt}\right)^2 + U(\boldsymbol{r}_1, \boldsymbol{r}_2) = \text{一定} \tag{4.46}$$

が得られる．ここで，U は内力と外力の位置エネルギーを含んでいる．また，

(4.47) の導出に当たって，全微分に関する公式

$$\frac{dU}{dt}=\sum_{k=1,2}\left(\frac{\partial U}{\partial x_k}\frac{dx_k}{dt}+\frac{\partial U}{\partial y_k}\frac{dy_k}{dt}+\frac{\partial U}{\partial z_k}\frac{dz_k}{dt}\right)=\sum_{k=1,2}\boldsymbol{\nabla}_k U\cdot\frac{d\boldsymbol{r}_k}{dt} \tag{4.47}$$

を用いている．(4.46) は力学的エネルギー保存則を意味する．

【予告】 前半（4.1節）は，高校までに習ったことを微分を用いて定式化しただけなので，比較的容易に理解できたと思う．後半（4.2節）は，角運動量やエネルギーの辺りでくじけそうになった読者がいたかもしれないが，現段階で十分に理解できなくても，心配することはない．第5章から第12章において，具体的な物理系に基づく考察を通して，4.2節に関連した内容が度々登場するので，具体例に接した後に読み返して理解に努めてほしい．

学び終えればおのずとわかるように，**ニュートン力学の本質は第4章で尽きている**．第14章では，この章で学んだ諸法則・性質に基づいて質点系（質点の集団）および剛体の運動を定式化する．乞うご期待！

脳の鍛錬（たんれん）

仮面がタロちゃんにささやいた．『法則が見つかり定式化されたら，さまざまな状況で現象を説明できるかどうかを検証し，法則の有効性を確かめてみよう．さらに，その法則がもつ一般的な性質を探究しよう．』「一般的な性質の探究は時間をかけてやるものじゃない？」『普通はそうかもしれないけれど，実行する価値はあるぞ．』「その根拠は？」『一般的な性質を探る利点として，より複雑な個々の事象に当たる際に無駄（むだ）が省ける，組織的な解析の見通しが立てやすくなる，場合によっては反証しやすくなるからだ．』「まさに“急がば回れ”だね．」「少しはわかってきたようだな．』

仮面がタロちゃんにぼやいた．『こんな質問をする学生がいるんだ．“どこまで勉強すればいいのですか？”“どの程度の問題が解ければいいのですか？”返答に困るんだよ．』「それで答えないの？」『もちろん答えるよ．』「どんな風に？」『“各自で判断して”と言いたいところだけど，“高校までならば，学習指導要領で定められた範囲内で志望校の入試問題が解ける程度に，大学以降では脳を鍛（きた）えて実生活で役立つことを目標に，がんばるように”と．』「でも，“各自で判断して”はあまりに無責任じゃない．」『“高い目標を掲げるもよし”，“実行可能な堅実な目標を掲げるもよし”ということだ．』「もう少し聞きたいな．」『実生活で出くわす問題の多くは入試問題

と異なり正解が存在しないので，“単位を取るため”とか，“定期試験でよい点数を取るため”といった身近な目標で満足せず，“社会の複雑な問題に対処できる脳を作るんだ”という目標設定のもとで勉学に励んでほしいんだ.』「とりあえず，この章の内容を自分の言葉でそらで説明できるようにがんばるよ.」『よい目標だ.』

章 末 問 題

［1］ 大気中を一定の速度で鉛直下向き（5.1.1 項参照）に落下する雨滴にはたらく力をすべて図示し，それらの力の大小関係を説明せよ. ⇨ 4.1.1 項

［2］ 摩擦がはたらかない水平な床に置かれた台車を一定の力で引き続けた場合，台車はどのような運動をするか説明せよ. ⇨ 4.1.2 項

［3］ ピッチャーが投球動作を始めて，1.45 秒後に時速 165 km/h のボール（質量 145 g）を投げた．投球動作の間，ピッチャーがボールに与えた平均の力を求めよ. ⇨ 4.1.2 項

［4］ 質量 m の物体が $md^2x/dt^2 = F(x, dx/dt, t)$ に従って，直線上を運動しているとする．時刻 t_0 での物体の位置 x_0 と速度 v_0 がわかっているとき，物体の軌道を近似的に求める方法について述べよ. ⇨ 4.1.2 項

［5］ 体重 120 kg の力士（りきし）と体重 35 kg の小学生が押し合っていて両者は静止している．2 人が押す力の大小関係について述べよ. ⇨ 4.1.3 項

［6］「角運動量は基準点の選び方による」という性質に関して，以下の問いに答えよ. ⇨ 4.2.1 項

（a） 物体が直線運動しているとき，その物体の角運動量が必ずしも **0** になるとは限らないことを示せ.

（b） 質量 m の物体が速さ v_0 で等速直線運動しているとき，図 4.8 のように，軌道から b だけ離れた点 O の周りの角運動量の大きさ $|\boldsymbol{l}|$ を求めよ.

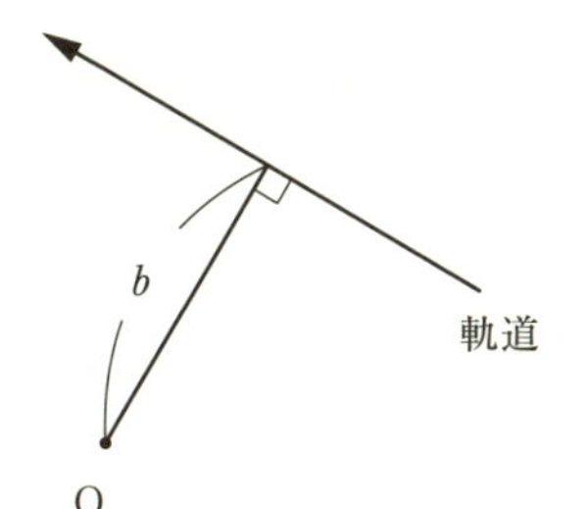

図 4.8

（c） 物体の角運動量が**0**になるような基準点が存在するのは，直線運動の場合に限ることを示せ．

［7］ $\partial r/\partial x$ と $(\partial/\partial x)(1/r)$ を計算せよ．ここで，$r = \sqrt{x^2 + y^2 + z^2}$ である．

⇨4.2.1項

［8］ (4.24) から (4.25) を導け． **⇨4.2.1項**

［9］ **【発展】** 空気抵抗や摩擦を無視した場合，慣性の法則が成り立つことを思考実験を通して推論せよ． **⇨4.1.1項**

［10］ **【発展】** 地球は太陽の周りを自転しながら公転しているため，厳密には慣性系とはいえない．しかし，地球上で物体の運動を考察する際に，地上に固定された座標系を近似的に慣性系と見なしてよい場合が多い．地球の半径を 6.4×10^6 m，太陽と地球の間の距離を 1.5×10^{11} m として，その理由を述べよ． **⇨3.2節，4.1.1項**

5 重力による運動で検証しよう

物体に重力が作用して起こる運動を通して，力学の法則を検証しよう．前半（5.1節）では，重力の法則について探究する．後半（5.2節）では，重力の法則を用いて物体の運動を考察する．次のような疑問が探究と考察の根底にある．

- リンゴが木から落ちる．どうして？　どのように？
- ボールを放り投げるとどうなるか？

5.1 重力の法則を求めよう

5.1.1 リンゴの落下運動

身近な加速度運動として物体の落下運動がある．空気抵抗が無視できる場合，地表付近で物体を静かに放(はな)すと，大きさがおおよそ $g = 9.8\,\mathrm{m/s^2}$ の加速度（**重力加速度**）で，物体が鉛直方向に落下することがわかる．ここで，「鉛直」はおもりを糸で吊り下げたときの糸の方向，すなわち，重力方向，「静かに」は初速度が $\mathbf{0}$ であることを意味する．鉛直上向きを x 軸の正の向きとする座標系を選ぶと（図5.1参照），落下運動は

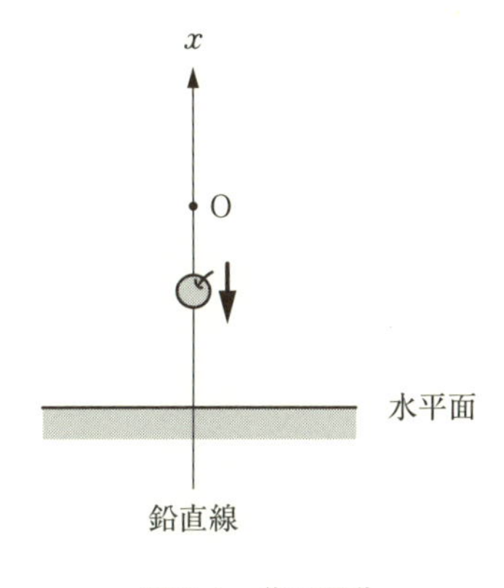

図5.1　落下運動

$$\frac{d^2x}{dt^2} = -g \tag{5.1}$$

で記述される．(5.1) は地表付近での落下現象が物体の質量に依存しないことを意味する．(5.1) の両辺に物体の質量 m を掛けると，方程式

$$m\frac{d^2x}{dt^2} = -mg \tag{5.2}$$

が得られる．座標系を慣性系と仮定し，(5.2) を物体に関する運動方程式と見なし (4.2) と比べると，物体が地球から大きさ $|\boldsymbol{F}| = mg$ の引力を受けていると解釈される．このような引力を**重力**とよぶ．

作用・反作用の法則によると，物体の落下に伴い地球は物体から反作用を受けるため，地球に関する運動方程式は

$$M_{\oplus}\frac{d^2\boldsymbol{r}_0}{dt^2} = -\boldsymbol{F} \tag{5.3}$$

で与えられる．ここで，$M_{\oplus}$ は地球の質量，$\boldsymbol{r}_0$ は地球の中心を表す位置ベクトルで，地球を質点として扱っている．$|-\boldsymbol{F}| = mg$ であるから，(5.3) を用いて，地球の加速度の大きさは

$$\begin{aligned}\left|\frac{d^2\boldsymbol{r}_0}{dt^2}\right| &= \frac{m}{M_{\oplus}}g \\ &\fallingdotseq 0\end{aligned} \tag{5.4}$$

と評価される．すなわち，地球の質量は身の回りの物体の質量に比べて，十分に大きいので地球の加速度の大きさは 0 と見なされ，物体の落下に伴い地球の運動状態は変化せず，物体の落下前に設定された座標系に対して地球は静止したままである．

ここで，これまでに得られた重力の特徴を記載する．

(a)　リンゴが木から落ちるのは重力とよばれる地球による引力に起因し，重力は地球上のあらゆる物体にはたらく．
(b)　重力のもとでの物体の運動は，物体の質量に依存しない．

(b) は慣性質量と重力質量の等価性を意味し，この仮説は等価原理，あるい

は弱い等価原理とよばれる[†1]．アインシュタインはこの原理を拡張し，一般相対性理論を構築した．

5.1.2 惑星の運動

厳密には，惑星の軌道は太陽を1つの焦点とする楕円である（第11章参照）．ここでは簡単のために，惑星は太陽を中心として等速円運動をしているとする．3.2節で学んだように，等速円運動の加速度は絶えず中心に向かう．運動の第2法則より物体が加速度運動している場合，物体には加速度に比例する力がはたらく．よって，惑星には中心に向かう力がはたらいているはずである．このような中心に向かう力は**向心力**とよばれる．円の中心には太陽が存在するので，惑星にはたらく力は太陽による引力と推測される（図5.2参照）．ここで，惑星の質量を m，円運動の半径を r，惑星の角速度の大きさを ω，惑星にはたらく向心力の大きさを F とする．等速円運動をしている物体の加速度の大きさは $r\omega^2$ であるから，惑星に関する運動方程式の動径方向（中心から惑星に向かう方向）の成分は

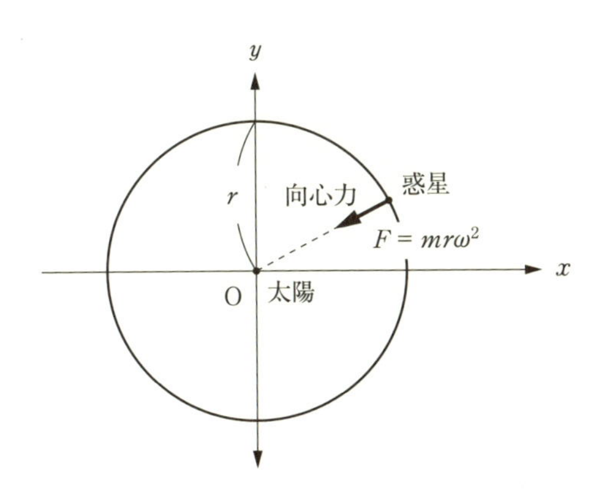

図 5.2 惑星の運動

$$mr\omega^2 = F \tag{5.5}$$

である．惑星の公転周期（ある天体の周りを惑星が1回公転するのに要する時間）を T とすると $\omega = 2\pi/T$ であるから，(5.5) に代入して，F は

$$F = mr\frac{4\pi^2}{T^2} \tag{5.6}$$

と表される．

---

†1 重力に関係する質量 m_G は**重力質量**とよばれ，これを用いて (5.2) は $md^2x/dt^2 = -m_G g$ と表される．慣性質量 m と重力質量 m_G の比が物体によらず一定であることは，高い精度で確かめられていて，その比例係数を通常1に選ぶ．すなわち，$m = m_G$ とされる．また，重力の大きさ $m_G g$ は物体の**重さ**とよばれ，単位として重量キログラムまたはキログラム重，その記号として kgW または kgf が用いられる．

作用・反作用の法則より，惑星の運動に伴い太陽は惑星から反作用を受けるが，太陽の質量は惑星の質量に比べて十分に大きいので，多くの場合，太陽の運動状態の変化は無視できて，太陽は静止したままである．このような推論を通して，次のような特徴が導かれる．

(c) 惑星が太陽の周りを回っているのは，太陽による引力に起因する．

5.1.3　万有引力の法則

5.1.1 項と 5.1.2 項から，地球と地球上に存在する物体の間に引力がはたらくこと，太陽と惑星は互いに引力を及ぼし合っていることがわかった．よって，この世界に存在するあらゆる物体の間には質量に比例する引力がはたらくと予想される．このように重力は万物にはたらくので，**万有引力**とよばれる．

次に，ケプラーの第 3 法則「公転周期 T の 2 乗と楕円の長半径の 3 乗の比は惑星によらず一定である（第 11 章参照）」を円軌道に適用して，万有引力の形態を特定しよう．半径 r の円軌道に対して，ケプラーの第 3 法則は

$$\frac{T^2}{r^3} = k \quad (k：定数) \tag{5.7}$$

と表され，(5.6) と (5.7) を用いて，T を消去することにより，

$$F = mr\frac{4\pi^2}{kr^3} = \frac{4\pi^2}{k}\frac{m}{r^2} \tag{5.8}$$

が得られる．(5.8) より，**惑星にはたらく向心力の大きさは惑星の質量に比例し，軌道半径の 2 乗に反比例する**ことがわかる．一方，作用・反作用の法則より，太陽は惑星から大きさが等しく向きが反対の引力を受ける．惑星が太陽から受ける引力 $\boldsymbol{F}_{惑星\leftarrow太陽}$ は惑星の質量 m に比例するので，太陽が惑星から受ける引力 $\boldsymbol{F}_{太陽\leftarrow惑星}$ は太陽の質量 M に比例すると予想され，

$$F = |\boldsymbol{F}_{惑星\leftarrow太陽}| = |\boldsymbol{F}_{太陽\leftarrow惑星}| = G\frac{mM}{r^2} \tag{5.9}$$

と表される．ここで，G は**万有引力定数**とよばれる定数で，その概数値は

$$G = 6.67 \times 10^{-11}\ \mathrm{m^3 \cdot s^{-2} \cdot kg^{-1}} \tag{5.10}$$

である．(5.8)，(5.9) より，k，すなわち，T^2/r^3 の値は

$$\frac{T^2}{r^3} = k = \frac{4\pi^2}{GM} \tag{5.11}$$

となり，惑星の質量 m にはよらないことがわかる．

このようにして，ニュートンが発見した**万有引力の法則**に至る．

> **万有引力の法則**：質量 m_1 の物体 1 と質量 m_2 の物体 2 の間には，それらの質量の積に比例し，物体間の距離 r $(= |\boldsymbol{r}_1 - \boldsymbol{r}_2|)$ の 2 乗に反比例する引力がはたらく．

ここで，図 5.3 のように，物体 1，物体 2 の位置ベクトルをそれぞれ $\boldsymbol{r}_1$，$\boldsymbol{r}_2$ とした．万有引力の法則より，物体 1 が物体 2 から受ける引力 $\boldsymbol{F}_{1\leftarrow 2}$ は

$$\boldsymbol{F}_{1\leftarrow 2} = -G\frac{m_1 m_2}{|\boldsymbol{r}_1 - \boldsymbol{r}_2|^2}\boldsymbol{e}_{12} \tag{5.12}$$

と表される．ここで，$\boldsymbol{e}_{12}$ は $\boldsymbol{r}_1 - \boldsymbol{r}_2$ と同じ向きをもつ単位ベクトル

$$\boldsymbol{e}_{12} = \frac{\boldsymbol{r}_1 - \boldsymbol{r}_2}{|\boldsymbol{r}_1 - \boldsymbol{r}_2|} \tag{5.13}$$

である．また，$\boldsymbol{F}_{1\leftarrow 2}$ は

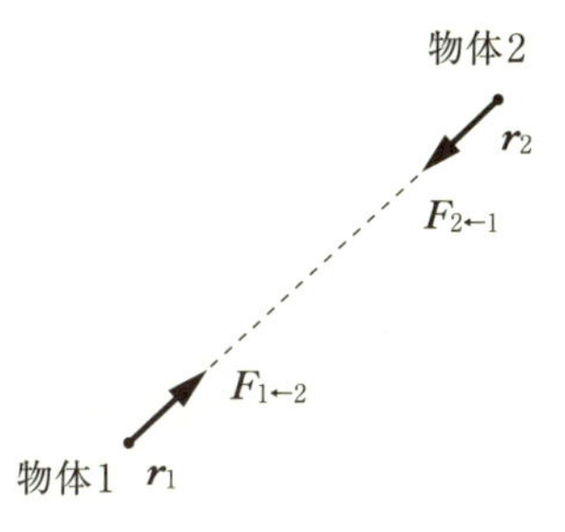

図 5.3　万有引力

$$\boldsymbol{F}_{1\leftarrow 2} = -\nabla_1 U(r) \tag{5.14}$$

と表すこともできる（本章の章末問題［2］参照）．ここで，$r = |\boldsymbol{r}_1 - \boldsymbol{r}_2|$，$U(r)$ は**万有引力の位置エネルギー**で，

$$U(r) = \int_\infty^r G\frac{m_1 m_2}{r'^2}dr' = -G\frac{m_1 m_2}{r} \tag{5.15}$$

で与えられる．位置エネルギーの基準点として無限遠点（$r = \infty$）を選び，そこで U の値を 0 とした．

例題 5.1

リンゴが重力を受けて落下する現象を，万有引力の法則に基づいて説明せよ．

解　地球の半径を $R_\oplus$，地球の質量を $M_\oplus$ とする．地表から高さ h にある質量 m のリンゴにはたらく万有引力の大きさ F は，万有引力の法則より

$$F = G\frac{mM_\oplus}{(R_\oplus + h)^2} \fallingdotseq m\frac{GM_\oplus}{R_\oplus^2} \tag{5.16}$$

のようになる[†2]．ここで，$R_\oplus \gg h$ として h を無視した．(5.16) の F が mg と等しいとして，重力加速度の大きさ g は

$$g = \frac{GM_\oplus}{R_\oplus^2} = \frac{6.67 \times 10^{-11} \times 6.0 \times 10^{24}}{(6.4 \times 10^6)^2} = 9.8\,\mathrm{m/s^2} \tag{5.17}$$

と評価される．ここで，$R_\oplus = 6.4 \times 10^6\,\mathrm{m}$，$M_\oplus = 6.0 \times 10^{24}\,\mathrm{kg}$ とした．このようにして，地表付近で物体にはたらく大きさ $F = mg$ の重力は万有引力が原因であることが示された[†3]．◆

万有引力はあらゆる物体にはたらく力で，天体の運動にも深く関わっている．第 11 章で考察するように，万有引力の法則を用いて，惑星の運動が鮮やかに理解される．以上のような考察を通して，**万有引力に基づき地球上の物体の落下運動と天体の運動を統一的に理解する枠組みが得られた．**

5.2　重力による運動を具体例で考察しよう

地球の自転や公転による加速度の大きさは $g = 9.8\,\mathrm{m/s^2}$ に比べて十分に小さい（第 4 章の章末問題［10］参照）ので，地表面に静止している観測者の座標系を慣性系と見なして，重力による物体の運動を考察しよう．

5.2.1　自由落下運動

地表付近での物体の自由落下運動について考察する．座標系として，鉛直上向きを x 軸の正の向きに選ぶ（図 5.4 参照）．1 次元運動であるため，y 軸，z

---

†2　地球の全質量が中心に集中していると仮定した．すなわち，「一様な球の外側に置かれた物体にはたらく重力は，球の全質量が中心に存在する場合にはたらく重力と等しい」と仮定した．この仮定の正当性については，11.4 節で考察する（第 11 章の章末問題［10］参照）．

†3　厳密には，地表付近の物体にはたらく重力加速度の大きさは場所により異なる．その主な原因は，地球の自転による遠心力である（本章の章末問題［3］参照）．

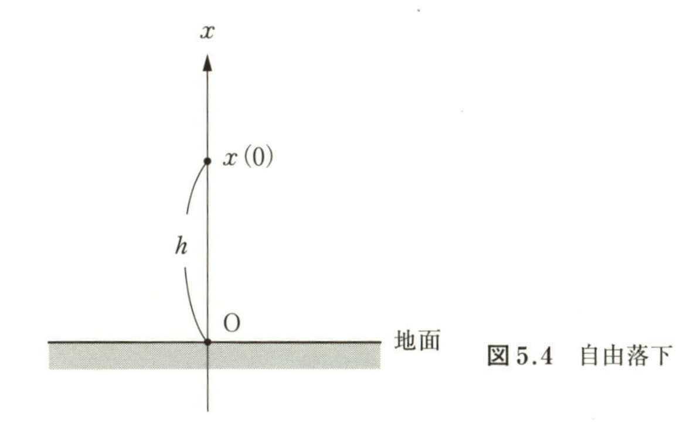

図 5.4　自由落下

軸を明記しない．簡単のため，空気抵抗を無視する．質量 m の物体には鉛直下向きに重力がはたらくため，運動方程式は

$$m\frac{d^2x}{dt^2} = -mg, \quad \text{すなわち，} \quad \frac{d^2x}{dt^2} = -g \tag{5.18}$$

で与えられる．

地面を基準水平面に選び，時刻 $t = 0$ で物体を高さ h の場所から静かに放したとする．よって，初期条件は $x(0) = h$，$v_x(0) = 0$ で与えられ，特解

$$x(t) = -\frac{1}{2}gt^2 + h \tag{5.19}$$

が得られる．この解から，物体が時刻 $t = \sqrt{2h/g}$ で地面（$x = 0$ の地点）に到達することがわかる．

例題 5.2

4.2.1 項の「1 次元運動の解法」を用いて，(5.19) を導出せよ．

解　$F_x = -mg = -dU/dx$ より，$U(x) = mgx$ である．すなわち，**重力は保存力である**．また，初期条件（$x(0) = h$，$v_x(0) = 0$）より，$E = mgh$ で (4.28) を用いて，

$$\begin{aligned} t &= \sqrt{\frac{m}{2}}\int_h^x \frac{dx'}{\sqrt{mgh - mgx'}} \\ &= \sqrt{\frac{m}{2}}\left[-\frac{2}{\sqrt{mg}}\sqrt{h - x'}\right]_h^x = -\sqrt{\frac{2(h-x)}{g}} \end{aligned} \tag{5.20}$$

が導かれる．(5.20) を変形することにより，(5.19) が導出される．◆

自由落下の場合，(5.18) を直接解いたほうが容易なので，エネルギー積分の御利益(ごりやく)は感じられないが，(5.19) を検証することができたと思ってとりあえず満足しておこう．

5.2.2 放物運動

地表付近で放り投げられた物体（放物体）が，どのような運動をするか考察する．空気抵抗が無視できる場合，経験から「物体の軌道が放物線を描くだろう」，「物体の初速度の大きさが同じ場合，物体の飛距離（水平到達距離）を最大にするためには 45° の角度に投げ上げればよいだろう」と予想される．このような予想を数式を用いて確かめよう．

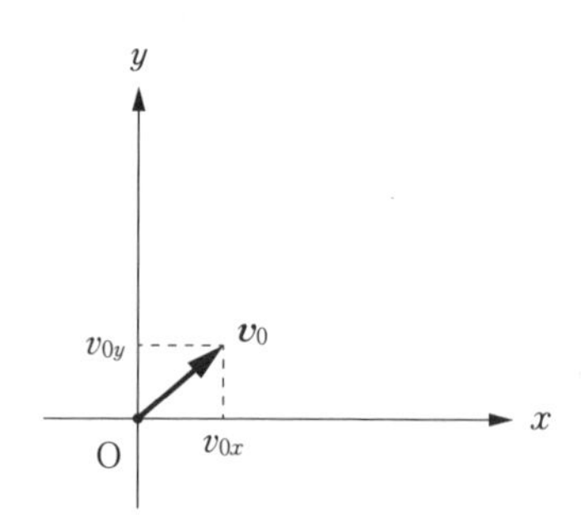

図 5.5　物体の初速度

座標系として，時刻 $t = 0$ での物体の位置を原点として鉛直上向きを y 軸，y 軸と物体の初速度 $\boldsymbol{v}(0) = \boldsymbol{v}_0$ が張る平面内で，水平方向を x 軸とする（図 5.5 参照）．簡単のため，ここでも空気抵抗を無視する．質量 m の物体には鉛直下向きに重力がはたらくため，運動方程式は

$$m\frac{d^2x}{dt^2} = 0, \quad m\frac{d^2y}{dt^2} = -mg \tag{5.21}$$

である．物体の位置と速度に関する初期条件は $\boldsymbol{r}(0) = (0, 0)$ および $\boldsymbol{v}(0) = (v_{0x}, v_{0y})$ で与えられ，これらのもとで特解

$$x(t) = v_{0x}t, \quad y(t) = -\frac{1}{2}gt^2 + v_{0y}t \tag{5.22}$$

$$v_x(t) = v_{0x}, \quad v_y(t) = -gt + v_{0y} \tag{5.23}$$

が得られる．(5.22) の第 1 式から，$t = x(t)/v_{0x}$ が導かれ，これを第 2 式に代入して t を消去することにより，

$$y = -\frac{1}{2}g\left(\frac{x}{v_{0x}}\right)^2 + v_{0y}\left(\frac{x}{v_{0x}}\right) = -\frac{g}{2v_{0x}^2}\left(x - \frac{v_{0x}v_{0y}}{g}\right)^2 + \frac{v_{0y}^2}{2g} \tag{5.24}$$

が得られる．ここで，$x = x(t)$，$y = y(t)$ である．(5.24) は上に凸(とつ)な放物線で，頂点の位置は $x = v_{0x}v_{0y}/g$，$y = v_{0y}^2/(2g)$ である．地面に到達する地点（$y = 0$ の解の 1 つ）は $x = 2v_{0x}v_{0y}/g = l_{落下}$ である（図 5.6 参照）．

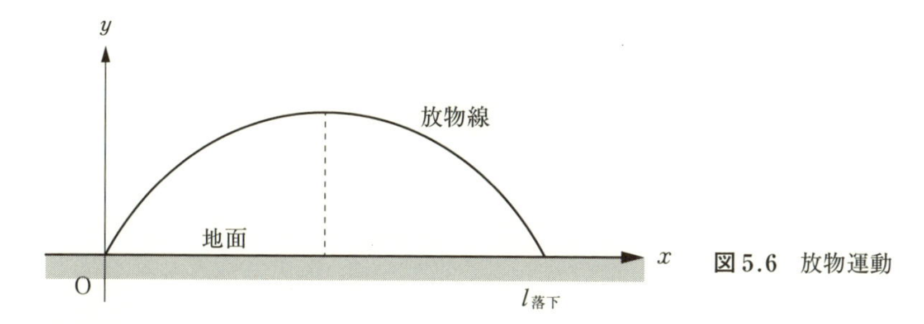

図 5.6　放物運動

例題 5.3

物体の初速度の大きさが同じ場合，物体を 45° の角度に投げ上げたときに，その飛距離が最大になることを示せ．

解　物体を水平線から θ の角度に投げ上げたとする．物体の運動の向きは速度の向きと一致するので，物体の初速度の大きさを v_0 とすると，

$$v_{0x} = v_0 \cos\theta, \quad v_{0y} = v_0 \sin\theta \tag{5.25}$$

が成り立ち，落下地点は

$$l_{落下} = \frac{2\,v_{x0}v_{y0}}{g} = \frac{2\,v_0^2 \sin\theta\cos\theta}{g} = \frac{v_0^2 \sin 2\theta}{g} \tag{5.26}$$

となる．ここで，三角関数に関する 2 倍角の公式 $\sin 2\theta = 2\sin\theta\cos\theta$ を用いた．$l_{落下}$ が最大になるのは，$\sin 2\theta$ が最大になるとき，すなわち，$\theta = \pi/4 = 45°$ で，このとき $l_{落下} = v_0^2/g$ まで到達する．◆

（5.21）の第 1 式の両辺に dx/dt を，第 2 式の両辺に dy/dt を掛けたものを辺々足して微分公式を用いて変形し，時間で積分することにより，エネルギー積分

$$E = \frac{1}{2}\,m\left\{\left(\frac{dx}{dt}\right)^2 + \left(\frac{dy}{dt}\right)^2\right\} + mgy = 一定 \tag{5.27}$$

が導かれる（$U = mgy$ として第 4 章の章末問題［8］参照）．

5.2.3　指数関数，対数関数

次章の準備として，指数，指数関数，対数，対数関数について紹介する．

まず，ある数 a を n 回掛け算した数 $\underbrace{a \times a \times \cdots \times a}_{n個}$ は a^n と表記され，右肩

の数字 n は**指数**とよばれる．指数に関する公式として，$a \neq 0$ において，

$$a^n a^m = a^{n+m}, \quad \frac{a^n}{a^m} = a^{n-m}, \quad (a^n)^m = a^{nm} \tag{5.28}$$

$$a^{1/n} = \sqrt[n]{a} \quad (n \neq 0), \quad a^0 = 1, \quad a^1 = a \tag{5.29}$$

などがある．(5.28) の公式は，n，m が整数以外の場合でも成り立つ．

関数 $y = a^x$ (a は $a > 0$ かつ $a \neq 1$ の定数) は，x を変数とし a を底とする**指数関数**とよばれる．本書では主に，**ネイピア数** e を底とする指数関数（以後，単に指数関数とよぶ）を扱う．ここで，ネイピア数とは

$$e = \lim_{n\to\infty}\left(1 + \frac{1}{n}\right)^n = 2.71828\cdots \tag{5.30}$$

で定義される無理数で，

$$e = \sum_{n=0}^{\infty}\frac{1}{n!} \tag{5.31}$$

のように無限級数の形で表される．(5.31) で，$n! = n(n-1)\cdots 1$，$0! = 1$ である．$y = e^x$ は

$$y = e^x = \sum_{n=0}^{\infty}\frac{x^n}{n!} = 1 + \frac{x}{1!} + \frac{x^2}{2!} + \cdots \tag{5.32}$$

のように無限級数の形で表される．$y = e^x$ や $y = e^{-x}$ のグラフを図 5.7 に記した．(5.32) より，指数関数に関する微分公式

$$\frac{de^x}{dx} = e^x, \quad \frac{de^{ax}}{dx} = ae^{ax} \tag{5.33}$$

が示される．また，指数関数に関する積分公式

$$\int e^{ax}\,dx = \frac{1}{a}e^{ax} + C \quad (a,\ C：定数) \tag{5.34}$$

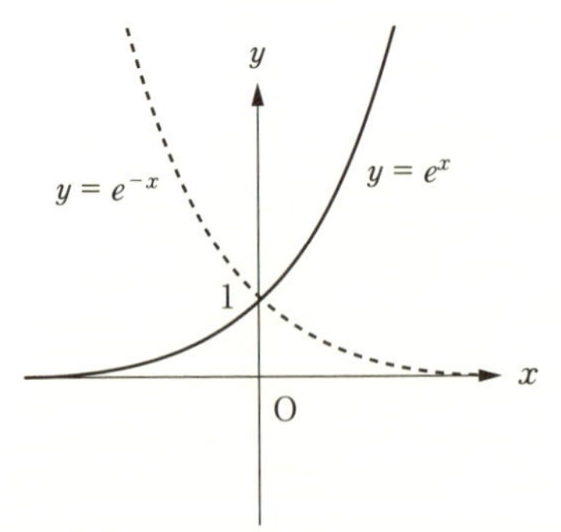

図 5.7　指数関数

が成り立つ．e の肩に乗る関数 $f(x)$ が複雑な場合，$e^{f(x)}$ を $\exp\{f(x)\}$ のように表記することがある．

次に，ある数 a を $a = b^p$ と表したとき，p は b を底とする a の**対数**とよばれ，$p = \log_b a$ と表記される．対数に関する公式として，

$$\left.\begin{aligned} &\log_b(a_1a_2) = \log_b a_1 + \log_b a_2, \quad \log_b \frac{a_1}{a_2} = \log_b a_1 - \log_b a_2 \\ &\log_b a^k = k \log_b a, \quad \log_b 1 = 0, \quad \log_b b = 1 \end{aligned}\right\} \tag{5.35}$$

などがある．

関数 $x = b^y$（b は $b > 0$ かつ $b \neq 1$ の定数）は $y = \log_b x$ と表され，x を変数とし b を底とする**対数関数**とよばれる．e を底とする対数関数（以後，単に対数関数とよぶ）は $y = \log_e x = \log x$，あるいは $\ln x$ と表記される．$y = \log x$ のグラフを図 5.8 に記した．対数関数に関する微分公式と積分公式として，

$$\frac{d \log x}{dx} = \frac{1}{x}, \quad \int \frac{dx}{x} = \log|x| + C, \quad \int \log x \, dx = x(\log x - 1) + C \tag{5.36}$$

などがある．ここで，C は定数である．

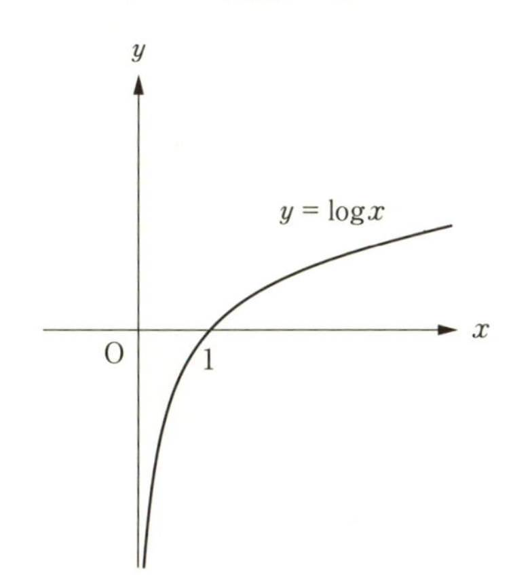

図 5.8　対数関数

5.2.4　空気抵抗のもとでの運動

バドミントンのシャトルコック（羽根）を斜めに打ち上げたとき，その軌道は放物線から外れ，最終的にシャトルコックはほぼ鉛直下向きに落下する．これは，シャトルコックが空気抵抗を受けるからである．物体が空気抵抗を受け

て運動する様子を，数式を用いて記述しよう．

まず，物体にはたらく力を特定する．飛行中の物体には重力と空気による**抵抗力**がはたらく．抵抗力は運動を妨げるようにはたらくので，力の向きは物体の速度と逆の向きである（図5.9参照）．物体の速さが増加すると，物体が引きずる空気の量や単位時間当りに衝突する空気の分子の数も増えるので，抵抗力の大きさは速さに関する増加関数になると予想される．実際，抵抗力に関する法則として，**ストークスの法則**とよばれる次のような経験法則が存在する[†4]．

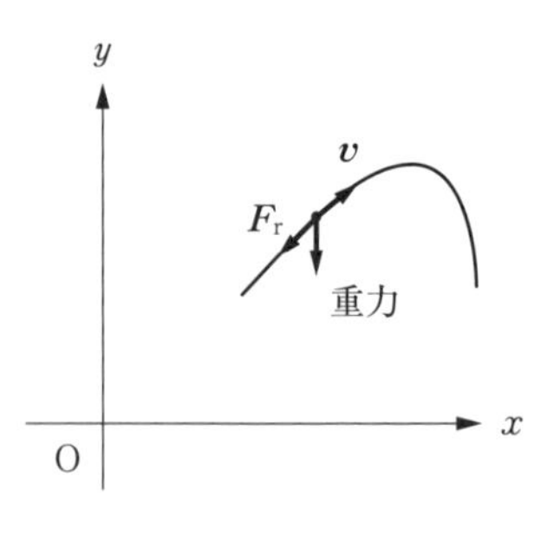

図5.9　空気抵抗のもとでの運動

> 媒質中を小さな物体がゆっくり運動する場合，物体には速度に比例し速度の向きと逆向きの力 $\boldsymbol{F}_\mathrm{r}$ がはたらく．

この法則を式で表すと，

$$\boldsymbol{F}_\mathrm{r} = -\gamma \boldsymbol{v} \tag{5.37}$$

となる．ここで，γ は**抵抗係数**とよばれる正の定数である．

上の法則に基づいて，空気抵抗を受けた質量 m の物体の運動について考察する．運動方程式は

$$m\frac{d^2x}{dt^2} = -\gamma v_x, \quad m\frac{d^2y}{dt^2} = -\gamma v_y - mg \tag{5.38}$$

で与えられ，$v_x = dx/dt$，$v_y = dy/dt$ を用いて，(5.38) は

$$m\frac{dv_x}{dt} = -\gamma v_x, \quad m\frac{dv_y}{dt} = -\gamma v_y - mg \tag{5.39}$$

と表される．(5.39) は

$$\frac{dv_x}{v_x} = -\frac{\gamma}{m}dt, \quad \frac{dv_y}{v_y + (mg/\gamma)} = -\frac{\gamma}{m}dt \tag{5.40}$$

のように変数分離され，一般解

†4　シャトルコックの場合は，速さの2乗に比例する抵抗力がはたらくことが知られている（本章の章末問題［9］参照）．

$$v_x = C_1 \exp\left(-\frac{\gamma}{m}t\right), \quad v_y = -\frac{mg}{\gamma} - C_2 \exp\left(-\frac{\gamma}{m}t\right) \qquad (5.41)$$

が得られる．ここで，C_1，C_2 は積分定数である．また，$\exp\{f(t)\} = e^{f(t)}$ である．（5.41）を求める際に（5.36）の第2式を用いた．実際，微分公式（5.33）を用いて，（5.41）が（5.39）を満たすことがわかる．

（5.34）を用いて，（5.41）を積分することにより，

$$x = -\frac{m}{\gamma} C_1 \exp\left(-\frac{\gamma}{m}t\right) + C_3 \qquad (5.42)$$

$$y = -\frac{mg}{\gamma}t - \frac{m}{\gamma} C_2 \exp\left(-\frac{\gamma}{m}t\right) + C_4 \qquad (5.43)$$

が得られる．ここで，C_3，C_4 は積分定数である．$b > 0$ の場合，e^{-bt} は t とともに急激に減衰するので，時間がしばらく経つと $\exp(-\gamma t/m)$ は急速に0に近づく（図5.10参照）．よって，（5.41）より，物体の速度は**終端速度**とよばれる一定の速度 $\boldsymbol{v}_{\mathrm{f}} = (v_{\mathrm{f}x}, v_{\mathrm{f}y})$ へ，

$$v_x \to v_{\mathrm{f}x} = 0, \quad v_y \to v_{\mathrm{f}y} = -\frac{mg}{\gamma} \qquad (5.44)$$

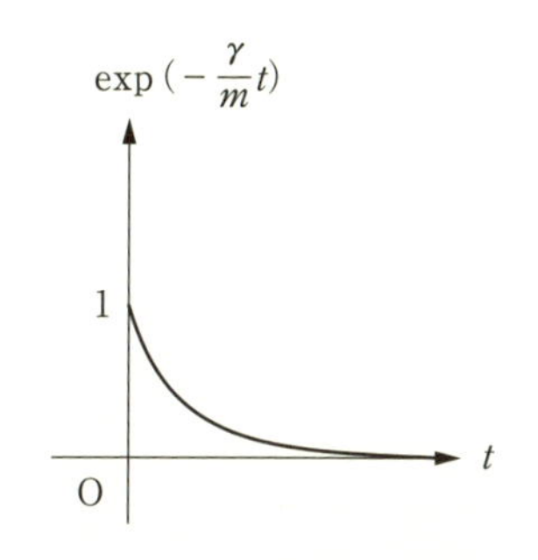

図5.10　指数関数的減衰

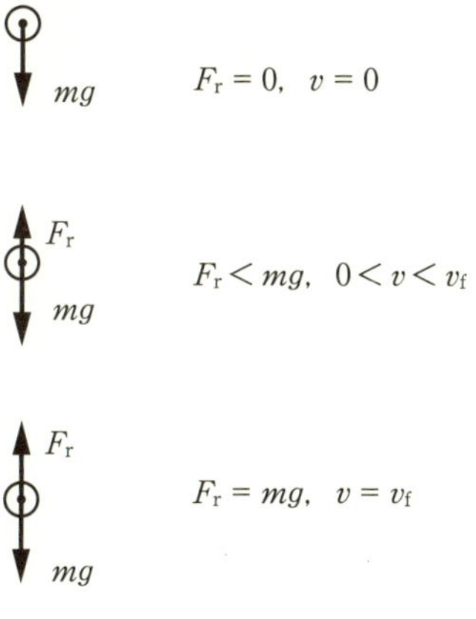

のように近づくことがわかる（図5.11参照）．このようにして，物体が空気抵抗を受けた場合，最終的には鉛直下向きに一定の速さ $|\boldsymbol{v}_{\mathrm{f}}| = mg/\gamma$ で落下し，γ が同じ場合，質量が大きい物体ほど $|\boldsymbol{v}_{\mathrm{f}}|$ が大きくなり速く落ちることがわかる．

mg　　$F_{\mathrm{r}} = 0, \ v = 0$

F_{r}　mg　　$F_{\mathrm{r}} < mg, \ 0 < v < v_{\mathrm{f}}$

F_{r}　mg　　$F_{\mathrm{r}} = mg, \ v = v_{\mathrm{f}}$

図5.11　物体にはたらく力と速さの変化

コラム

思考実験と不思議

仮面がタロちゃんにささやいた．『身近にあるものを用いて，実際に実験してみるとおもしろいぞ．』「どうして？」『スポーツに似ていて，実践的な感覚が身につく気がするぞ．』「やったことあるの？」『あるよ．いろいろ工夫すると案外ハマるぞ．』「でも，手持ちの道具だけではできない場合があるよね？」『そんなときは思考実験をやるんだ．』「思考実験？」『思考実験とは，頭の中でする仮想的な実験のことだ．』「信用できるの？」『推論が正しければ，法則を導き出すための有力な手段になるんだ．アインシュタインの得意技で，実例はたくさんあるぞ．』「そうなんだ．おもしろそう．」『思考実験の出発点は理想的な状況を想定することで，ここでも“単純”から“複雑”へというのが基本だ．』

仮面がタロちゃんに語り始めた．『自然法則は現象を説明するためだけのものではない．ましてや，受験や試験のために存在するものではない．自然をより深く理解するための道標（みちしるべ）だ．』「ちょっと待って．もっと具体的に教えて．」『例えば，運動法則を用いて力の法則を探ることができるだろ．逆に，力の法則を用いて運動法則が検証できるだろ．法則をいかに活用するかがポイントになるんだ．』「法則を見つけたいけど，何かアドバイスある？」『次の言葉がヒントになるかもね．“不思議だと思う心，それが科学の始まりである”朝永振一郎博士が色紙に書いた言葉の一部だ．』「意味深長な言葉だね．」『実際，ニュートンは“リンゴの落下”に不思議を感じたし，アインシュタインは“磁針の動き”に不思議を感じたんだ．“不思議”は身近なところに今も潜んでいるはずだ．』「先人たちが挑んだことが参考になりそうだね．」『期待しているよ．』

章末問題

［1］　次の値を求めよ．　⇨5.1.1項

（a）　地上にいる体重が 60 kg の人にはたらく重力の大きさはいくらか．

（b）　10 m の高さから物体を自由落下させたとき，地面に到達するまでに何秒かかるか．

［2］（5.14）と（5.15）を用いて，（5.12）を導け．

⇨ 5.1.3 項

［3］地表面でも，赤道付近と極付近で重力加速度の大きさがわずかに異なる．その理由を述べよ．地球は球体とし，内部構造は球対称であるとする．

⇨ 5.1.3 項

［4］地表から高さ h の赤道上空を円運動する人工衛星がある．このように，地上から見て，静止して見える衛星は**静止衛星**とよばれる．静止衛星の高さは地球の半径（6.4×10^6 m）の何倍か概算せよ．地球の質量を 6.0×10^{24} kg とする．

⇨ 5.1.3 項

［5］木の上にいるサルを目がけてボールを投げたところ，ボールが手から離れた瞬間にサルが木から落ちた．サルはボールをキャッチすることができるか．

⇨ 5.2.2 項

［6］スキーのジャンプ台から選手が飛び出した後，着地するまでに選手が空中で受ける力について，図示するとともに説明せよ．

⇨ 5.2.2 項

［7］地表面上のある点から鉛直方向に打ち上げられた花火が，最高点 T に達したときに破裂して多数の破片に分かれ，点 T を中心として大きさ v の初速度でさまざまな方向に飛び散った．破片が地表面に達するまでの間，各時刻において，すべての破片が同一の球面上に存在することを示せ．

⇨ 5.2.2 項

［8］物体の位置と速度に関する初期条件 $\boldsymbol{r}(0) = (0, 0)$ および $\boldsymbol{v}(0) = (v_{0x}, v_{0y})$ のもとで，（5.38）の特解を求め，空気抵抗を受けた物体の軌道を表す式を書き下せ．

⇨ 5.2.4 項

［9］**【発展】** 地上付近で物体が速さの 2 乗に比例する抵抗力を受けて，鉛直下向きに落下しているとき，物体の速さはどのように変化するか求めよ．

⇨ 5.2.4 項

［10］**【発展】** 空気抵抗を無視した場合，重力のもとで，あらゆる物体は質量の大小にかかわらず同じように落下することを，思考実験を通して推論せよ．

⇨ 5.1.1 項

6 束縛力がはたらく運動で検証しよう

運動の第 2 法則によると，物体に力がはたらくときに物体の運動状態が変化する．前章で，物体の間には，万有引力とよばれる，質量に比例する引力がはたらくことを学んだ．単純に考えると，物体は万有引力の作用により運動状態を保つことができないように思われるが，実際には身の回りにある多くの物体は静止している．このことに関連して以下のような疑問を解決するのが，この章の課題である．

- 水平な机の上に置かれた物体は，重力が作用しているにもかかわらず動かないのはなぜか？
- 水平な机の上に置かれた物体に水平方向に力を加えた場合，ある大きさ以上の力を加えない限り動かないのはなぜか？
- 机を傾けた場合，ある角度以上傾けないと机上の物体が動かないのはなぜか？
- 水平な床の上を動いている物体がやがて静止するのはなぜか？
- 振り子が規則正しく振れるのはなぜか？

6.1 力のつり合いと作用・反作用をおさえよう

6.1.1 力のつり合い

「水平な机の上に置かれた物体は，重力が作用しているにもかかわらず動かないのはなぜか？」という疑問に答える鍵は慣性の法則にある．慣性の法則によると，物体にはたらく合力が $\mathbf{0}$ のとき，物体の運動状態は変化しない．ここで，合力とは物体にはたらく力 $\boldsymbol{F}_k$ $(k=1,\cdots,N)$ を合成した力 $\boldsymbol{F}$ で，

$$\boldsymbol{F} = \sum_{k=1}^{N} \boldsymbol{F}_k \tag{6.1}$$

と表される．1つの物体に複数の力がはたらいて物体の運動状態が変化しないとき，それらの力はつり合っているという．**力のつり合い**は

$$\sum_{k=1}^{N} \boldsymbol{F}_k = \boldsymbol{0} \tag{6.2}$$

で表される．

机の上に置かれた質量 m の物体が動かないのは，物体に重力 $\boldsymbol{F}_\mathrm{g}$（大きさ mg）と机が物体を押し上げる**垂直抗力**とよばれる力 $\boldsymbol{N}$ が鉛直上向きにはたらき，

$$\boldsymbol{F}_\mathrm{g} + \boldsymbol{N} = \boldsymbol{0} \tag{6.3}$$

に従って，それらがつり合うからである（図6.1参照）．ここで，垂直抗力の大きさ N は重力の大きさと等しく $N = mg$ である．

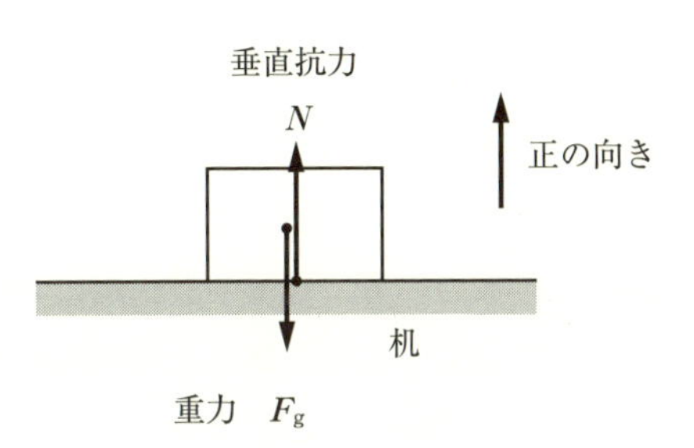

図6.1　垂直抗力

物体にはたらく力がつり合わない場合はどうなるのだろうか．運動の第2法則によると，物体は運動方程式

$$m\frac{d^2\boldsymbol{r}}{dt^2} = \sum_{k=1}^{N} \boldsymbol{F}_k \tag{6.4}$$

に従って運動する．例えば，エレベータの床に質量 m の物体が置かれているとする（図6.2参照）．エレベータが停止しているときは物体にはたらく重力と垂直抗力がつり合うが，鉛直方向に加速度 $d^2\boldsymbol{r}/dt^2 = (a_x, 0, 0)$ で加速度運動すると，重力と垂直抗力がつり合わなくなり，物体は

$$ma_x = N_x - mg \tag{6.5}$$

に従う．ここで，N_x は物体にはたらく垂直抗力の x 成分で，鉛直上向きを x 軸の正の向きに選んだ．このとき，(6.5) を変形して，

$$N_x = m(a_x + g) \tag{6.6}$$

となる．$a_x = -g$ のとき $N_x = 0$ となり，物体

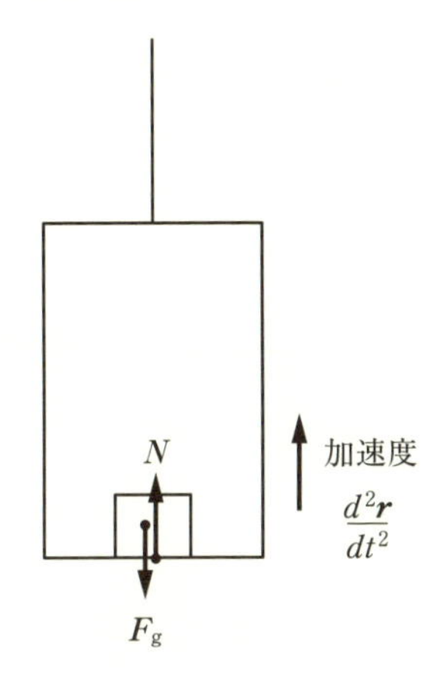

図6.2　エレベータ

はエレベータとともに自由落下することがわかる．

ちなみに，力のつり合いを論じる力学は**静力学**とよばれ，力がつり合わない場合の物体の運動と力の関係を論じる力学は**動力学**とよばれる．

6.1.2　作用・反作用

作用・反作用の法則は

$$\boldsymbol{F}_{1\leftarrow 2} = -\boldsymbol{F}_{2\leftarrow 1} \tag{6.7}$$

と表される（(4.4) 参照）．ここで，$\boldsymbol{F}_{1\leftarrow 2}$ は物体 2 が物体 1 に及ぼす力で，$\boldsymbol{F}_{2\leftarrow 1}$ は物体 1 が物体 2 に及ぼす力である．(6.7) の右辺を左辺に移項すると，

$$\boldsymbol{F}_{1\leftarrow 2} + \boldsymbol{F}_{2\leftarrow 1} = \boldsymbol{0} \tag{6.8}$$

となり，力のつり合いの式 (6.2) と同じ形になる．

ただし，力のつり合いと**作用・反作用**は異なる概念であることに注意しよう．**力のつり合いにおいて，力がはたらく対象は同一の物体で力の作用点は物体内にある．**一方，**作用・反作用において，力がはたらく対象は異なる物体で力の作用点はそれぞれ異なる物体内にある．**さらに，**作用・反作用の法則は常に成り立つ法則で，力がつり合わない場合でも成り立つ**ことに留意しよう．

例題 6.1

地面の上に置かれた物体に基づいて，力のつり合いと作用・反作用の違いを図を用いて述べよ．

解　図 6.3 は，物体にはたらく力のつり合いを表している．図 6.4，6.5 は，物体と地球の間の作用と反作用を表している．図 6.6 は，地球にはたらく力のつり合いを表している．

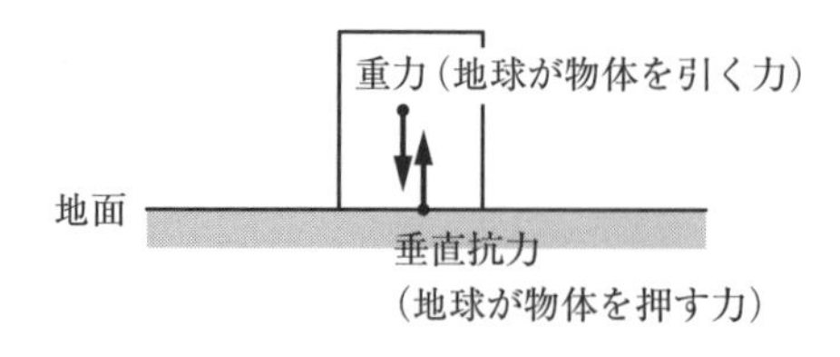

図 6.3　物体にはたらく力のつり合い

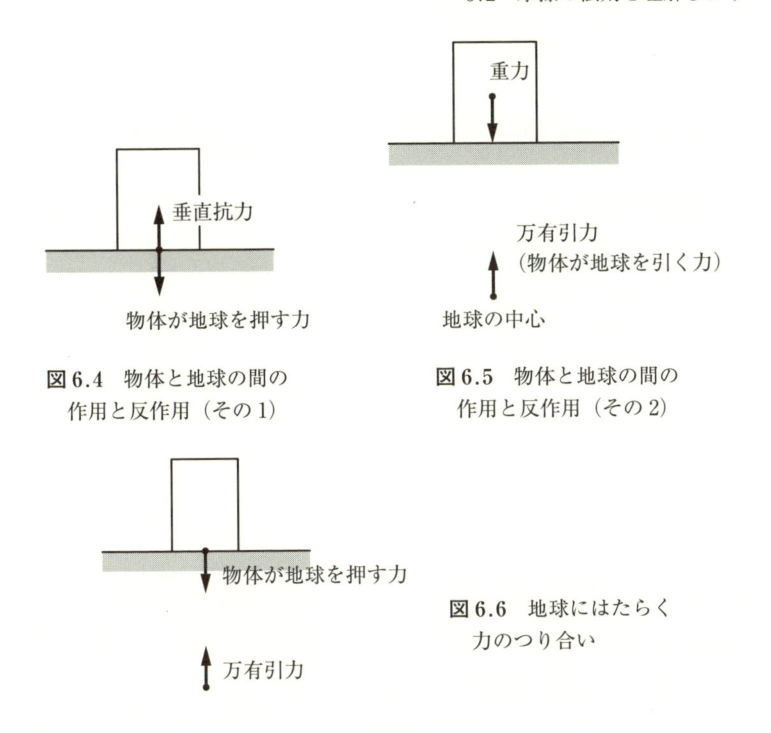

図 6.4 物体と地球の間の作用と反作用（その 1）

図 6.5 物体と地球の間の作用と反作用（その 2）

図 6.6 地球にはたらく力のつり合い

◆

6.2 摩擦の法則を理解しよう

「水平な机の上に置かれた物体に水平方向に力を加えた場合，ある大きさ以上の力を加えない限り動かないのはなぜか？」と「机を傾けた場合，ある角度以上傾けないと机上の物体が動かないのはなぜか？」という疑問に対して，読者の多くは「摩擦が原因である」という回答をもっているであろう．この回答に基づき，摩擦に絡む現象を定量的に扱うのがこの節の目的である．

実験を通して，摩擦に関するさまざまな性質が知られている．ここでは**アモントン・クーロンの法則**とよばれる以下のような**摩擦の法則**を記載する．

（a） 摩擦力は面と物体との接触面の大きさによらない．
（b） 摩擦力は物体の質量に比例する．

（c） 動摩擦力は最大摩擦力よりも小さく，物体の速さによらない．

これらの法則は近似的なもので，これらを表す公式を見出そう．

6.2.1 静止摩擦力

水平な机の上に置かれた質量 m の物体に，水平方向に力 $\boldsymbol{F}$ で引っ張ったとする．このとき，図6.7のように $\boldsymbol{F}$ とは逆の向きに**静止摩擦力** $\boldsymbol{F}_\mathrm{f}$ がはたらき，$\boldsymbol{F}$ がある値より小さいときは，$\boldsymbol{F}$ が $\boldsymbol{F}_\mathrm{f}$ とつり合うため物体は動かない．物体が面から受ける力は一般に**抗力**とよばれる．垂直抗力と静止摩擦力は抗力の成分（分力）である．

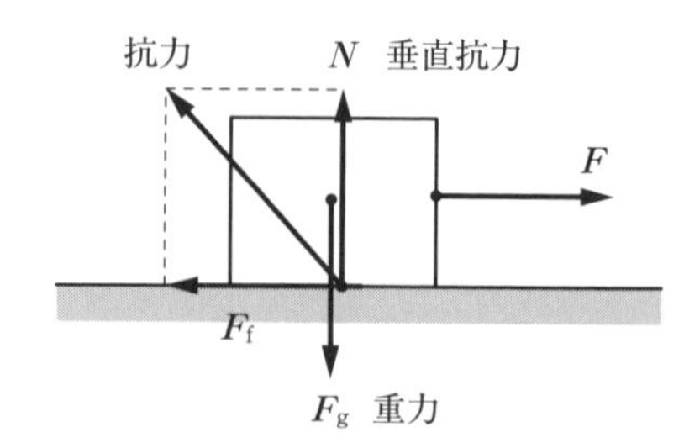

図 6.7　静止摩擦力

$\boldsymbol{F}$ がある値を超えると，静止していた物体が動き始める．そのときの $\boldsymbol{F}$ とつり合う静止摩擦力は**最大摩擦力**とよばれ，摩擦の法則（a），（b）は

$$F_{\mathrm{f\,max}} = \mu N \tag{6.9}$$

と表される．ここで，$F_{\mathrm{f\,max}}$ は最大摩擦力の大きさ，N は垂直抗力の大きさで $N = mg$ である．また，μ は**静止摩擦係数**とよばれる面と物質の材質や状態に依存する定数で，接触面の大きさや物体の質量にはほとんどよらないという性質をもつ．

μ の値や性質を調べる方法として，粗い斜面上の物体にはたらく重力と垂直抗力と静止摩擦力のつり合いを利用した実験が考えられる．ここで，「荒い」は摩擦が生じることを意味し，その対義語は「滑らか」で摩擦が無視できることを意味する．以下で実験の概略を説明する．

斜面上の物体にはたらく力

粗い面をもつ机の上に質量 m の物体を置き，机を少し傾けたとする．重力は鉛直下向きにはたらき，重力を面に垂直な成分と面に平行な成分に分解した場合，垂直な成分は垂直抗力とつり合い，平行な成分は静止摩擦力とつり合うため物体は静止する．このときの傾斜角を θ とすると，物体にはたらく力とその大きさは図6.8のようになる．物体に作用する静止摩擦力の大きさは$F_\mathrm{f} = mg\sin\theta$で斜面に沿って水平上向きにはたらく．

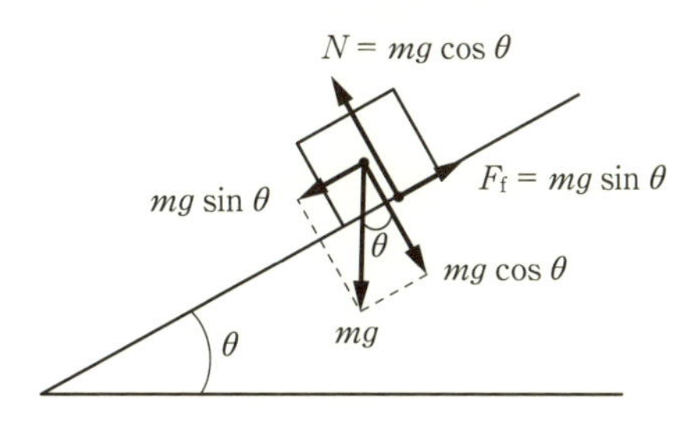

図6.8 斜面上の物体

さらに机を傾けて，角度がθ_maxになったとき，物体が動き始めたとする．動き出す瞬間に物体にはたらく垂直抗力の大きさは$N = mg\cos\theta_\mathrm{max}$で，静止摩擦力の大きさは$F_{\mathrm{f\,max}} = mg\sin\theta_\mathrm{max}$であるから，これらを(6.9)に代入して，

$$mg\sin\theta_\mathrm{max} = \mu mg\cos\theta_\mathrm{max} \tag{6.10}$$

が得られ，

$$\mu = \frac{\sin\theta_\mathrm{max}}{\cos\theta_\mathrm{max}} = \tan\theta_\mathrm{max} \tag{6.11}$$

が導かれる．ここで，θ_max（$= \tan^{-1}\mu$）は**摩擦角**とよばれる（$\tan^{-1}\mu$は$\mu = \tan\theta_\mathrm{max}$の逆関数で，$\arctan\mu$とも記される）．$\mu$の値は摩擦角をはかることにより求められ，$\mu$の性質は面と物体との接触面の大きさを変えたり，物体の質量を変えたりして摩擦角の変化を調べることにより検証される．

6.2.2 動摩擦力

「水平な床の上を動いている物体がやがて静止するのはなぜか？」に対しても，「摩擦力がはたらくから」というのが答えである．

面の上を滑る物体にはたらく摩擦力は**動摩擦力**とよばれ，摩擦の法則(c)は

$$F'_\mathrm{f} = \mu' N, \quad \mu' < \mu \tag{6.12}$$

と表される．ここで，F'_fは動摩擦力の大きさである．また，μ'は**動摩擦係数**とよばれる面と物質の材質や状態に依存する定数で，接触面の大きさおよび物体の質量や速さにはほとんどよらないことが知られている．動摩擦力の向きは，物体が進行する向きと反対の向きである．

粗い面上で物体の速度を一定に保つためには，動摩擦力とつり合うような外力を加え続ける必要がある．ちなみに$\mu' < \mu$は，静止している物体を動かす

のに必要な外力に比べて，動いている物体の運動状態を維持するのに必要な外力はそれほど大きくないことを表している．

図 6.9 は，水平な面上にある物体に対して，物体を引っ張る力の大きさと物体にはたらく摩擦力の大きさを表すグラフである．静止摩擦力の大きさは，物体が動き出すまでは物体を引っ張る力の大きさに等しい．一方，動摩擦力の大きさは物体を引っ張る力の大きさによらずに一定である．

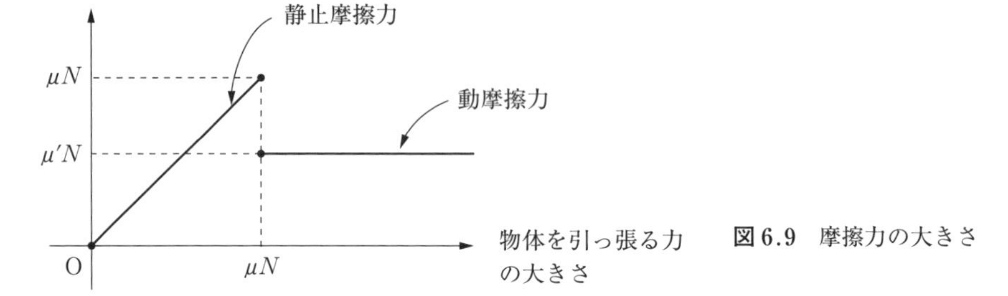

図 6.9　摩擦力の大きさ

斜面上の物体の運動を例に取ると，傾斜角が摩擦角を超えた場合，物体は運動方程式

$$m\frac{d^2x}{dt^2} = mg\sin\theta - \mu' mg\cos\theta, \quad m\frac{d^2y}{dt^2} = 0 \tag{6.13}$$

に従って斜面を滑り降りる．ここで，斜面に沿って下向きを x 軸の正の向きに選んだ．また，斜面に垂直な方向を y 軸に選んでいる．この例では，合力の y 成分がつり合うことにより物体の y 方向の運動状態は変化しない．

このように，ある方向の合力の成分がつり合うことにより，物体の運動が制約を受ける運動を**束縛運動**とよぶ．また，物体をある軌道に束縛するために生じる力を**束縛力**とよぶ．前述の斜面上の物体の運動に関しては，垂直抗力が束縛力のはたらきをする．

6.3　単振り子の運動を考察しよう

物体にひもをつけてぶら下げ，鉛直線から少しずらして放すと，物体は放物運動をすることなく最下点の近傍で振れる．この運動も束縛運動の一種で，**張力**とよばれるひもが物体を引っ張る力が束縛力のはたらきをする．

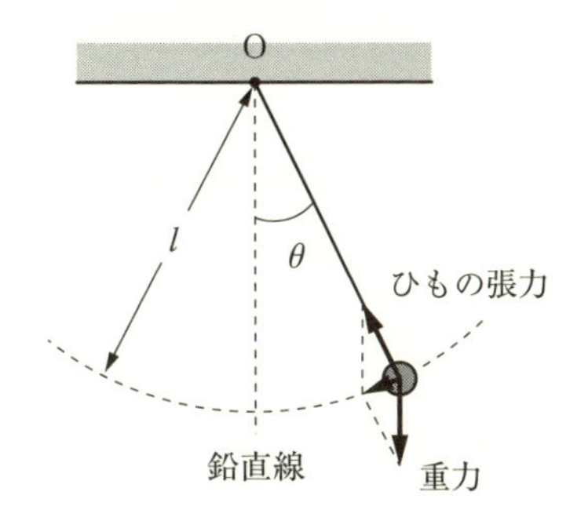

図 6.10 単振り子

図 6.10 のように，長さ l の軽いひもの端に質量 m のおもりをつけて，天井の点 O に吊るす．ここで，「軽い」とは質量が無視できることを意味する．鉛直線から角度 θ だけずらした地点からおもりを静かに放すと，水平面内で振れる．これを**単振り子**とよぶ．おもりにはたらく力は重力とひもの張力である．重力は大きさ mg で鉛直下向きにはたらき，張力（その大きさを F_{T} とする）は O の向きにはたらく．おもりは O を中心とする円軌道を描いて運動するので，おもりの加速度を，円軌道の接線の向きの成分 a_{t} と中心に向かう向きの成分（中心に向かう向きを正とする）a_{n} に分けると，それぞれ

$$a_{\mathrm{t}} = l\frac{d^2\theta}{dt^2}, \quad a_{\mathrm{n}} = l\left(\frac{d\theta}{dt}\right)^2 \tag{6.14}$$

となる（(3.44) 参照）．よって，おもりに関する運動方程式は

$$ml\,\frac{d^2\theta}{dt^2} = -\,mg\sin\theta, \quad ml\left(\frac{d\theta}{dt}\right)^2 = F_{\mathrm{T}} - mg\cos\theta \tag{6.15}$$

である．(6.15) の第 1 式の両辺を ml で割った式

$$\frac{d^2\theta}{dt^2} = -\,\frac{g}{l}\sin\theta \tag{6.16}$$

を解くことにより，単振り子の運動が理解される．この微分方程式は一見単純に見えるが，厳密解を求めるのは容易ではない（9.2 節参照）．

(6.15) の第 2 式から，F_{T} は

$$F_{\mathrm{T}} = ml\left(\frac{d\theta}{dt}\right)^2 + mg\cos\theta \tag{6.17}$$

である．ひもの張力の大きさが，一定ではないことと $mg\cos\theta$ 以上であることに注意しよう．

例題 6.2

(6.15) の第 1 式を用いて，エネルギー積分を求めよ．

解 (6.15) の第 1 式の両辺に $l\,d\theta/dt$ を掛けると，

$$ml^2 \frac{d\theta}{dt}\frac{d^2\theta}{dt^2} = -\,mgl\frac{d\theta}{dt}\sin\theta \tag{6.18}$$

が得られ，微分公式

$$\frac{d}{dt}\left\{\left(\frac{d\theta}{dt}\right)^2\right\} = 2\frac{d\theta}{dt}\frac{d^2\theta}{dt^2}, \quad \frac{d}{dt}\cos\theta = -\sin\theta\frac{d\theta}{dt} \tag{6.19}$$

を用いて変形することにより，

$$\frac{d}{dt}\left\{\frac{1}{2}ml^2\left(\frac{d\theta}{dt}\right)^2 - mgl\cos\theta\right\} = 0 \tag{6.20}$$

が導かれる．

(6.20) は左辺の { } の中が時間によらないことを意味し，その定数を $E - mgl$ とすると，エネルギー積分

$$E = \frac{1}{2}ml^2\left(\frac{d\theta}{dt}\right)^2 + mgl(1-\cos\theta) = \frac{1}{2}mv^2 + mgh = \text{一定} \tag{6.21}$$

が得られる．ここで，$v = l\,d\theta/dt$ はおもりの速さで，$h = l(1-\cos\theta)$ は最下点（$\theta = 0$ の点）を基準としてそこからはかったおもりの高さである．おもりの運動とともにおもりの速さや高さは変化するが，E の値は変化しない．$mv^2/2$ は運動エネルギーで，mgh は重力による位置エネルギーである．エネルギー積分の公式が放物運動のときのものと類似していることに注目しよう（(5.27) 参照）．◆

6.4 力の起源を探ろう

これまでにさまざまな力が登場した．具体的には，重力，抵抗力，垂直抗力，静止摩擦力，動摩擦力，張力で，これらの力の性質や法則が数式を用いて表された．次に生じる疑問は，「これらの力の起源は何か？」である．それぞれの力の起源について，以下で解説する．

重力の起源は質量である．以前に述べたように，「慣性質量 = 重力質量」を

拡張した原理を用いて，一般相対性理論が構築された．この理論によると，重力は時空のゆがみとして捉えられ，エネルギー[†1]や運動量も時空のゆがみの原因，すなわち，重力の起源になる．

抵抗力はその起源に対応して2種類に分類される．1つは，物体が周りの媒質（流体）を引きずって動くことに起因する**粘性抵抗**とよばれるもので，物体の速度が比較的小さいときにはたらき，その大きさは物体の速さに比例する．もう1つは，物体と媒質（流体）を構成する粒子との間の衝突に起因する**慣性抵抗**とよばれるもので，物体の速度がある程度大きくなるとはたらき，その大きさは物体の速さの2乗に比例する．

垂直抗力の起源は**弾性体**(だんせいたい)における**弾性力**である．ここで，弾性体とは大きさをもっていて力を加えると変形するが，力を除くともとに戻るような物体である．物体がもとの状態に戻ろうとする性質は**弾性**とよばれる．弾性力とは物体に力が加わって変形したとき，もとの状態に戻ろうとする際に生じる力である．弾性力は**復元力**ともよばれる．弾性力の典型例はばねによる力である（7.1節参照）．微視的には，規則的に配列された原子の集合体で面が構成されており，それらは弾性体と見なすことができる．質量 m の物体を水平面に置いたとき，重力（大きさ mg）を受けて面がわずかに変形し沈む．その際に面に弾性力が生じて，物体に対して重力とつり合うような鉛直上向きの力を与える．これが垂直抗力となる．

摩擦力の起源も弾性力と考えられる．例えば，面上に静止した物体に力が加えられた場合，物体と接触面に局所的な変形が起こり，それを復元するように弾性力が生じて，静止摩擦力となる．

さらに，張力の起源も弾性力である．例えば，図6.11のように物体をひもにつないで吊るすと，重力によりひもがわずかに伸びる．それをもとに戻すように弾性力が生じて，ひもの張力となる．

図6.11　ひもの張力

最後に問題になるのは，「弾性力の起源は何か？」

†1　正確に述べると，相対性理論において，質量は静止エネルギーとよばれるエネルギーの1形態として理解される．

である.

床やひもなど身の回りの物体は多数の原子から構成されている．統計力学によると，**ヘルムホルツの自由エネルギー** $\mathcal{F}$（$= U - TS$）が最小の状態として，温度 T の熱平衡状態が実現される．ここで，U は内部エネルギーで，物体の構成要素に関する運動エネルギーと位置エネルギーの総和である．また，S は**エントロピー**とよばれる乱雑さを表す量で，物体の構成要素の取り得る状態が多いほど S は大きい．床やひもに力が加わり微小変形した場合，U が変化し最小の状態に戻ろうとする．このようなはたらきが弾性力となる．

弾性力の起源に，U が支配的になる事例がある．それが，イオン結晶である．イオン結晶とは，陽イオンと陰イオンが静電気的な引力により結合し，原子が規則正しく配列した固体である．このような結合を**イオン結合**とよぶ．静電気的な力に関して，**クーロンの法則**とよばれる次のような法則が知られている．

> **クーロンの法則**：電荷 q_1 の物体1と電荷 q_2 の物体2の間には，それらの電荷の積に比例し，物体間の距離 r（$=|\boldsymbol{r}_1 - \boldsymbol{r}_2|$）の2乗に反比例する力（**クーロン力**）がはたらく．電荷が同符号の場合は斥力で，異符号の場合は引力である．

ここで，物体1，物体2の位置ベクトルをそれぞれ $\boldsymbol{r}_1$，$\boldsymbol{r}_2$ とした．クーロンの法則より，物体1が物体2から受ける力 $\boldsymbol{F}_{1\leftarrow 2}$ は

$$\boldsymbol{F}_{1\leftarrow 2} = \frac{1}{4\pi\varepsilon_0}\frac{q_1 q_2}{|\boldsymbol{r}_1 - \boldsymbol{r}_2|^2}\boldsymbol{e}_{12}, \quad \boldsymbol{e}_{12} = \frac{\boldsymbol{r}_1 - \boldsymbol{r}_2}{|\boldsymbol{r}_1 - \boldsymbol{r}_2|} \tag{6.22}$$

と表される．なお，ε_0 は真空中の誘電率とよばれる定数で，その概数値は $\varepsilon_0 = 8.854 \times 10^{-12}\,\mathrm{C^2/(N\cdot m^2)}$ である．C は電荷の単位を表す記号でクーロンとよぶ．イオン結晶を変形させると，U が増加するため $\mathcal{F}$ が増加する．このとき，$\mathcal{F}$ が最小の状態に戻ろうとして，クーロン力がはたらく．多くの物体に対して，上記のような電気的な力が弾性力の起源と考えられる．

S が支配的になる弾性力の起源の例として，**エントロピー弾性**，（**ゴム弾性**）とよばれる別の要因が知られている．図6.12はゴムの伸びた状態と縮んだ状

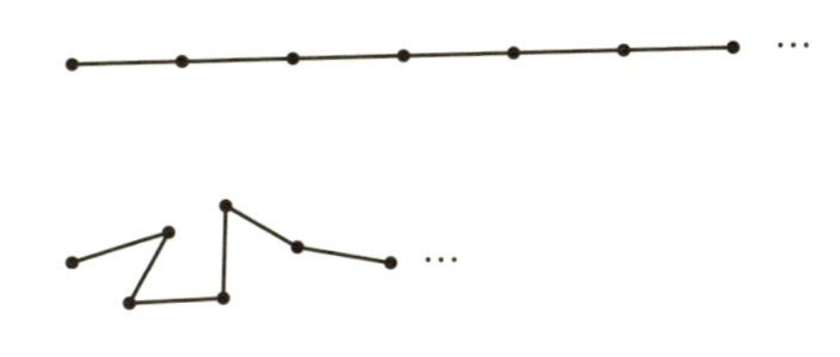

図 6.12 ゴムが伸びた状態（上）と縮んだ状態（下）

態を模式的に表した図で，ゴムが縮んだ状態は他にもさまざまな配位が考えられ大きな乱雑さをもつ．ゴムのような物体を伸ばすと乱雑さが減少するため $\mathscr{F}$ が増加する．このとき，$\mathscr{F}$ が最小の状態に戻ろうとして，エントロピーに起因する弾性力が発生する．

コラム

物理学的なアプローチ

仮面がタロちゃんにささやいた．『法則に忠実になろう．』「どのように？」『法則に一見反するような現象の裏には，それなりの理由が潜んでいるはずだ．』「もし法則が正しくなかったら？」『法則の成否を確かめるうえでも現象を正確に観察することが重要だ．どうしても説明できない場合は，理論，あるいは実験に不備があるという謙虚な態度でのぞむのがよいと思う．』

仮面がタロちゃんにつぶやいた．『何も見ずに章末問題が解けるより，いろいろ参考にしてもよいから，未知の問題に対して解に迫れる能力を養ってほしいものだ．』「どうして？」『問題設定によっては解が存在しない場合がある．実際，社会で発生する問題は正解があるとは限らないからだ．』「そんな場合，何か有効な手立てはあるの？」『オールマイティーな手立てはないけど，物理学的なアプローチを試す価値はあるぞ．』「物理学的なアプローチって何？」『“原理・法則（社会では原則）に基づいて答えや解決法を見つける” という方法論だ．』「物理学というより，自然科学に共通する手法だよね．」『その通り．特に物理学で，その威力が顕在化しているからこのようにネーミングしたんだ．問題によっては，うまく解ける場合があるし，うまく行かない場合でも問題の本質が浮き彫りになる可能性があるから，身につけておいて損はないぞ．』

章 末 問 題

［1］ 築山(つきやま)の上からタイヤを転がしたくて，A 君，B 君，C 君の間で取り合いになり，3 人で引っ張り合いになったところ，図 6.13 のようにタイヤが静止した．C 君が引っ張る力の大きさを求めよ． ⇨6.1.1 項

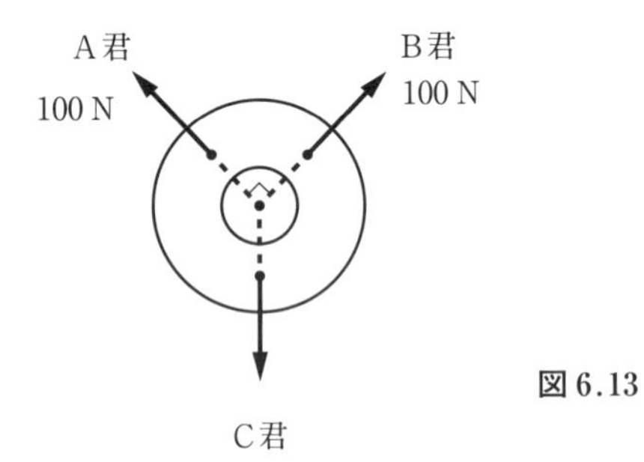

図 6.13

［2］ 物体を水の中に沈めた場合，物体の重さをはかると減少する．この理由を説明せよ． ⇨6.1.1 項

［3］ 図 6.14 のように，半径 r の円軌道で宙返りするジェットコースターがある．空気抵抗や摩擦は無視できるとする．ジェットコースターが高さ h の地点から静かに動き出した後に，円軌道の最高点でジェットコースターが軌道上から外れないための h に関する条件式を求めよ． ⇨6.1.1 項

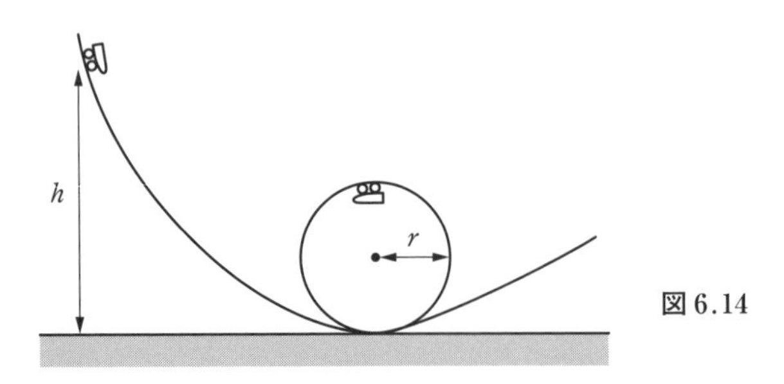

図 6.14

［4］ 机の上に置かれた質量 10 kg の物体に関して，以下の問いに答えよ．

⇨6.2.1 項

（a） 机をゆっくり傾けたところ，傾斜角が 45° になったところで物体が滑り出した．静止摩擦係数を求めよ．

（b） 机の面が水平な状態で，物体を動かすために水平方向にどれくらいの力を加える必要があるか求めよ．

［5］ 図6.15のように粗い水平面上に質量 m の物体が存在し，力 $\boldsymbol{F}$ が水平方向に加えられ，一定の速度 $\boldsymbol{v}_0$ で運動しているとする．この物体にはたらく力について，図示するとともに説明せよ． ⇨6.2.2項

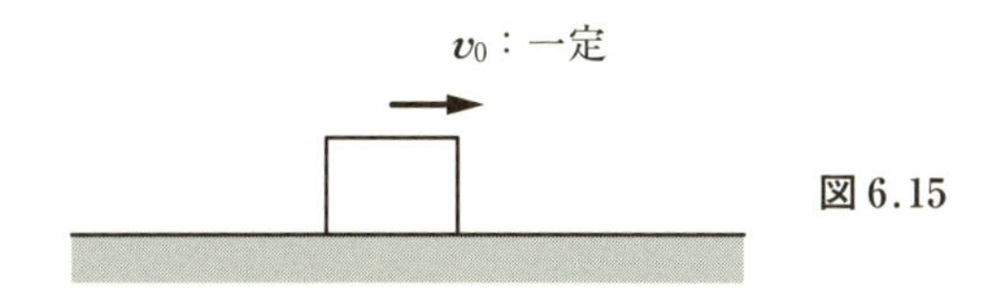

図6.15

［6］ 図6.16のように，質量 m の物体1が質量 M の物体2の上に乗せられ，水平な床の上に置かれているとする．以下の問いに図示するとともに答えよ．

⇨6.1.2項

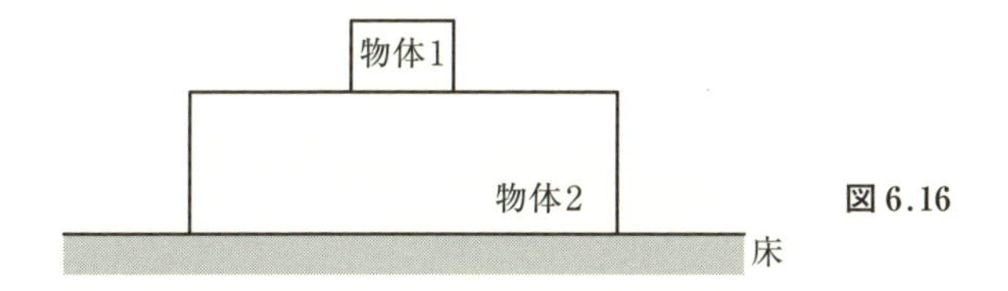

図6.16

（a） 物体1と床（地球）にはどのような力がはたらいているか．

（b） 物体2にはたらく力のつり合いについて説明せよ．

（c） 作用・反作用の関係にある力の組を列挙せよ．

［7］ 前問において，物体2と床の間には摩擦がなく，物体1と物体2の間には摩擦力がはたらくとする．静止摩擦係数を μ，動摩擦係数を μ' として，以下の問いに答えよ． ⇨6.2.1項，6.2.2項

（a） 物体2に対して水平方向に力を加えて，その大きさが F_0 になったときに物体2の上を物体1が動き出した．F_0 はいくらか．

（b） 物体2に大きさ F の力を水平方向に加え続けたところ，物体1は物体2の上を運動した．床に対する物体1の加速度の大きさ，床に対する物体2の加速度の大きさはいくらか．

［8］ 傾斜角 θ の粗い斜面に，質量 m の物体を静かに置いたところ滑り出した．動

摩擦係数を μ' として，以下の問いに答えよ．⇨ **6.2.2 項**

（a） 物体が斜面を滑り始めてから，t 秒間に滑り降りる距離を求めよ．

（b） 距離 l だけ滑ったときの物体の速さを求めよ．

［9］ 1 C の電荷を帯びた 1 kg の 2 つの物体が 10 cm 離れて存在している．その間にはたらく重力の大きさと，クーロン力の大きさを求めよ．⇨ **6.4 節**

［10］ **【発展】** 図 6.17 のように，長さ l の軽いひもの先に吊るされたおもりに，最下点で水平方向に速さ v_0 の初速度を与えたとき，v_0 の大きさに応じて，おもりは次のような運動をすることを示せ．⇨ **6.3 節**

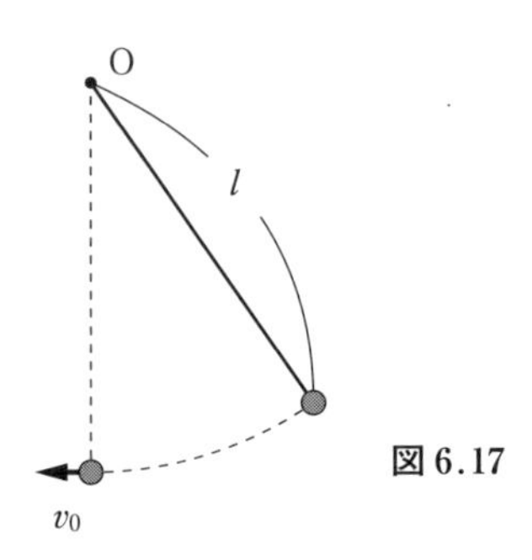

図 6.17

（a） $v_0 \leq \sqrt{2gl}$ のとき，支点 O の高さ以下で振動する．

（b） $\sqrt{2gl} \leq v_0 \leq \sqrt{5gl}$ のとき，支点 O と最上点の間のある高さまで上がった後，ひもがたるんで放物運動をする．

（c） $\sqrt{5gl} \leq v_0$ のとき，支点 O を中心として半径 l の円運動をする．

振動現象を通して検証しよう

ばねによる振動現象と単振り子の運動を考察しよう．運動の法則に基づき数式を用いて，次のような疑問を解決するのがこの章の課題である．

- ばねの先につけられたおもりを，つり合いの位置からずらして静かに放すと振動するのはなぜか？
- 単振り子が1往復するのにかかる時間は，振り子の長さによってどのように変化するか？
- 単振り子が1往復するのにかかる時間は，おもりの質量および（振幅が小さいときには）振れの大きさによらないのはなぜか？

さらに，振動現象を記述する関数である三角関数および指数関数に慣れ親しもう．

7.1 単振動を考察しよう

7.1.1 単振動の方程式

「ばねの先につけられたおもりを，つり合いの位置からずらして静かに放すと振動するのはなぜか？」について考察する．

図7.1（次頁参照）のように，質量 m のおもりが軽いばねの先につけられていて，水平で滑らかな床の上に置かれているとする．ばねにはたらく力 $\boldsymbol{F}$ が $\boldsymbol{0}$ のときのばねの長さは**自然長**とよばれる．また，おもりが静止している位置は**つり合いの位置**とよばれる．図7.2（次頁参照）のように，おもりをつり合いの位置からずらすとばねはもとの状態に戻ろうとして，おもりに力を加える．このばねによる力は弾性力（復元力）の一種で，**フックの法則**とよばれる

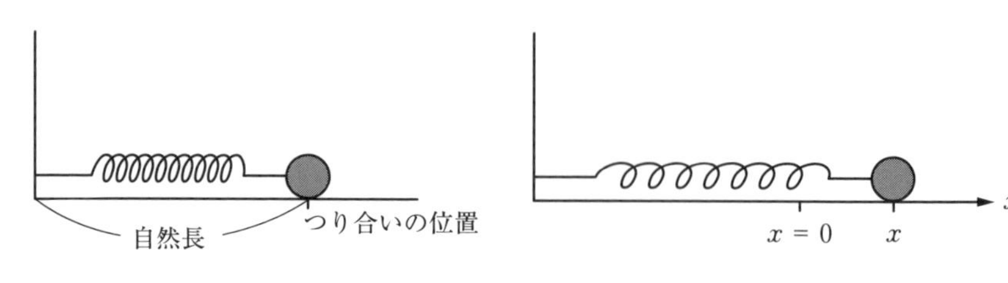

図 7.1　自然長とつり合いの位置　　**図 7.2**　つり合いの位置からの変位

次のような経験法則が成り立つ．

> **フックの法則**：おもりをつり合いの位置から変位させると，ばねはもとの状態に戻ろうとして，おもりに対して変位に比例する力を変位の向きと反対の向きに及ぼす．

ばねの伸び縮みの方向が変わらない場合，この法則を式で表すと，

$$F_x = -kx \tag{7.1}$$

となり，図 7.3 のように図示される．ここで，ばねが伸びる向きを x 軸の正の向きに選び，つり合いの位置を $x=0$ に選んだ．k は**ばね定数**とよばれるばねに固有の正の定数である．ばねには伸ばすと縮もうとし縮めると伸びようとする性質があり，この性質は (7.1) の負符号に反映されている．フックの法則に従うばねのような物体は，**線形弾性体**とよばれる．また，変位に比例する弾性力を受けて運動する物体は**調和振動子**とよばれる．

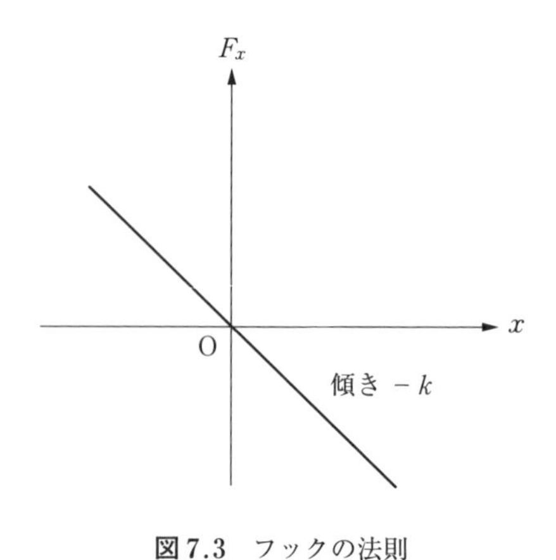

図 7.3　フックの法則

(7.1) より，おもりの運動方程式は

$$m\frac{d^2x}{dt^2} = -kx \tag{7.2}$$

で与えられる．m，k の代わりに $\omega = \sqrt{k/m}$（> 0）を用いると，(7.2) は

$$\frac{d^2x}{dt^2} = -\omega^2 x \tag{7.3}$$

と表される．(7.3) は**単振動の方程式**とよばれ，さまざまな物理系に登場する[†1]．

7.1.2　単振動の方程式の解

(7.3) の一般解は

$$x(t) = A\cos(\omega t + \theta_0) \tag{7.4}$$

で与えられる．ここで，A（> 0）は**振幅**，θ_0 は**初期位相**とよばれる定数である．また，$\omega t + \theta_0$ は**位相**である．

(7.4) が (7.3) の解であることは，三角関数の微分公式（本章の章末問題 [1] 参照）

$$\frac{d}{d\theta}\cos\theta = -\sin\theta, \quad \frac{d}{d\theta}\sin\theta = \cos\theta \tag{7.5}$$

を用いて，

$$\frac{dx}{dt} = -\omega A\sin(\omega t + \theta_0), \quad \frac{d^2x}{dt^2} = -\omega^2 A\cos(\omega t + \theta_0) = -\omega^2 x \tag{7.6}$$

のように確かめられる．

余弦関数は周期性（$\cos(\theta + 2\pi) = \cos\theta$）を有するので，

$$\begin{aligned} x(t) &= A\cos(\omega t + \theta_0) = A\cos(\omega t + \theta_0 + 2\pi) \\ &= A\cos\left\{\omega\left(t + \frac{2\pi}{\omega}\right) + \theta_0\right\} = x\left(t + \frac{2\pi}{\omega}\right) \end{aligned} \tag{7.7}$$

が成り立ち，$x(t)$ は，**周期**が $T = 2\pi/\omega$ の周期関数となる．周期および周期の逆数 ν（$= 1/T$）を m，k を用いて表すと，

$$T = 2\pi\sqrt{\frac{m}{k}} \tag{7.8}$$

および

---

†1　ちなみに，$d^2\boldsymbol{r}/dt^2 = -\omega^2\boldsymbol{r}$ に従う物体は **3 次元調和振動子**とよばれ，周期が $T = 2\pi/\omega$ の楕円軌道（特別な場合として直線軌道や円軌道を含む）を描く（本章の章末問題 [10] 参照）．

$$\nu = \frac{1}{T} = \frac{\omega}{2\pi} = \frac{1}{2\pi}\sqrt{\frac{k}{m}} \tag{7.9}$$

となる．ここで，ν は**振動数**とよばれ，1 秒間に振動する回数を表し，単位はヘルツで記号は Hz である．また，ν に 2π を掛けた量 ω（$= 2\pi\nu$）は**角振動数**とよばれる．

解（7.4）において初期位相を $\theta_0 = 0$ に選んだとき，おもりの位置と速度は

$$x(t) = A\cos\omega t,\quad v_x(t) = \frac{dx(t)}{dt} = -\,\omega A\sin\omega t \tag{7.10}$$

となり，これらをグラフに描くとそれぞれ図 7.4，図 7.5 のようになる．$x = 0$ で復元力 F_x が 0 であるにもかかわらず，おもりは動き続ける．実際，$x = 0$

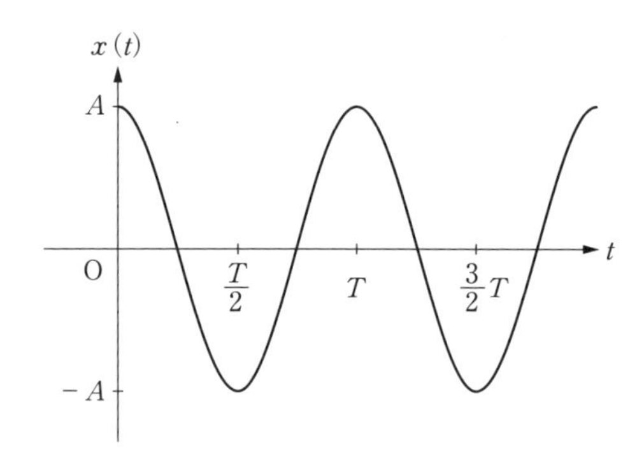

図 7.4　おもりの位置

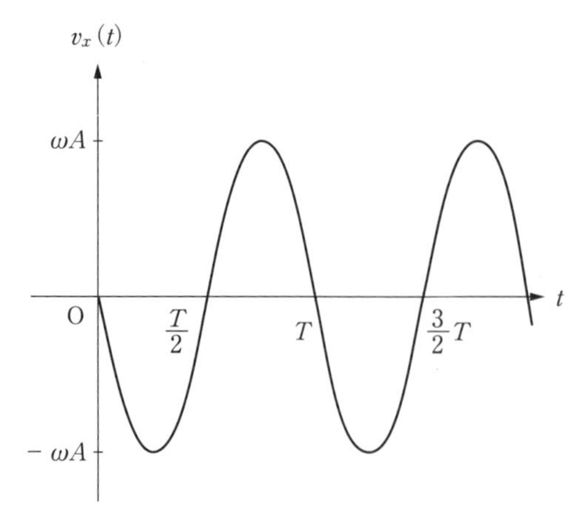

図 7.5　おもりの速度

で物体の速さ $|v_x|$ が最大値 ωA を取る．このように，力がはたらかないのに物体が運動し続けるのは慣性のせいである（4.1.1 項参照）．

次に，等速円運動と単振動の関係について述べる．等速円運動は $d^2\boldsymbol{r}/dt^2 = -\omega^2\boldsymbol{r}$ に従う運動の 1 つで，その軌道は

$$x(t) = R\cos(\omega t + \theta_0), \quad y(t) = R\sin(\omega t + \theta_0) \qquad (R = 一定) \tag{7.11}$$

で与えられる（3.2 節参照）．(7.11) の $x(t)$ が (7.4) と同じ形であることに注目しよう．実際，等速円運動をしている物体を横から見ると単振動に見える．

次元解析

「自然現象を表す方程式の各項は同じ次元をもつ」という性質を用いて，物理量の次元を質量，長さ，時間のような基本単位の次元を使って表したり，無次元の係数を除いて，方程式や関係式の形を予測したりすることができる．このような方法は**次元解析**とよばれ，物理現象を理解し法則を探究する際に威力を発揮する．

例題 7.1

次元解析を用いて，T，m，k の間に成り立つ関係式を求め，(7.8) と比べよ．

解　次元をもたない比例係数を C として，

$$T = Cm^x k^y \tag{7.12}$$

のような関係式が予想される．ここで，x，y は未知の有理数である．k の単位は $[\mathrm{N/m}] = [\mathrm{kg/s^2}]$ であるから，(7.12) の両辺の単位はそれぞれ

$$（左辺の単位）= \mathrm{s}, \quad （右辺の単位）= \mathrm{kg}^x(\mathrm{kg\cdot s^{-2}})^y = \mathrm{kg}^{x+y}\mathrm{s}^{-2y} \tag{7.13}$$

となる．これらが一致することを要請すると，$x = -y = 1/2$ となり，

$$T = C\sqrt{\frac{m}{k}} \tag{7.14}$$

が導かれる．(7.8) と比べると，無次元の係数 2π を除いて一致していることがわかる．◆

無次元の係数の大きさは 0.1 から 10 くらいの範囲であることが多いので，その場合，解が求められなくても物理量の値を概算することができる．

7.1.3 エネルギー積分

(7.2) に従う調和振動子に対して，(4.20) を参照してエネルギー積分

$$E = K + U = 一定 \tag{7.15}$$

$$K = \frac{1}{2}m\left(\frac{dx}{dt}\right)^2, \quad U = \frac{1}{2}kx^2 \tag{7.16}$$

が得られる．ここで，K は運動エネルギー，U は位置エネルギーである．

$U(x) = kx^2/2\,(k > 0)$ のグラフは図 7.6 のようになり，E が与えられたとき，$E \geq U(x)$ より，x は $-\sqrt{2E/k} \leq x \leq \sqrt{2E/k}$ の区間で振動する．振動の向きが変わる点は $x = -\sqrt{2E/k}$，$\sqrt{2E/k}$ で，**回帰点**とよばれる．また，x が変動する区間は**可動区間**とよばれる．

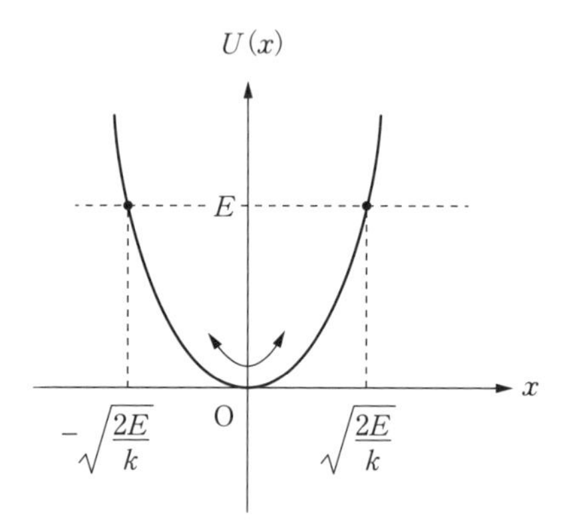

図 7.6　回帰点と可動区間

例題 7.2

単振動の方程式の解を用いて，E が一定であることを示せ．

解　(7.4) を (7.16) に代入することにより，

$$K = \frac{1}{2}m\omega^2 A^2 \sin^2(\omega t + \theta_0), \quad U = \frac{1}{2}kA^2\cos^2(\omega t + \theta_0) \tag{7.17}$$

が得られ，$\theta_0 = 0$ と選んでグラフに描くと図 7.7 のようになる．$\omega = \sqrt{k/m}$，$\sin^2(\omega t + \theta_0) + \cos^2(\omega t + \theta_0) = 1$ を用いて，

$$E = K + U = \frac{1}{2}kA^2 = \frac{1}{2}m\omega^2 A^2 \tag{7.18}$$

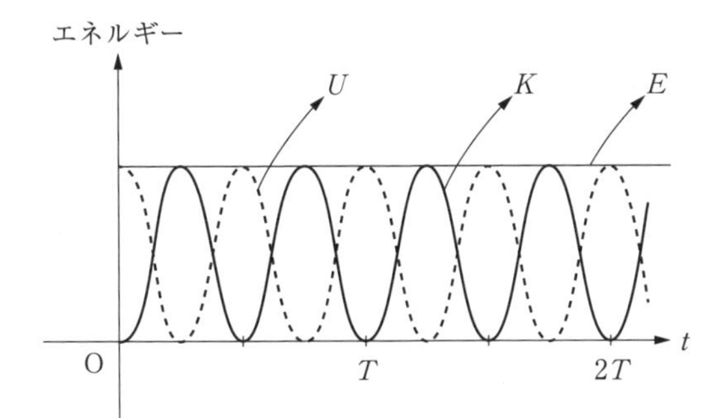

図 7.7 単振動のエネルギー

が得られ，力学的エネルギー E が時間によらずに一定であることがわかる．◆

(7.15)，(7.16) を変形して，(4.27) に相当する 1 階の微分方程式

$$\frac{dx}{dt} = \pm\sqrt{\frac{2}{m}\left(E - \frac{1}{2}kx^2\right)} \tag{7.19}$$

が得られる．

例題 7.3

(4.28) を参考にして (7.19) を解いて，(7.4) を再導出せよ．

解 速度 v_x が 0 となる時刻 $t = t_0$ における，おもりの変位を A (>0) とする．すなわち，$x(t_0) = A$，$v_x(t_0) = 0$ とする．このとき，$E = kA^2/2$ で，おもりは x の負の向きに動くため，(4.28) を参考にして，

$$\begin{aligned} t &= -\sqrt{\frac{m}{2}}\int_A^x \frac{dx'}{\sqrt{\frac{1}{2}kA^2 - \frac{1}{2}kx'^2}} + t_0 \\ &= -\sqrt{\frac{m}{k}}\int_A^x \frac{dx'}{\sqrt{A^2 - x'^2}} + t_0 = -\sqrt{\frac{m}{k}}\int_0^\theta \frac{d(A\cos\theta')}{\sqrt{A^2 - A^2\cos^2\theta'}} + t_0 \\ &= -\frac{1}{\omega}\int_0^\theta \frac{d(\cos\theta')}{\sin\theta'} + t_0 = \frac{1}{\omega}\int_0^\theta d\theta' + t_0 = \frac{\theta}{\omega} + t_0 \\ &= \frac{1}{\omega}\cos^{-1}\frac{x}{A} + t_0 \end{aligned} \tag{7.20}$$

が導かれる．途中で $x' = A\cos\theta'$ $(x = A\cos\theta)$ として，積分変数を $x'(x)$ から $\theta'(\theta)$ に変換した．(7.20) を変形することにより，

$$x = A\cos\{\omega(t - t_0)\} = A\cos(\omega t - \omega t_0) = A\cos(\omega t + \theta_0) \qquad (7.21)$$

となり，(7.4) が導出される．ここで，$\theta_0 = -\omega t_0$ とした．◆

三角関数の性質を知っていれば，単振動の方程式の解は容易に推測できるかもしれないが，正攻法を使うほうが確実である．エネルギー積分の御利益が少しは感じられたのではないだろうか．

7.1.4　おもりを吊るした場合

軽いばねに質量 m のおもりを吊るすと，おもりに重力（鉛直下向きに大きさ mg の力）がはたらき，ばねが伸びる．おもりをゆっくり吊るすと，おもりにはたらく重力とばねによる弾性力がつり合い，図 7.8 のようにおもりはつり合いの位置に静止する．このとき，ばねが自然長より s だけ伸びたとすると，

$$mg = ks \qquad (7.22)$$

が成り立つ．さらに，図 7.9 のように，おもりをつり合いの位置から x だけ変位させて静かに放したとき，おもりは (7.2) に従って運動する．調和振動子の力学的エネルギーは重力からの寄与が加わることにより，

$$E = \frac{1}{2}m\left(\frac{dx}{dt}\right)^2 + \frac{1}{2}kx^2 + \frac{1}{2}ks^2 \qquad (7.23)$$

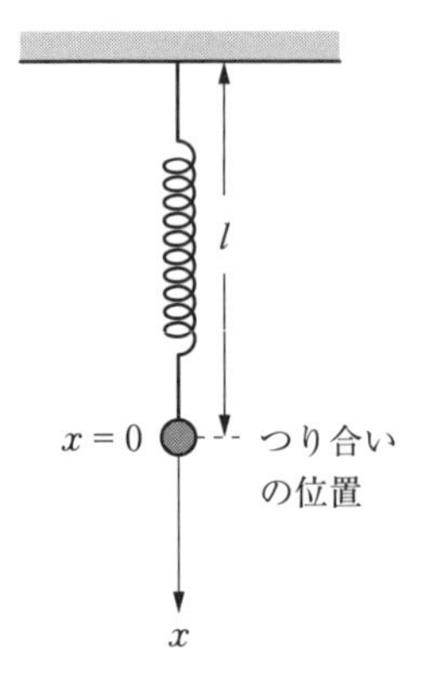

図 7.8　つり合いの位置

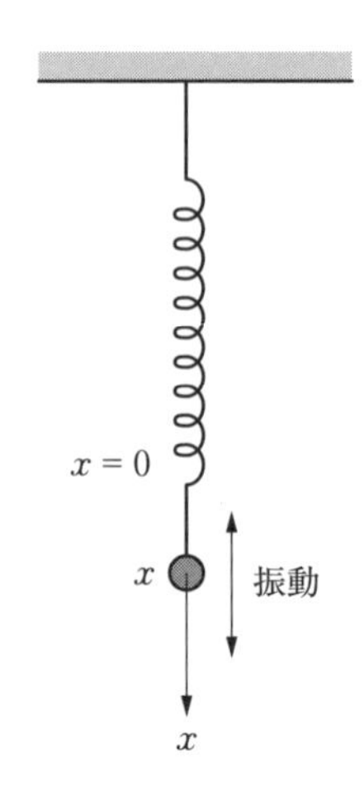

図 7.9　つり合いの位置からの変位

となる．ここで，つり合いの位置 $x = 0$ における重力の位置エネルギーを 0 に選んだ（本章の章末問題［5］参照）．

7.2　三角関数と指数関数に慣れ親しもう

(7.3) の一般解は $x(t) = A\cos(\omega t + \theta_0)$ で与えられることを見たが，

$$x(t) = A\sin(\omega t + \zeta_0),\quad a\sin\omega t + b\cos\omega t,\quad \tilde{a}e^{i\omega t} + \tilde{b}e^{-i\omega t} \tag{7.24}$$

のように表すこともできる．ここで，ζ_0，a，b，$\tilde{a}$，$\tilde{b}$ は定数である．実際に，(7.3) に代入して，(7.24) のいずれも解になることが確かめられる．また，三角関数や指数関数に関する公式を用いて変形し，定数をうまく選ぶことにより一致させることができる．例えば，$\sin\{\theta + (\pi/2)\} = \cos\theta$ を用いて，

$$A\sin(\omega t + \zeta_0) = A\cos(\omega t + \theta_0) \quad \text{ここで，}\ \zeta_0 = \theta_0 + \frac{\pi}{2} \tag{7.25}$$

が成り立つ．

参考のために，三角関数に関する公式をいくつか列挙する．

【周期性】

$$\left.\begin{aligned} &\sin(\theta + 2n\pi) = \sin\theta, \quad \cos(\theta + 2n\pi) = \cos\theta \\ &\tan(\theta + 2n\pi) = \tan\theta \qquad (n = 1, 2, \cdots) \end{aligned}\right\} \tag{7.26}$$

【偶奇性】

$$\sin(-\theta) = -\sin\theta, \quad \cos(-\theta) = \cos\theta, \quad \tan(-\theta) = -\tan\theta \tag{7.27}$$

【$(\theta + \pi)$ の三角関数】

$$\left.\begin{aligned} &\sin(\theta + \pi) = -\sin\theta, \quad \cos(\theta + \pi) = -\cos\theta \\ &\tan(\theta + \pi) = \tan\theta \end{aligned}\right\} \tag{7.28}$$

【$(\theta + \pi/2)$ の三角関数】

$$\left.\begin{aligned} &\sin\left(\theta + \frac{\pi}{2}\right) = \cos\theta, \quad \cos\left(\theta + \frac{\pi}{2}\right) = -\sin\theta \\ &\tan\left(\theta + \frac{\pi}{2}\right) = -\frac{1}{\tan\theta} \end{aligned}\right\} \tag{7.29}$$

【加法定理】

$$\left.\begin{aligned} \sin(\alpha+\beta) &= \sin\alpha\cos\beta + \cos\alpha\sin\beta \\ \sin(\alpha-\beta) &= \sin\alpha\cos\beta - \cos\alpha\sin\beta \\ \cos(\alpha+\beta) &= \cos\alpha\cos\beta - \sin\alpha\sin\beta \\ \cos(\alpha-\beta) &= \cos\alpha\cos\beta + \sin\alpha\sin\beta \end{aligned}\right\} \tag{7.30}$$

【2 倍角の公式】

$$\left.\begin{aligned} \sin 2\theta &= 2\sin\theta\cos\theta \\ \cos 2\theta &= \cos^2\theta - \sin^2\theta = 2\cos^2\theta - 1 = 1 - 2\sin^2\theta \end{aligned}\right\} \tag{7.31}$$

【合成】

$$\left.\begin{aligned} & a\sin\theta + b\cos\theta = \sqrt{a^2+b^2}\,\sin(\theta+\zeta) \\ & \text{ここで,}\quad \sin\zeta = \frac{b}{\sqrt{a^2+b^2}},\quad \cos\zeta = \frac{a}{\sqrt{a^2+b^2}}\ \text{である.} \end{aligned}\right\} \tag{7.32}$$

例題 7.4

（7.32）を用いて，$x(t) = a\sin\omega t + b\cos\omega t$ と $x(t) = A\sin(\omega t + \zeta_0)$ が一致することを確かめよ．

解　$A = \sqrt{a^2+b^2}$，$\zeta_0 = \tan^{-1}(b/a)$ として，（7.32）を用いて両者が一致する．◆

θ を変数とする関数 $f(\theta)$ に関する，$\theta = 0$ の周りでの**テーラー展開**

$$f(\theta) = f(0) + \frac{1}{1!}\left.\frac{df(\theta)}{d\theta}\right|_{\theta=0}\theta + \frac{1}{2!}\left.\frac{d^2f(\theta)}{d\theta^2}\right|_{\theta=0}\theta^2 + \cdots \tag{7.33}$$

と微分公式（7.5）および $\cos 0 = 1$，$\sin 0 = 0$ を用いて，$\cos\theta$，$\sin\theta$ は

$$\cos\theta = 1 - \frac{\theta^2}{2!} + \frac{\theta^4}{4!} - \cdots,\quad \sin\theta = \frac{\theta}{1!} - \frac{\theta^3}{3!} + \frac{\theta^5}{5!} - \cdots \tag{7.34}$$

のように級数展開される．

5.2.3 項で紹介したように，ネイピア数 e（$= 2.71828\cdots$）を底とする指数関数 $y = e^x$ は

$$y = e^x = \sum_{n=0}^{\infty}\frac{x^n}{n!} = 1 + \frac{x}{1!} + \frac{x^2}{2!} + \cdots \tag{7.35}$$

と表される．指数関数の表式（7.35）および微分公式（5.33）は，変数を実数 x から複素数 $z = x + iy$（x，y は実数）に拡張しても成り立つ．（7.35）を用

いて，

$$e^{i\theta} = 1 + \frac{i\theta}{1!} + \frac{(i\theta)^2}{2!} + \frac{(i\theta)^3}{3!} + \frac{(i\theta)^4}{4!} + \frac{(i\theta)^5}{5!} + \cdots$$
$$= \left(1 - \frac{\theta^2}{2!} + \frac{\theta^4}{4!} - \cdots\right) + i\left(\frac{\theta}{1!} - \frac{\theta^3}{3!} + \frac{\theta^5}{5!} - \cdots\right)$$
$$= \cos\theta + i\sin\theta \tag{7.36}$$

のように指数関数を三角関数を用いて表すことができる．ここで，(7.34) を用いた．さらに，(7.36) と $e^{-i\theta} = \cos\theta - i\sin\theta$ を用いて，

$$\cos\theta = \frac{e^{i\theta} + e^{-i\theta}}{2}, \quad \sin\theta = \frac{e^{i\theta} - e^{-i\theta}}{2i} \tag{7.37}$$

が導かれる．$e^{i\theta} = \cos\theta + i\sin\theta$ は**オイラーの公式**とよばれる．

(5.33) を用いて，$x(t) = \tilde{a}e^{i\omega t} + \tilde{b}e^{-i\omega t}$ が (7.3) の解になることがわかる．さらに，(7.37) を用いて，$\tilde{a} = (b - ia)/2$ および $\tilde{b} = (b + ia)/2$ のとき，

$$a\sin\omega t + b\cos\omega t = \tilde{a}e^{i\omega t} + \tilde{b}e^{-i\omega t} \tag{7.38}$$

が成り立つ．

ここで，物理量は一般に実数の値を取り，ニュートン力学は実数だけを用いて定式化できるが，複素数を用いることでより見通しよく答えを導ける場合があり，複素数が有効利用される (8.1 節参照)．

7.3　単振り子の運動を再考しよう

6.3 節の続きとして，単振り子の振幅が小さい場合 ($|\theta_0| \ll 1$) について考察しよう．ここで，θ_0 は手からおもりを放したときの角度である．$|\theta| \ll 1$ のとき，$\sin\theta \fallingdotseq \theta$ のように近似されるので，(6.15) の第 1 式は

$$\frac{d^2\theta}{dt^2} = -\frac{g}{l}\theta \tag{7.39}$$

となり，単振動の方程式に帰着する．ここで，≒ を ＝ とした．(7.3) と比較することにより，角振動数が $\omega = \sqrt{g/l}$，すなわち，周期が

$$T = \frac{2\pi}{\omega} = 2\pi\sqrt{\frac{l}{g}} \tag{7.40}$$

の単振動となることがわかる.

(7.40) からわかるように, $\sin\theta \fallingdotseq \theta$ のとき, **周期 T は振り子の長さ l には依存するが, おもりの質量や振幅によらない**ことがわかる. このような性質は**振り子の等時性**(とうじせい)とよばれる. ただし, 単振り子の振幅が大きい場合は等時性が成り立たなくなる (9.2 節参照).

振り子は重力現象を理解する格好の教材となる. (7.40) は

$$g = \frac{4\pi^2 l}{T^2} \tag{7.41}$$

と変形され, 重力加速度の大きさの測定に利用することができる. 振り子の長さが l[m] のとき, 周期は $2\sqrt{l}$ [s] 程度ではかりやすい (本章の章末問題 [8] 参照).

等価原理の検証も, 振り子を用いて比較的容易に実行することができる. おもりの慣性質量を m, 重力質量を m_{G} と記すと, おもりに関する運動方程式は

$$ml\frac{d^2\theta}{dt^2} = -m_{\mathrm{G}}g\sin\theta, \quad ml\left(\frac{d\theta}{dt}\right)^2 = F_{\mathrm{T}} - m_{\mathrm{G}}g\cos\theta \tag{7.42}$$

となり ((6.15) 参照), (7.42) の第 1 式より, $\sin\theta \fallingdotseq \theta$ のとき,

$$T = 2\pi\sqrt{\frac{ml}{m_{\mathrm{G}}g}} \tag{7.43}$$

が導かれる. さまざまな物体に対して, 周期 T を観測することにより $m = m_{\mathrm{G}}$ の妥当性が検証される.

コラム

普遍性(ふへんせい)と準備

仮面がタロちゃんに語り始めた. 『扱っている対象が異なるのに, 同じ形をした方程式で記述される物理系がしばしば存在するぞ.』「その例を知っているよ.」『言ってごらん.』「単振動の方程式!」『その通り. "単振動の方程式" は, 物理学において基本中の基本でさまざまなところに顔を出すぞ.』「なんだか不思議だね.」『そうだな. 自然界に潜む "普遍性" を感じ取ってほしいものだ.』「普遍性?」『普遍性とは, いろいろなものに共通する法則性のことだ. 方程式が同一の場合, 同一の解を

もつため，その解釈において類似性が効力を発揮するぞ.』

仮面がタロちゃんにささやいた.『三角関数や指数関数などに慣れ親しんでほしいものだ．いろいろな公式と格闘してみてはどうか.』「そんな余裕ないよ.」『時間や余裕は自分で作るものだ.』「わかっているよ．どこから手をつけていいのかわからないことがあるんだ.」『いつも十分な準備ができるとは限らないから，普段から数学に慣れ親しむという習慣をつけるとよいぞ.』「とりあえず自分の興味に合わせて，準備すればいいよね.」『そうだな．図書館などで専門書にあたり，どんな数学が必要か調べなさい．数学書のコーナーで自分と相性のよさそうな本を見つけなさい.』「そうするよ.」『オフサイドもないし．24 秒ルールもないんだぞ.』「確かに．ゴール前でドフリーな状態でいたり，十分に時間をかけたりできるということだね.」

章末問題

［1］ 微分の定義式（3.1）と加法定理（7.30）を用いて，(7.5）を示せ.
⇨ 3.1 節，7.1.2 項，7.2 節

［2］ $E = (1/2)\,m\,(dx/dt)^2 + (1/2)\,kx^2$ に従う物理系に関して，以下の問いに答えよ. ⇨ 7.1.3 項

（a） 横軸を x，縦軸を $p = m\,dx/dt$ とする座標空間上で，x と p はどのような曲線を描くか.

（b） その曲線で囲まれた面積を E と振動数 $\nu = (1/2\pi)\sqrt{k/m}$ を用いて表せ.

［3］ 質量 m の物体が位置エネルギー $U(x)$ のもと，$x_1 \leq x \leq x_2$ の区間で振動している．この振動の周期に関する公式を求めよ. ⇨ 7.1.3 項

［4］ 質量 m の物体が位置エネルギー $U(x) = (a/x) + bx$ $(x > 0)$ のもとで，$U(x)$ の極小値の近傍で運動している．ここで，a，b は正の定数とする．物体の運動を考察せよ. ⇨ 7.1.3 項

［5］ (7.23）を示せ. ⇨ 7.1.3 項，7.1.4 項

［6］ (7.34）を用いて，$\tan\theta$ に関する級数展開を θ^5 の項まで求めよ. ⇨ 7.2 節

［7］ 次元解析を用いて，振り子の周期 T，ひもの長さ l，重力加速度の大きさ g の間に成立する関係式を予想せよ. ⇨ 7.3 節

［8］ 振り子の長さを 1 m とする．$g = 9.8\,\mathrm{m/s^2}$ として，(7.40）を用いて周期 T

を予測せよ．　⇨7.3節

［9］ 図7.10のように，長さlの軽いひもに質量mのおもりが吊るされて，水平面内で等速円運動をしている．ひもが鉛直方向となす角をθとするとき，おもりにはたらく力を図示するとともに，円運動の周期Tを求めよ．このような振り子は**円錐振り子**とよばれる．　⇨7.3節

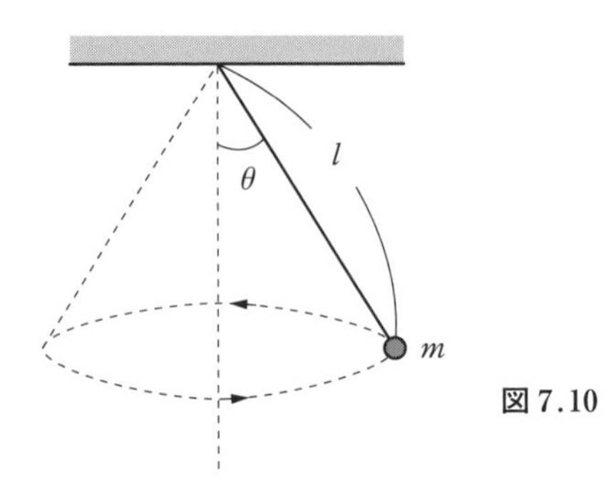

図7.10

［10］ **【発展】** $d^2\boldsymbol{r}/dt^2 = -\omega^2\boldsymbol{r}$（$\omega$：正の定数）に従う物体の運動について，以下の問いに答えよ．　⇨7.1.1項

（a） 物体の軌道を求めよ．

（b） 物体の運動エネルギーと位置エネルギーの長時間平均を求め，それらが等しいことを示せ．ここで，物理量Aの**長時間平均**は$\langle A\rangle = \lim_{T\to\infty}(1/T) \times \int_0^T A\,dt$で定義される．

8 減衰振動と強制振動で検証しよう

前章に引き続き，ばねによる振動現象を考察しよう．運動の法則に基づき数式を用いて，次のような疑問を解決するのがこの章の課題である．

- ばねの先に吊るされたおもりの振動は十分に時間が経つと減衰し，やがて静止するのはなぜか？
- おもりを粘性の高い液体の中に沈めて，つり合いの位置からずらすと，振動せずにつり合いの位置に戻るのはなぜか？
- 外から強制的に振動を加えた場合，ある特定の振動数に対して，おもりが激しく振動するのはなぜか？

自然科学において微分方程式はつきものである．微分方程式に慣れ親しもう．

8.1 減衰振動を考察しよう

弾性力（$F_x = -kx$）が作用しているおもりに，空気抵抗がはたらく場合を考察する．(5.37) を思い起こすと，おもりがゆっくり運動するとき，速度に比例する抵抗力（$F_r = -\gamma dx/dt$）が速度と反対の向きにはたらく（次頁の図 8.1 参照）．このとき，軽いばねの先に吊るされた質量 m のおもりに関する運動方程式は

$$m\frac{d^2x}{dt^2} = -kx - \gamma\frac{dx}{dt} \tag{8.1}$$

となる．$\omega = \sqrt{k/m}$ および $\tau = 2m/\gamma$ というパラメータを用いると (8.1) は

$$\frac{d^2x}{dt^2} + \frac{2}{\tau}\frac{dx}{dt} + \omega^2 x = 0 \tag{8.2}$$

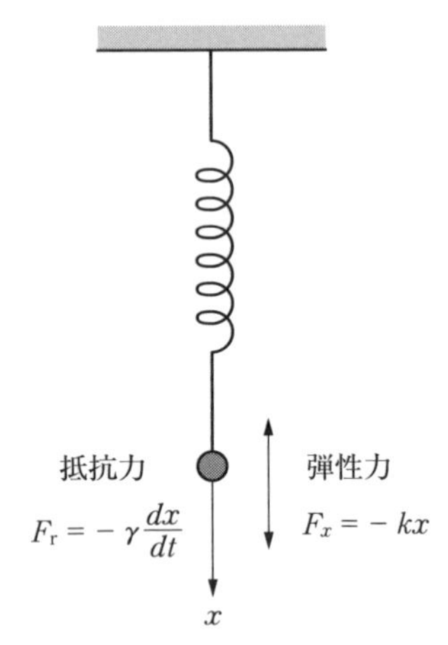

図 8.1　弾性力と抵抗力

と表される.

(8.2) は 2 階の**線形斉次微分方程式**である. ここで,「線形」とは従属変数 x を含む項は 1 次の形, すなわち, $a_k\, d^k x/dt^k$ の形（ここで, $k = 0, 1, \cdots$ で, a_k は x に依存しない）であることを意味し,「斉次」とは x と独立な項が存在しないことを意味する. ちなみに, x と独立な項が存在する場合は「非斉次」とよばれる.

(8.2) の一般解を求めよう. **2 階の線形斉次微分方程式において,「重ね合わせの原理」により, 2 つの独立な基本解を求めて任意定数を係数として線形結合したものが一般解となる.** 線形斉次微分方程式には解法の定石がある. 具体的には, 未知数 λ を含む $x = e^{i\lambda t}$ を解と仮定して微分方程式に代入することにより, **特性方程式**とよばれる λ に関する 2 次方程式が得られ, この方程式を解くことにより λ を求めるという方法である.

実際, $x = e^{i\lambda t}$ を (8.2) に代入し, 微分公式

$$\frac{d^n e^{i\lambda t}}{dt^n} = (i\lambda)^n e^{i\lambda t} \tag{8.3}$$

を用いて,

$$\left(\lambda^2 - \frac{2i}{\tau}\lambda - \omega^2\right)e^{i\lambda t} = 0 \tag{8.4}$$

が得られる. $e^{i\lambda t}$ は恒等的に 0 ではないので, (8.4) が成り立つためには,

$$\lambda^2 - \frac{2i}{\tau}\lambda - \omega^2 = 0 \tag{8.5}$$

が成り立つ必要がある．特性方程式（8.5）の解は

$$\lambda = \frac{i}{\tau} \pm \sqrt{\omega^2 - \frac{1}{\tau^2}} \tag{8.6}$$

で与えられる[†1]．以下で平方根の中身が正の値，負の値，0の場合に応じて，おもりの運動の様子を考察する．

(A)　**$\omega > 1/\tau$ の場合**

2つの互いに共役な複素数の解が存在し，

$$\omega_0 = \sqrt{\omega^2 - \frac{1}{\tau^2}} \tag{8.7}$$

とおくと，（8.2）の一般解は

$$\begin{aligned} x(t) &= C_1 e^{i\{(i/\tau)+\omega_0\}t} + C_2 e^{i\{(i/\tau)-\omega_0\}t} = (C_1 e^{i\omega_0 t} + C_2 e^{-i\omega_0 t})e^{-\frac{t}{\tau}} \\ &= A\cos(\omega_0 t + \theta_0)e^{-\frac{t}{\tau}} \end{aligned} \tag{8.8}$$

のように求められる．ここで，A，θ_0 は実定数で $C_1 = Ae^{i\theta_0}/2$，$C_2 = Ae^{-i\theta_0}/2$ と選び，（7.37）の第1式を用いた．

【注意】　数学の問題では，（8.2）の一般解として任意の複素数 C_1，C_2 が許されるが，物理学の問題では，x はおもりの変位を表し実数値を取るため，C_1 と C_2 は互いに共役な複素数に限定されることに留意しよう．

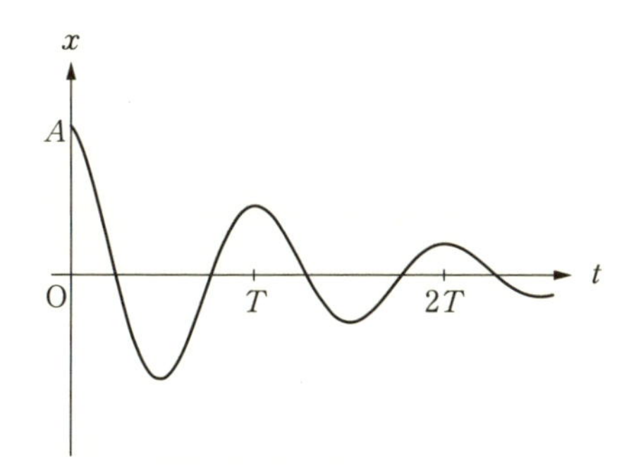

図8.2　減衰振動

†1　x を未知数とする2次方程式 $ax^2 + bx + c = 0$（a（$\neq 0$），b，c は定数）の解の公式は，$x = \dfrac{-b \pm \sqrt{b^2 - 4ac}}{2a} \neq 0$ である．

(8.8) において，$\cos(\omega_0 t + \theta_0)$ は単振動を表し，$e^{-\frac{t}{\tau}}$ は減衰を表す．τ は**時定数**とよばれる減衰にかかる時間を表す定数である．おもりは前頁の図 8.2 のように振幅が減衰しながら振動する．このような運動は**減衰振動**とよばれる．

(B)　**$\boldsymbol{\omega < 1/\tau}$ の場合**

抵抗力が十分に大きい場合に相当し，(8.5) の解は

$$\lambda = \left(\frac{1}{\tau} \pm \sqrt{\frac{1}{\tau^2} - \omega^2}\right) i = \frac{1}{\tau_\pm} i \tag{8.9}$$

で与えられる．よって，(8.2) の一般解は

$$x(t) = A_1 e^{-\frac{t}{\tau_+}} + A_2 e^{-\frac{t}{\tau_-}} \tag{8.10}$$

のように求められる．ここで，A_1，A_2 は実定数である．おもりは図 8.3 のように振動せずに減衰する．このような運動は**過減衰**とよばれる．

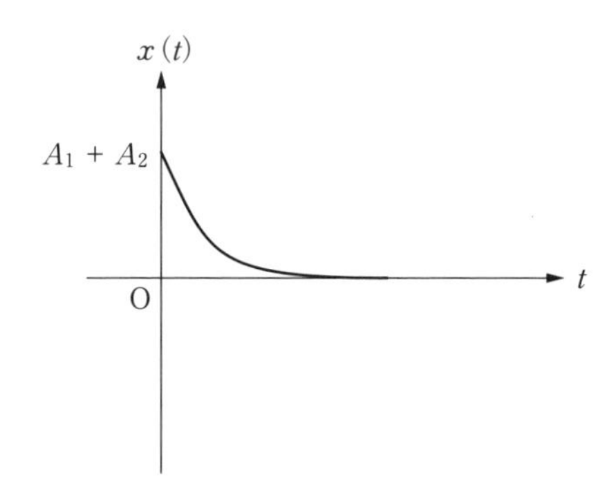

図 8.3　過減衰

(C)　**$\boldsymbol{\omega = 1/\tau}$ の場合**

(8.5) の解は重解

$$\lambda = \frac{i}{\tau} \tag{8.11}$$

で与えられ，(8.2) の解として，

$$x(t) = Be^{-\frac{t}{\tau}} \tag{8.12}$$

が得られる．ここで，B は実定数である．(8.12) とは独立なもう 1 つの解を得るために，B を t の関数 $B(t)$ におきかえて，$x(t) = B(t)\,e^{-\frac{t}{\tau}}$ を

$$\frac{d^2x}{dt^2} + \frac{2}{\tau}\frac{dx}{dt} + \frac{1}{\tau^2}x = 0 \tag{8.13}$$

に代入すると，$B(t)$ に関する微分方程式

$$\frac{d^2B(t)}{dt^2} = 0 \tag{8.14}$$

が導かれる．(8.14) を解いて，

$$B(t) = B_1t + B_2 \tag{8.15}$$

が得られる．ここで，B_1，B_2 は実定数である．

このように定数を関数におきかえて解を求める方法は，**定数変化法**とよばれる（8.3.1 項参照）．よって，(8.13) の一般解は

$$x(t) = (B_1t + B_2)e^{-\frac{t}{\tau}} \tag{8.16}$$

である．おもりは図 8.4 のように，振動せずに減衰する．このような運動は，減衰振動と過減衰の境界に位置するので**臨界減衰**とよばれる．

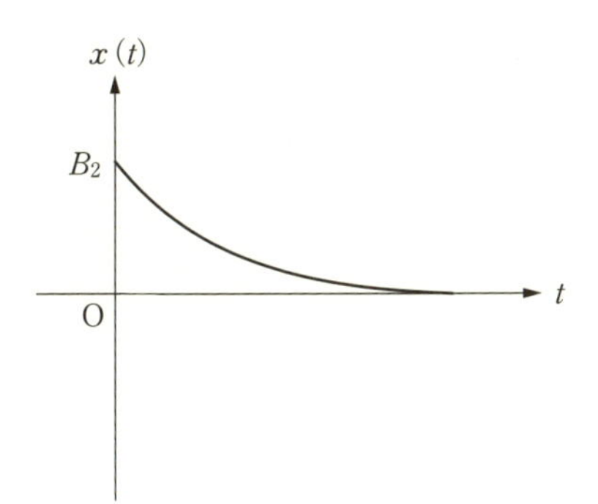

図 8.4　臨界減衰

8.2　強制振動を考察しよう

前節で，ばねの先に吊るされたおもりが空気抵抗を受けて運動する場合を考察した．ここでは，さらに外力を加えて強制的に振動させた場合，どうなるか考察しよう．次頁の図 8.5 のように，外力 $F_{\mathrm{ex}} = F_0 \cos \Omega t$ (F_0，Ω は実定数) を加えると，解くべき運動方程式は

$$m\frac{d^2x}{dt^2} = -kx - \gamma\frac{dx}{dt} + F_0 \cos \Omega t \tag{8.17}$$

となる．$\omega = \sqrt{k/m}$，$\tau = 2m/\gamma$，$f_0 = F_0/m$ というパラメータを用いると，

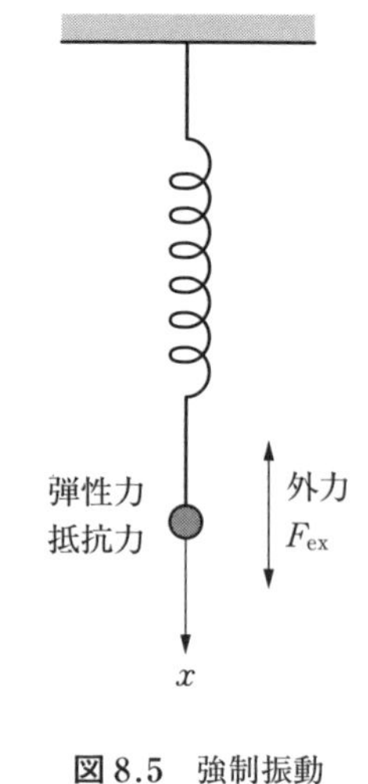

図 8.5　強制振動

$$\frac{d^2x}{dt^2}+\frac{2}{\tau}\frac{dx}{dt}+\omega^2x=f_0\cos\Omega t \tag{8.18}$$

と表される．

(8.18) は非斉次の線形微分方程式で，その一般解は

$$x(t)=x_0(t)+x_P(t) \tag{8.19}$$

で与えられる．ここで，$x_0(t)$ は振動型の外力が存在しないとき ($F_{ex}=0$ のとき) の一般解で，$x_P(t)$ は (8.18) の特解である．どんな特解を選んでもよいことに注意しよう．実際，特解の違いは一般解の定数の取り方の違いとして，その差は一般解に吸収される．

さて，特解として，

$$x_P(t)=C\cos(\Omega t-\xi_0) \tag{8.20}$$

を選ぶ．ここで，C，ξ_0 は定数で，(8.20) を (8.18) に代入することにより，

$$C=\frac{f_0}{\sqrt{(\omega^2-\Omega^2)^2+(2\Omega/\tau)^2}},\quad \tan\xi_0=\frac{2\Omega/\tau}{\omega^2-\Omega^2} \tag{8.21}$$

のように決まる．

例題 8.1

(8.21) を導出せよ．

解　(8.20) を (8.18) の左辺に代入すると，

$$\begin{aligned}
&\frac{d^2x_P}{dt^2}+\frac{2}{\tau}\frac{dx_P}{dt}+\omega^2x_P\\
&\qquad=-\Omega^2C\cos(\Omega t-\xi_0)-\frac{2}{\tau}\Omega C\sin(\Omega t-\xi_0)+\omega^2C\cos(\Omega t-\xi_0)\\
&\qquad=(\omega^2-\Omega^2)\,C\cos(\Omega t-\xi_0)-\frac{2\Omega}{\tau}C\sin(\Omega t-\xi_0)\\
&\qquad=\left\{(\omega^2-\Omega^2)\cos\xi_0+\frac{2\Omega}{\tau}\sin\xi_0\right\}C\cos\Omega t\\
&\qquad\qquad+\left\{(\omega^2-\Omega^2)\sin\xi_0-\frac{2\Omega}{\tau}\cos\xi_0\right\}C\sin\Omega t
\end{aligned} \tag{8.22}$$

が得られる．最後の変形において，三角関数の加法定理に関する公式

$$\cos(\Omega t - \xi_0) = \cos\Omega t\cos\xi_0 + \sin\Omega t\sin\xi_0 \tag{8.23}$$

$$\sin(\Omega t - \xi_0) = \sin\Omega t\cos\xi_0 - \cos\Omega t\sin\xi_0 \tag{8.24}$$

を用いた．

(8.22) が (8.18) の右辺と一致するという条件から，

$$\left\{(\omega^2 - \Omega^2)\cos\xi_0 + \frac{2\Omega}{\tau}\sin\xi_0\right\}C = f_0 \tag{8.25}$$

$$(\omega^2 - \Omega^2)\sin\xi_0 - \frac{2\Omega}{\tau}\cos\xi_0 = 0 \tag{8.26}$$

が導かれる．

(8.26) から，

$$\left.\begin{aligned}&\tan\xi_0 = \frac{2\Omega/\tau}{\omega^2 - \Omega^2}, \quad \cos\xi_0 = \frac{\omega^2 - \Omega^2}{\sqrt{(\omega^2 - \Omega^2)^2 + (2\Omega/\tau)^2}} \\ &\sin\xi_0 = \frac{2\Omega/\tau}{\sqrt{(\omega^2 - \Omega^2)^2 + (2\Omega/\tau)^2}}\end{aligned}\right\} \tag{8.27}$$

が導かれ，$\cos\xi_0$ と $\sin\xi_0$ に関する式を (8.25) に代入することにより，

$$\frac{(\omega^2 - \Omega^2)^2 + (2\Omega/\tau)^2}{\sqrt{(\omega^2 - \Omega^2)^2 + (2\Omega/\tau)^2}}C = f_0 \tag{8.28}$$

が得られ，これより C が (8.21) のように決まる．◆

前節で学んだように，十分に時間が経つと $x_0(t)$ は 0 に近づく．よって，十分に時間が経つと，おもりは外力と同じ振動数 Ω で振動するようになる．このような現象は**強制振動**とよばれる．また，このようにおもりの位置は時間変化するが，振動の様子が変化しない状態は一般に**定常状態**とよばれる．

ω はばねとおもりの質量により定まる定数で，**固有角振動数**とよばれることがある．(8.21) の第 1 式の分母の平方根の中身は

$$\begin{aligned}(\omega^2 - \Omega^2)^2 + \left(\frac{2\Omega}{\tau}\right)^2 &= \Omega^4 + \left(\frac{4}{\tau^2} - 2\omega^2\right)\Omega^2 + \omega^4 \\ &= \left(\Omega^2 - \omega^2 + \frac{2}{\tau^2}\right)^2 - \frac{4}{\tau^4} + \frac{4\omega^2}{\tau^2}\end{aligned} \tag{8.29}$$

のように変形され，Ω を変数として，

$$\Omega = \sqrt{\omega^2 - \frac{2}{\tau^2}} = \omega\sqrt{1 - \frac{2}{\tau^2\omega^2}} \tag{8.30}$$

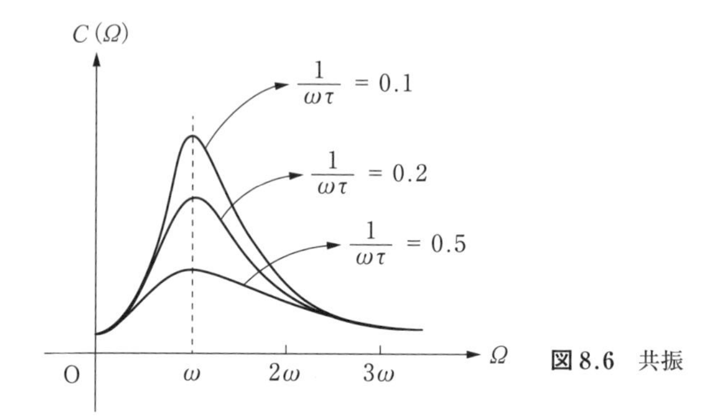

図 8.6　共振

のとき，振幅 C（$= C(\Omega)$）が最大になることがわかる（図 8.6 参照）．このように特定の振動数により，振幅が大きくなる現象は**共振**とよばれる．地震において，特定の建物が崩壊する原因の 1 つとして共振が考えられる．

う な り

抵抗力が無視できる場合について考察しよう．このとき，運動方程式は

$$\frac{d^2x}{dt^2} + \omega^2 x = f_0 \cos \Omega t \tag{8.31}$$

で与えられ，$\omega \neq \Omega$ のときの解は（8.21）において $1/\tau = 0$ として，

$$x(t) = A \cos(\omega t + \theta_0) + \frac{f_0}{\omega^2 - \Omega^2} \cos \Omega t \tag{8.32}$$

となる．ここで，A，θ_0 は定数である．

時刻 $t = 0$ で，おもりが静止していたとする．すなわち，$x(0) = 0$，$dx(t)/dt|_{t=0} = 0$ とする．このとき，解は

$$x(t) = \frac{f_0}{\omega^2 - \Omega^2}(-\cos \omega t + \cos \Omega t) \tag{8.33}$$

となり，ω と Ω が近い値の場合，

$$x(t) = -\frac{2f_0}{\omega^2 - \Omega^2} \sin \frac{\Omega - \omega}{2} t \sin \frac{\Omega + \omega}{2} t \tag{8.34}$$

となる（本章の章末問題［3］参照）．この解は振動数 $(\Omega + \omega)/2$（$\fallingdotseq \omega$）で振動して，その振幅が振動数 $|\Omega - \omega|/2$ でゆっくり変化することを表し，**うなり**とよばれる（図 8.7 参照）．

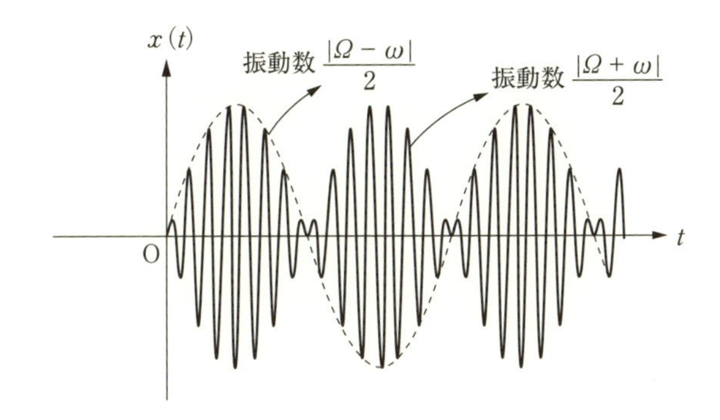

図 8.7　うなり

ちなみに，$\omega = \Omega$ のときの解は

$$x(t) = A\cos(\omega t + \theta_0) + \frac{f_0}{2\omega} t \sin \omega t \tag{8.35}$$

で振幅が時間に比例して増大する（本章の章末問題［4］，図 8.8 参照）．

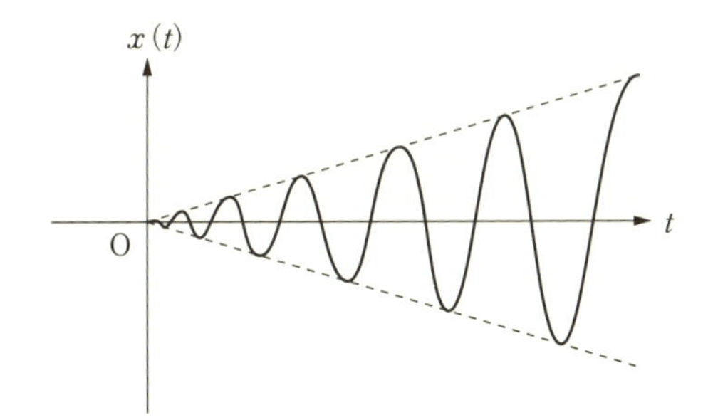

図 8.8　振幅の増大

8.3　微分方程式に慣れ親しもう

自然科学のいたるところに微分方程式は登場する．自然法則の多くは対象とする系の時間変化や空間変化に関するもので，微分方程式の形で表されるからである．1 階と 2 階の微分方程式に基づいて，いくつかの解法について紹介する．

8.3.1　1階の微分方程式

1階の微分方程式の一般形は

$$\frac{dx}{dt} = f(x, t) \tag{8.36}$$

で与えられる．ここで，t は独立変数，x は従属変数とよばれる変数である．

$f(x, t)$ が $g(x)h(t)$ のように変数分離される場合，以下のように積分を実行することにより解が得られる．

変数分離による解法

1階の微分方程式

$$\frac{dx}{dt} = g(x)h(t) \tag{8.37}$$

に対して，$dx/g(x) = h(t)\,dt$ のように変形して，両辺の積分

$$\int \frac{dx}{g(x)} = \int h(t)\,dt \tag{8.38}$$

を実行することにより解が求められる．

例題 8.2

$\dfrac{dx}{dt} + p(t)\,x = 0$ の解を求めよ．

解　微分方程式を $dx/x = -\,p(t)\,dt$ のように変形して両辺を積分することで，$\log|x| = -\int p(t)\,dt +$ 定数 が導かれ，両辺の指数を取ることにより

$$x(t) = C\exp\left[-\int^{t} p(t')\,dt'\right] \tag{8.39}$$

が得られる．ここで，C は積分定数である．◆

次に非斉次項 $q(t)$ を加えた微分方程式

$$\frac{dx}{dt} + p(t)\,x = q(t) \tag{8.40}$$

について考えよう．この解は，次のように定数変化法を用いて得られる．

定数変化法

(8.40) の解として，$dx/dt + p(t)\,x = 0$ の解の定数 C を変数 $u(t)$ におきかえた関数 $x(t) = u(t)\exp\left[-\int^{t} p(t')\,dt'\right]$ を仮定し，(8.40) に代入すると，

$$\frac{du}{dt}\exp\left[-\int^t p(t')\,dt'\right]=q(t) \tag{8.41}$$

が導かれる．(8.41) に対して変数分離による解法を用いて

$$u(t)=\int^t \frac{q(t')}{\exp\left[-\int^{t'} p(t'')\,dt''\right]}\,dt'+C \tag{8.42}$$

が導かれ，これを $x(t)=u(t)\exp\left[-\int^t p(t')\,dt'\right]$ に代入して，

$$\begin{aligned} x(t) &= C\exp\left[-\int^t p(t')\,dt'\right] \\ &\quad + \exp\left[-\int^t p(t')\,dt'\right]\int^t \frac{q(t')}{\exp\left[-\int^{t'} p(t'')\,dt''\right]}\,dt' \end{aligned} \tag{8.43}$$

が得られる．

8.3.2　2階の微分方程式

2階の微分方程式の一般形は

$$\frac{d^2x}{dt^2}=f\left(x,\frac{dx}{dt},t\right) \tag{8.44}$$

で与えられる．まずは，2階の線形斉次微分方程式

$$\frac{d^2x}{dt^2}+p(t)\frac{dx}{dt}+q(t)x=0 \tag{8.45}$$

について考察しよう．ここで，$p(t)$，$q(t)$ は t を変数とする連続関数とする．(8.45) の一般解は，2つの独立な解 $x_1(t)$，$x_2(t)$ の線形結合

$$x(t)=c_1x_1(t)+c_2x_2(t) \tag{8.46}$$

で与えられる．ここで，c_1，c_2 は定数である．また，$x_1(t)$ と $x_2(t)$ が独立とは $x_1(t)/x_2(t)\neq$ 定数 を意味する．

$p(t), q(t)$ が定数の場合は，8.1節で行ったように解の候補として $x(t)=e^{i\lambda t}$ (λ は定数) を仮定し λ に関する2次方程式の解を求め，それらを使って独立解が得られる．$p(t)$，$q(t)$ が級数の形に展開されるとき（定数である特別な場合を含む），以下のような**級数展開法**とよばれる解法が存在する．

級数展開法

$p(t)=\sum_{n=0}^{\infty}p_nt^n$，$q(t)=\sum_{n=0}^{\infty}q_nt^n$ と展開できるとする．(8.45) の解として，

$x(t) = \sum_{n=0}^{\infty} a_n t^n$ を仮定して，(8.45) に代入すると，

$$\sum_{n=0}^{\infty}\left\{(n+2)(n+1)a_{n+2} + \sum_{k=0}^{n} p_k(n+1-k)a_{n+1-k} + \sum_{k=0}^{n} q_k a_{n-k}\right\} t^n = 0 \tag{8.47}$$

が得られる．t の各べきの係数が 0 になるという条件から，a_0 と a_1 を任意定数として a_n $(n \geq 2)$ が順次求められる（本章の章末問題［9］参照）．

次に，非斉次項 $r(t)$ を加えた微分方程式

$$\frac{d^2x}{dt^2} + p(t)\frac{dx}{dt} + q(t)\,x = r(t) \tag{8.48}$$

について考察する．(8.48) の一般解は，(8.45) の一般解に特解 $x_{\mathrm{P}}(t)$ を加えた関数

$$x(t) = c_1 x_1(t) + c_2 x_2(t) + x_{\mathrm{P}}(t) \tag{8.49}$$

で与えられる．1 階の微分方程式のときと同じように，$x(t) = c_1 x_1(t) + c_2 x_2(t)$ をもとにして定数変化法を用いて特解を求めることができる（本章の章末問題［10］参照）．

ニュートンの運動方程式では，初期条件が与えられると解が一意的に決まる（第 4 章の章末問題［4］参照）．自然を記述する方程式の中には，初期条件のわずかな違いがその後の時間発展で急速に増大し，将来の予測が実質的に不可能となる場合が存在する．このような確率的ではなく，力学的な要因で不確定さが生まれる現象は**カオス**とよばれる．カオスの例として，ロジスティック方程式（本章の章末問題［7］参照）の時間変数を離散化した差分方程式 $x_{n+1} = x_n + \mu(1 - x_n)x_n \Delta t$ に対して，変数変換 $\tilde{x}_n = (a-1)x_n/a$，$a = 1 + \mu\Delta t$ を施した**ロジスティック写像**とよばれる差分方程式 $\tilde{x}_{n+1} = a(1 - \tilde{x}_n)\tilde{x}_n$ において，a がある値を超えたときに，カオスが発生することが知られている．

コラム
バタフライ効果

仮面がタロちゃんに語り始めた．『自然科学のどの分野においても，現象を記述する手段として微分方程式が登場するぞ．避けて通ることはできないぞ．』「どのように接すればいいの？」『数値計算が可能な時代だが，まずは解析的に，あるいは近似法を用いて理解することが重要だぞ．』「高校でも微分方程式を少し習ったよ．」『それなら，話は早そうだな．常微分方程式は解を求める際にある決まった処方箋(せん)が存在するから，それを修得しない手はないぞ．』「そうだね．微分方程式に慣れ親しむよ．」

仮面がタロちゃんにささやいた．『簡単に解ける・厳密に解ける物理系は重要だぞ．』「どうして？」『系の性質を詳しく理解できるからだ．』「確かに．教科書でたくさん出てくるよ．」『でも，複数の物体を扱う系では厳密に解けることは稀(まれ)なんだ．』「じゃあ，どうすればいいの？」『そうだね．“摂動論”が有効な場合があるぞ．』「摂動論？」『摂動論とは，問題とする物理系が厳密に解ける系に近い場合，その差を特徴づけるパラメータでべき級数に展開して近似解を求めるという計算法だ．』「難しそうだけど，おもしろそう．」『まあ，とにかく，物理系の特徴を的確に把握すること．そこが重要だぞ．』

さらに，仮面がタロちゃんにささやいた．『本章でも話題に挙がったカオスに関連して，“バタフライ効果”は学習においても存在しそうな気がするんだ．』「バタフライ効果って何？」『ちょっとした初期条件の違いで，終状態に大きな格差が生まれることだ．身近な例は天候だ．この用語は，“蝶(ちょう)の羽ばたきが遠くの気象に影響を及ぼすか？”という問いかけに由来するんだ．』「興味深いね．」『そうだろ．初期条件の重要性を認識してほしいものだ．』「“思い立ったが吉日”という格言に科学的根拠があるってこと？」『そう思って，“やる気スイッチ”をオンにしよう！』

章末問題

［1］（8.1）に従って減衰振動をする質量 m の物体の力学的エネルギー $E = (m/2)(dx/dt)^2 + (1/2)\,kx^2$ が，$dE/dt = -\gamma\,(dx/dt)^2$ に従って減少することを示せ．このようなエネルギーの減少量は**損失仕事率**とよばれる．　⇨ 8.1 節

［2］ (8.17) に従って強制振動をする質量 m の物体が定常状態にある．損失仕事率 $-\gamma(dx/dt)^2$ と一振動当りの平均損失仕事率を求めよ． ⇨8.2 節

［3］ (8.34) を示せ． ⇨8.2 節

［4］ $d^2x/dt^2+\omega^2x=f_0\cos\omega t$ の特解を，$x_P(t)=C(t)\sin(\omega t-\alpha)$ と選んで求めよ．ここで，ω，f_0 は正の定数とする． ⇨8.2 節

［5］ $d^2x/dt^2+\omega^2x=f_0e^{-at}$ (ω，f_0，a：正の定数) の特解を求めよ． ⇨8.2 節

［6］ 放射性物質は時間とともに一定の割合で崩壊する．その変化を表す微分方程式を書き下し，その解を求めよ． ⇨8.3.1 項

［7］ $dx/dt=\mu(1-x)x$ (μ：正の定数) の解を求めよ．この方程式は生物の個体数の変化を表す数理モデルの方程式の一種で，**ロジスティック方程式**とよばれる．

⇨8.3.1 項

［8］ $d^3x/dt^3-3\,dx/dt+2x=0$ の一般解を求めよ． ⇨8.1 節，8.3.2 項

［9］ 単振動の方程式 $d^2x/dt^2=-\omega^2x$ (ω：正の定数) の解を級数展開法を用いて求めよ． ⇨8.3.2 項

［10］ $d^2x/dt^2+p\,dx/dt+qx=0$ (p，q：定数) の独立な解を $x_1(t)$，$x_2(t)$ として，以下の問いに答えよ． ⇨8.3.2 項

(a) $W=W(x_1,x_2)=x_1\,dx_2/dt-x_2\,dx_1/dt$ とすると，$dW/dt=-pW$ に従うことを示せ．$W(x_1,x_2)$ は**ロンスキアン**とよばれる．

(b) $dW/dt=-pW$ の解を求めよ．

(c) 定数変化法を用いて，$d^2x/dt^2+p\,dx/dt+qx=f(t)$ の解が

$$x(t)=c_1x_1+c_2x_2+\int^t\frac{x_2(t)x_1(t')-x_1(t)x_2(t')}{W(x_1(0),x_2(0))}e^{pt'}f(t')\,dt'$$

と表されることを示せ．

(d) (c) の公式を用いて，$d^2x/dt^2+\omega^2x=f(t)$ の解を求めよ．

振動現象をさらに探究しよう

ばねや振り子による振動現象をさらに考察しよう．運動の法則に基づき数式を用いて，次のような疑問を解決するのがこの章の課題である．

- 複数のばねやひもにつながれた複数の物体が，互いに力を及ぼし合いながらどのように振動するか？
- 単振り子の振幅が大きい場合，周期は振れの最大角度にどのように依存するか？
- 振り子がどのような曲線を描いて運動すると，等時性が成り立つか？

9.1 連成振動を考察しよう

図9.1のように，滑らかな床の上に2つのおもり（質量を m_1，m_2 とする）が置かれ，それらが3つのばね（ばね定数を k_1，k_2，k_3 とする）により，直

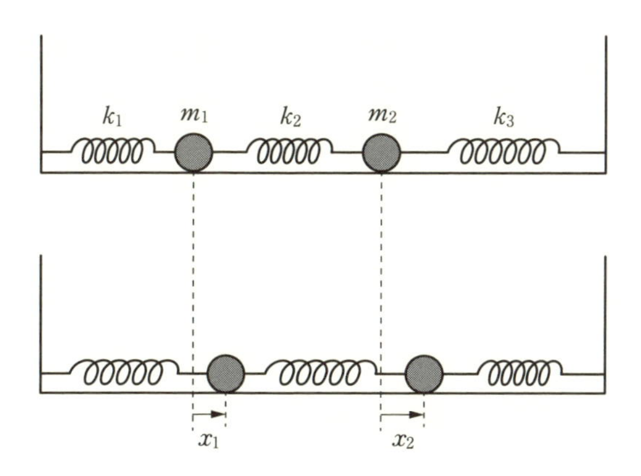

図9.1 2つのおもりの連成振動

線上に連結された物理系に関する1次元的な振動現象について考察しよう．

おもりがつり合いの位置から，それぞれ x_1，x_2 だけ変位したとする．このとき，位置エネルギーは

$$U = \frac{1}{2}k_1x_1^2 + \frac{1}{2}k_2(x_1 - x_2)^2 + \frac{1}{2}k_3x_2^2 \tag{9.1}$$

となり（(7.16) 参照)，それぞれのおもりにはたらく力は

$$F_1 = -\frac{\partial U}{\partial x_1} = -\{k_1x_1 + k_2(x_1 - x_2)\} \tag{9.2}$$

$$F_2 = -\frac{\partial U}{\partial x_2} = -\{k_2(x_2 - x_1) + k_3x_2\} \tag{9.3}$$

となる．よって，おもりは運動方程式

$$m_1\frac{d^2x_1}{dt^2} = -(k_1 + k_2)x_1 + k_2x_2, \quad m_2\frac{d^2x_2}{dt^2} = k_2x_1 - (k_2 + k_3)x_2 \tag{9.4}$$

に従って運動する．ここで，$a_{11} = (k_1 + k_2)/m_1$，$a_{12} = -k_2/m_1$，$a_{21} = -k_2/m_2$，$a_{22} = (k_2 + k_3)/m_2$ と表記すると，(9.4) は

$$\frac{d^2x_1}{dt^2} = -a_{11}x_1 - a_{12}x_2, \quad \frac{d^2x_2}{dt^2} = -a_{21}x_1 - a_{22}x_2 \tag{9.5}$$

と表される．

では，(9.5) の解を求めよう．座標に関する適切な線形結合

$$X_1 = b_{11}x_1 + b_{12}x_2, \quad X_2 = b_{21}x_1 + b_{22}x_2 \tag{9.6}$$

を取ることにより，これらが単振動の方程式

$$\frac{d^2X_1}{dt^2} = -\omega_1^2X_1, \quad \frac{d^2X_2}{dt^2} = -\omega_2^2X_2 \tag{9.7}$$

に従うようにできる．このことを用いて，振動数 ω_1，ω_2 および（全体的な因子を除いて）定数 b_{11}，b_{12}，b_{21}，b_{22} が求まり，さらに，(9.6) を x_1 と x_2 に関する連立1次方程式と見なすことにより導かれる関係式

$$x_1 = \frac{1}{b_{11}b_{22} - b_{12}b_{21}}(b_{22}X_1 - b_{12}X_2) \tag{9.8}$$

$$x_2 = \frac{1}{b_{11}b_{22} - b_{12}b_{21}}(-b_{21}X_1 + b_{11}X_2) \tag{9.9}$$

を用いて，x_1，x_2 が得られる．X_1，X_2 のような互いに独立な単振動を行う座標を**基準座標**，基準座標に関する振動を**基準振動**とよぶ．

(9.6) を (9.7) に代入し，(9.5) を用いて，

$$(b_{11}a_{11}+b_{12}a_{21})x_1+(b_{11}a_{12}+b_{12}a_{22})x_2=\omega_1^2(b_{11}x_1+b_{12}x_2) \tag{9.10}$$

$$(b_{21}a_{11}+b_{22}a_{21})x_1+(b_{21}a_{12}+b_{22}a_{22})x_2=\omega_2^2(b_{21}x_1+b_{22}x_2) \tag{9.11}$$

が得られ，$x_1 \neq 0$，$x_2 \neq 0$ として，

$$(a_{11}-\omega_1^2)b_{11}+a_{21}b_{12}=0,\quad a_{12}b_{11}+(a_{22}-\omega_1^2)b_{12}=0 \tag{9.12}$$

$$(a_{11}-\omega_2^2)b_{21}+a_{21}b_{22}=0,\quad a_{12}b_{21}+(a_{22}-\omega_2^2)b_{22}=0 \tag{9.13}$$

が成り立つ．振動状態 ($b_{11} \neq 0$，$b_{12} \neq 0$，$b_{21} \neq 0$，$b_{22} \neq 0$) が存在するためには，

$$\frac{b_{11}}{b_{12}}=\frac{a_{21}}{\omega_1^2-a_{11}}=\frac{\omega_1^2-a_{22}}{a_{12}},\quad \frac{b_{21}}{b_{22}}=\frac{a_{21}}{\omega_2^2-a_{11}}=\frac{\omega_2^2-a_{22}}{a_{12}} \tag{9.14}$$

が成り立つ必要があり，(9.14) より，ω_1^2，ω_2^2 が χ に関する 2 次方程式

$$\chi^2-(a_{11}+a_{22})\chi+a_{11}a_{22}-a_{12}a_{21}=0 \tag{9.15}$$

の解になることがわかる．(9.15) の解は

$$\begin{aligned}\chi&=\frac{1}{2}\left\{a_{11}+a_{22}\pm\sqrt{(a_{11}+a_{22})^2-4(a_{11}a_{22}-a_{12}a_{21})}\right\}\\&=\frac{1}{2}\left\{a_{11}+a_{22}\pm\sqrt{(a_{11}-a_{22})^2+4a_{12}a_{21}}\right\}\end{aligned} \tag{9.16}$$

である．

$\omega_\pm^2=\left\{a_{11}+a_{22}\pm\sqrt{(a_{11}-a_{22})^2+4a_{12}a_{21}}\right\}/2$ として，$\omega_1=\omega_+$ (>0)，$\omega_2=\omega_-$ (>0) の場合について考察する．(9.7) の一般解は，

$$X_1(t)=A_1\cos(\omega_+t+\theta_1),\quad X_2(t)=A_2\cos(\omega_-t+\theta_2) \tag{9.17}$$

で与えられる ((7.4) 参照)．ここで，A_1，A_2，θ_1，θ_2 は定数である．さらに，(9.14) より，

$$\frac{b_{11}}{b_{12}}=\frac{a_{21}}{\omega_+^2-a_{11}},\quad \frac{b_{21}}{b_{22}}=\frac{a_{21}}{\omega_-^2-a_{11}} \tag{9.18}$$

のように (全体的な因子を除いて) b_{11}，b_{12}，b_{21}，b_{22} が決まり，(9.8)，(9.9)，(9.17) を用いて x_1，x_2 に関する一般解が得られる．このような，2 個以上の物体が互いに関係しながら振動する現象は**連成振動**とよばれる．

9.2 単振り子の厳密解を求めよう

単振り子の運動方程式 $d^2x/dt^2 = -(g/l)\sin\theta$（(6.16) 参照）の解をエネルギー積分に基づいて求めよう．時刻 $t = 0$ で $\theta = 0$ とし，振れの最大角度を α（>0）とすると，エネルギー積分は $E = mgl(1-\cos\alpha)$ である．力学的エネルギーの保存を表す式（(6.21) 参照）

$$E = \frac{1}{2}ml^2\left(\frac{d\theta}{dt}\right)^2 + mgl(1-\cos\theta) = mgl(1-\cos\alpha) \tag{9.19}$$

を用いて，

$$\left(\frac{d\theta}{dt}\right)^2 = \frac{2g}{l}(\cos\theta - \cos\alpha) = \frac{4g}{l}\left(\sin^2\frac{\alpha}{2} - \sin^2\frac{\theta}{2}\right) \tag{9.20}$$

が導かれる．ここで，2 倍角の公式 $\cos\theta = 1-2\sin^2(\theta/2)$，$\cos\alpha = 1-2\sin^2(\alpha/2)$ を用いた．さらに，$|\sin(\alpha/2)| \geq |\sin(\theta/2)|$ であるから，$\tilde{k} = \sin(\alpha/2)$ として $\sin(\theta/2) = \tilde{k}\sin\varphi$ により変数 φ を導入すると，(9.20) から，

$$\frac{d\theta}{dt} = 2\tilde{k}\sqrt{\frac{g}{l}}\sqrt{1-\sin^2\varphi} = 2\tilde{k}\sqrt{\frac{g}{l}}\cos\varphi \tag{9.21}$$

が導かれる．一方，$\sin(\theta/2) = \tilde{k}\sin\varphi$ から，$\theta = 2\sin^{-1}(\tilde{k}\sin\varphi)$ が得られ，両辺を t で微分することにより，

$$\frac{d\theta}{dt} = \frac{d\varphi}{dt}\frac{d}{d\varphi}\left\{2\sin^{-1}(\tilde{k}\sin\varphi)\right\} = \frac{d\varphi}{dt}\frac{2\tilde{k}\cos\varphi}{\sqrt{1-\tilde{k}^2\sin^2\varphi}} \tag{9.22}$$

が得られる．ここで，微分公式 $d(\sin^{-1}x)/dx = 1/\sqrt{1-x^2}$ を用いた．

(9.21) と (9.22) より，

$$2\tilde{k}\sqrt{\frac{g}{l}}\cos\varphi = \frac{d\varphi}{dt}\frac{2\tilde{k}\cos\varphi}{\sqrt{1-\tilde{k}^2\sin^2\varphi}} \tag{9.23}$$

が得られ，変数分離して積分することにより，

$$\int_0^t dt' = \sqrt{\frac{l}{g}}\int_0^{\varphi}\frac{d\varphi'}{\sqrt{1-\tilde{k}^2\sin^2\varphi'}} \tag{9.24}$$

が導かれる．(9.24) の右辺の積分は**第 1 種楕円積分**とよばれる関数で，変数 $z = \sin\varphi$ を用いて，

$$F(\tilde{k}, \varphi) = \int_0^{\varphi} \frac{d\varphi'}{\sqrt{1 - \tilde{k}^2 \sin^2 \varphi'}} = \int_0^{z} \frac{dz'}{\sqrt{(1 - z'^2)(1 - \tilde{k}^2 z'^2)}} \qquad (9.25)$$

と表される．

$\theta = \alpha$ は $\varphi = \pi/2$ に対応するので，振動の周期 T は φ に関する 0 から $\pi/2$ までの積分を 4 倍したもので，

$$T = 4\sqrt{\frac{l}{g}}\, K(\tilde{k}) = 2\pi\sqrt{\frac{l}{g}}\left(1 + \frac{1}{4}\tilde{k}^2 + \cdots\right) \qquad (9.26)$$

のように表記される．ここで，$K(\tilde{k})$ は**第 1 種完全楕円積分**とよばれる関数で，

$$K(\tilde{k}) = F\left(\tilde{k}, \frac{\pi}{2}\right) = \int_0^{\frac{\pi}{2}} \frac{d\varphi'}{\sqrt{1 - \tilde{k}^2 \sin^2 \varphi'}} \qquad (9.27)$$

である．

(9.26) において，T が $\tilde{k}$ $(= \sin(\alpha/2))$ を通して振れの最大角度 α に依存するため，振幅が大きくなると振り子の等時性が成り立たなくなる．積分公式

$$\int_0^{z} \frac{dz'}{\sqrt{1 - z'^2}} = \sin^{-1} z \qquad (9.28)$$

を参考にして，第 1 種楕円積分の逆関数 sn（エスエヌ）を，

$$\int_0^{z} \frac{dz'}{\sqrt{(1 - z'^2)(1 - \tilde{k}^2 z'^2)}} = \mathrm{sn}^{-1}(z, \tilde{k}) \qquad (9.29)$$

のように定義する．sn を用いると，(9.24) は

$$\sqrt{\frac{g}{l}}\, t = \mathrm{sn}^{-1}(z, \tilde{k}) = \mathrm{sn}^{-1}(\sin\varphi, \tilde{k}) = \mathrm{sn}^{-1}\!\left(\frac{1}{\tilde{k}}\sin\frac{\theta}{2}, \tilde{k}\right) \qquad (9.30)$$

となり，$\theta(t)$ は

$$\sin\frac{\theta}{2} = \tilde{k}\, \mathrm{sn}(\omega t, \tilde{k}) \qquad (9.31)$$

と表される．ここで，$\omega = \sqrt{g/l}$ とした．

9.3 サイクロイド振り子を考察しよう

次頁の図 9.2 のように，振り子のひもが障害物に接触することにより（AB

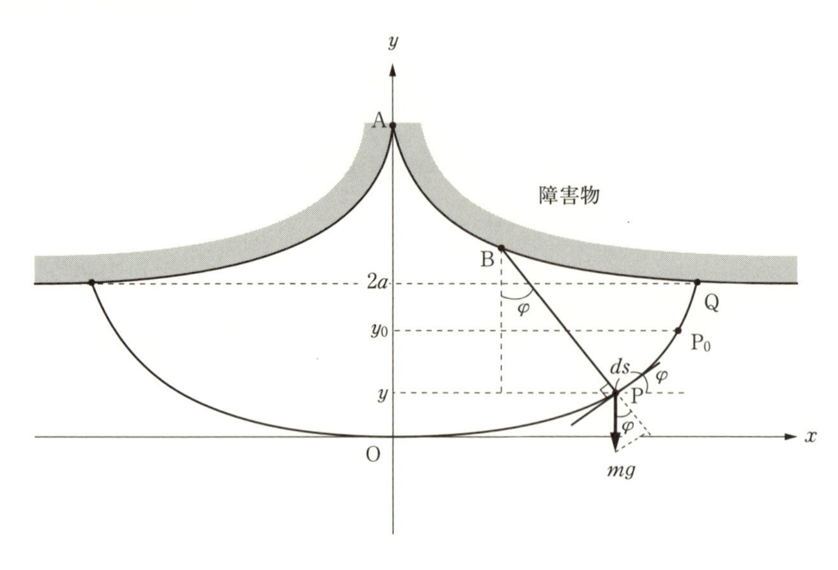

図 9.2　サイクロイド振り子

間が接触箇所），おもりが円軌道から外れ，その結果，振り子が等時性をもつようになったとする．このときのおもりが描く曲線を求めよう．

重力加速度の大きさ g の重力が鉛直下向きにはたらくので，おもりに関する運動方程式は

$$\frac{d^2s}{dt^2} = -g\sin\varphi \tag{9.32}$$

である．ここで，s は最下点Oを起点としたおもりの移動距離（OからPまでの曲線の長さ）である．φ はPにおける曲線の接線と水平線がなす角で，

$$\sin\varphi = \frac{dy}{ds} \tag{9.33}$$

が成り立つ．また，振り子が等時性を有するという条件より，

$$\frac{d^2s}{dt^2} = -\omega^2 s \quad (\omega：定数) \tag{9.34}$$

が課される．周期は $T = 2\pi/\omega$ で与えられる．(9.32)，(9.33)，(9.34) より，

$$\frac{dy}{ds} = \frac{\omega^2}{g}s \tag{9.35}$$

が導かれ，$y = 0$ で $s = 0$ であるという条件のもとで，

$$y = \frac{\omega^2}{2g} s^2 \tag{9.36}$$

が得られる．また，(9.35)，(9.36) を用いて，

$$\frac{ds}{dy} = \sqrt{\frac{2a}{y}}, \quad a = \frac{g}{4\omega^2} \tag{9.37}$$

が得られる．

一方，

$$ds = \sqrt{dx^2 + dy^2} = \sqrt{\left(\frac{dx}{dy}\right)^2 + 1}\, dy \tag{9.38}$$

が成り立ち，(9.37) と連立させることにより，$\sqrt{(dx/dy)^2 + 1} = ds/dy = \sqrt{2a/y}$，すなわち，

$$\frac{dx}{dy} = \sqrt{\frac{2a}{y} - 1} \tag{9.39}$$

が導かれる．

(9.39) の解はパラメータ θ を導入して，

$$x = a(\theta + \sin\theta), \quad y = a(1 - \cos\theta) \quad (0 \leq \theta \leq 2\pi) \tag{9.40}$$

と表される．実際，(9.40) を (9.39) の左辺 $(= (dx/d\theta)/(dy/d\theta))$ と右辺に代入し，変形して両辺ともに $\cot(\theta/2)$ となることがわかる．(9.40) により，

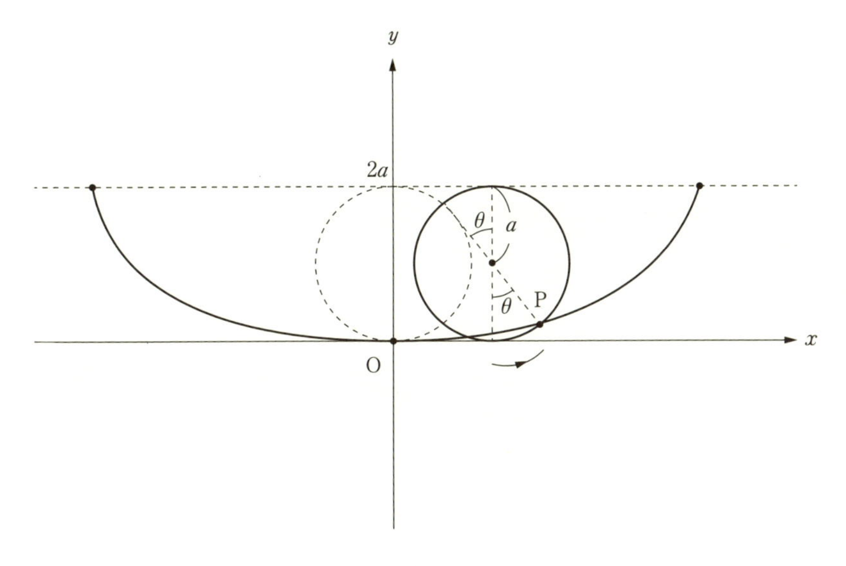

図 9.3　サイクロイド

表示される曲線は**サイクロイド**とよばれるもので，前頁の図 9.3 のように半径 a の円を $y = 2a$ の線上で滑ることなく転がしたとき，円周上の点 P が描く曲線である（本章の章末問題［5］参照）．φ と θ の関係式

$$\tan\varphi = \frac{dy}{dx} = \frac{dy/d\theta}{dx/d\theta} = \tan\frac{\theta}{2} \tag{9.41}$$

より $\varphi = \theta/2$ である．また，おもりの移動距離 s は

$$\begin{aligned} s &= \int_0^{\mathrm{P}} \sqrt{dx^2 + dy^2} = \int_0^{\theta} \sqrt{\left(\frac{dx}{d\theta'}\right)^2 + \left(\frac{dy}{d\theta'}\right)^2}\, d\theta' \\ &= 4a\sin\frac{\theta}{2} = 4a\sin\varphi \end{aligned} \tag{9.42}$$

である．

周期を計算することにより，この振り子の等時性を確認しよう．高さ y_0 の地点 P_0 から，静かにおもりを放したとする．力学的エネルギーの保存則より，

$$E = \frac{1}{2}mv^2 + mgy = mgy_0 \tag{9.43}$$

が成り立ち，これより高さ y の地点の速さは $v = \sqrt{2g(y_0 - y)}$ となる．よって，振り子の周期（O から P_0 に至るまでにかかる時間の 4 倍）は

$$\begin{aligned} T &= 4\int_0^{s_0} \frac{ds}{v} = 4\int_0^{y_0} \frac{ds/dy}{v}\, dy \\ &= 4\sqrt{\frac{a}{g}} \int_0^{y_0} \frac{dy}{\sqrt{y(y_0 - y)}} = 4\pi\sqrt{\frac{a}{g}} = \frac{2\pi}{\omega} \end{aligned} \tag{9.44}$$

のように求められ，y_0 によらず一定であることがわかる．ここで，積分公式

$$\int_{y_0}^{y_1} \frac{dy}{\sqrt{(y - y_0)(y_1 - y)}} = \pi \quad (y_0, y_1 : 定数) \tag{9.45}$$

を用いた．ちなみに，変数変換

$$y = \frac{y_1 + y_0 + (y_1 - y_0)\cos\theta}{2} \quad (y : y_0 \to y_1, \theta : \pi \to 0) \tag{9.46}$$

を用いて，(9.45) の左辺の積分の値が π になることが確かめられる．

障害物の形状もサイクロイドであることが知られていて，ひもが障害物から離れる地点（図 9.2 の点 B）の座標 (X, Y) は

$$X = a\{(\theta + \pi) + \sin(\theta + \pi)\} - \pi a, \quad Y = a\{1 - \cos(\theta + \pi)\} + 2a \tag{9.47}$$

と表される．実際に，点Aの座標は$(0, 4a)$，すなわち，ひもの長さは$4a$で，Aから Bまでの長さ$s_{\rm AB}$は（9.42）と同様の計算により，

$$s_{\rm AB} = \int_{\rm A}^{\rm B} \sqrt{dX^2 + dY^2} = 4a\left(1 - \sin\frac{\theta + \pi}{2}\right) \tag{9.48}$$

となり，BP間の距離は$l_{\rm BP} = 4a \sin\{(\theta+\pi)/2\}$である．よって，点Pの座標は

$$x = X + l_{\rm BP} \sin\frac{\theta}{2} = a(\theta + \sin\theta) \tag{9.49}$$

$$y = Y - l_{\rm BP} \cos\frac{\theta}{2} = a(1 - \cos\theta) \tag{9.50}$$

となり，（9.40）と一致することがわかる．ここで，三角関数の公式（7.28），（7.29），（7.31）を用いた．

このようなサイクロイドを描きながら等時性を有して運動する振り子は，**サイクロイド振り子**とよばれる．

9.4　2重振り子を考察しよう

図9.4のように，振り子の先にもう1つ振り子を連結したものは**2重振り子**とよばれる．おもりの質量をそれぞれm_1，m_2，ひもの長さをl_1，l_2とし，ひもの質量は無視できるものとする．ここで，2重振り子の振動の様子を調べよ

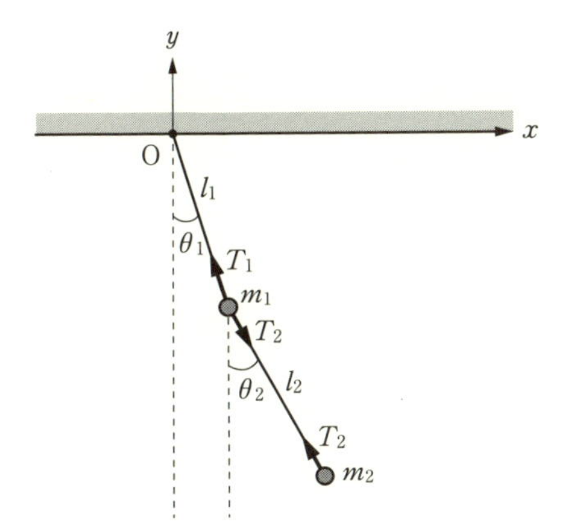

図9.4　2重振り子

う.

x 軸を水平方向に y 軸を鉛直方向に選び，鉛直上向きを y 軸の正の向きとする．このとき，それぞれのおもりの位置は

$$x_1 = l_1 \sin\theta_1, \quad y_1 = -l_1 \cos\theta_1 \tag{9.51}$$

$$x_2 = l_1 \sin\theta_1 + l_2 \sin\theta_2, \quad y_1 = -\,l_1 \cos\theta_1 - l_2 \cos\theta_2 \tag{9.52}$$

で与えられ，おもりは運動方程式

$$m_1 \frac{d^2x_1}{dt^2} = -\,T_1 \sin\theta_1 + T_2 \sin\theta_2 \tag{9.53}$$

$$m_1 \frac{d^2y_1}{dt^2} = T_1 \cos\theta_1 - T_2 \cos\theta_2 - m_1 g \tag{9.54}$$

$$m_2 \frac{d^2x_2}{dt^2} = -T_2 \sin\theta_2 \tag{9.55}$$

$$m_2 \frac{d^2y_2}{dt^2} = T_2 \cos\theta_2 - m_2 g \tag{9.56}$$

に従って運動する．ここで，T_1，T_2 はひもの張力である．

T_1，T_2 を消去することにより，2 組の独立な方程式

$$\left(m_1 \frac{d^2x_1}{dt^2} + m_2 \frac{d^2x_2}{dt^2}\right)\cos\theta_1 + \left(m_1 \frac{d^2y_1}{dt^2} + m_2 \frac{d^2y_2}{dt^2}\right)\sin\theta_1 = -\,(m_1 + m_2) g \sin\theta_1 \tag{9.57}$$

$$m_2 \frac{d^2x_2}{dt^2}\cos\theta_2 + m_2 \frac{d^2y_2}{dt^2}\sin\theta_2 = -\,m_2 g \sin\theta_2 \tag{9.58}$$

が得られる．

例題 9.1

(9.57)，(9.58) を導出せよ．

解　(9.53) と (9.55) を辺々足し上げることにより，

$$m_1 \frac{d^2x_1}{dt^2} + m_2 \frac{d^2x_2}{dt^2} = -\,T_1 \sin\theta_1 \tag{9.59}$$

が得られ，(9.54) と (9.56) を辺々足し上げることにより，

$$m_1 \frac{d^2y_1}{dt^2} + m_2 \frac{d^2y_2}{dt^2} = T_1 \cos\theta_1 - (m_1 + m_2) g \tag{9.60}$$

が得られる．(9.59) の両辺に $\cos\theta_1$ を掛けたものと (9.60) の両辺に $\sin\theta_1$ を掛けたものを加えることにより，(9.57) が導かれる．また，(9.55) の両辺に $\cos\theta_2$ を掛けたものと (9.56) の両辺に $\sin\theta_2$ を掛けたものを加えることにより，(9.58) が導かれる．◆

例題 9.2

(9.51)，(9.52) より，おもりの加速度を求めよ．

解 時間 t に関して微分することにより，

$$\frac{d^2x_1}{dt^2} = l_1\left\{-\sin\theta_1\left(\frac{d\theta_1}{dt}\right)^2 + \cos\theta_1\frac{d^2\theta_1}{dt^2}\right\} \tag{9.61}$$

$$\frac{d^2y_1}{dt^2} = l_1\left\{\cos\theta_1\left(\frac{d\theta_1}{dt}\right)^2 + \sin\theta_1\frac{d^2\theta_1}{dt^2}\right\} \tag{9.62}$$

$$\frac{d^2x_2}{dt^2} = l_1\left\{-\sin\theta_1\left(\frac{d\theta_1}{dt}\right)^2 + \cos\theta_1\frac{d^2\theta_1}{dt^2}\right\} + l_2\left\{-\sin\theta_2\left(\frac{d\theta_2}{dt}\right)^2 + \cos\theta_2\frac{d^2\theta_2}{dt^2}\right\} \tag{9.63}$$

$$\frac{d^2y_1}{dt^2} = l_1\left\{\cos\theta_1\left(\frac{d\theta_1}{dt}\right)^2 + \sin\theta_1\frac{d^2\theta_1}{dt^2}\right\} + l_2\left\{\cos\theta_2\left(\frac{d\theta_2}{dt}\right)^2 + \sin\theta_2\frac{d^2\theta_2}{dt^2}\right\} \tag{9.64}$$

のように求められる．◆

(9.61) ～ (9.64) を (9.57) および (9.58) に代入して整理することにより，

$$(m_1 + m_2)l_1\frac{d^2\theta_1}{dt^2} + m_2l_2\frac{d^2\theta_2}{dt^2}\cos(\theta_1 - \theta_2) + m_2l_2\left(\frac{d\theta_2}{dt}\right)^2\sin(\theta_1 - \theta_2) = -(m_1 + m_2)g\sin\theta_1 \tag{9.65}$$

$$l_1\frac{d^2\theta_1}{dt^2}\cos(\theta_1 - \theta_2) + l_2\frac{d^2\theta_2}{dt^2} - l_1\left(\frac{d\theta_1}{dt}\right)^2\sin(\theta_1 - \theta_2) = -g\sin\theta_2 \tag{9.66}$$

が得られる．2重振り子の運動は，一般に極めて複雑なものでカオスの典型例となる．

以下では，振幅が小さい場合に関する近似解を考察する．$|\theta_1| \ll 1, |\theta_2| \ll 1$ と

する．このとき，$\sin\theta_1 \fallingdotseq \theta_1$，$\cos\theta_1 \fallingdotseq 1$，$\sin\theta_2 \fallingdotseq \theta_2$，$\cos\theta_2 \fallingdotseq 1$を用いて，$x_1 = l_1\theta_1$，$y_1 = 0$，$x_2 = l_1\theta_1 + l_2\theta_2$，$y_2 = 0$と近似される．ここで，$\fallingdotseq$を$=$とした（以後も同様）．これらを用いて，(9.53)～(9.56)は

$$m_1 l_1 \frac{d^2\theta_1}{dt^2} = -T_1\theta_1 + T_2\theta_2,\quad 0 = T_1 - T_2 - m_1 g \tag{9.67}$$

$$m_2\left(l_1\frac{d^2\theta_1}{dt^2} + l_2\frac{d^2\theta_2}{dt^2}\right) = -T_2\theta_2,\quad 0 = T_2 - m_2 g \tag{9.68}$$

と近似される．(9.67)，(9.68)の第2式より，$T_1 = (m_1 + m_2)g$，$T_2 = m_2 g$が得られ，第1式に代入することにより，

$$m_1 l_1 \frac{d^2\theta_1}{dt^2} = -(m_1 + m_2)g\theta_1 + m_2 g\theta_2 \tag{9.69}$$

$$m_2\left(l_1\frac{d^2\theta_1}{dt^2} + l_2\frac{d^2\theta_2}{dt^2}\right) = -m_2 g\theta_2 \tag{9.70}$$

が得られる．

以後，簡単のため，$m_1 = m_2 = m$，$l_1 = l_2 = l$の場合を考察する．このとき，運動方程式(9.69)，(9.70)はそれぞれ

$$\frac{d^2\theta_1}{dt^2} = -\omega_0^2(2\theta_1 - \theta_2),\quad \frac{d^2\theta_1}{dt^2} + \frac{d^2\theta_2}{dt^2} = -\omega_0^2\theta_2 \tag{9.71}$$

となる．ここで$\omega_0 = \sqrt{g/l}$である．(9.71)の一般解を求めるために，$\theta_1 = C_1 e^{i\omega t}$，$\theta_2 = C_2 e^{i\omega t}$を解と仮定して上記の方程式に代入することにより，

$$(\omega^2 - 2\omega_0^2)C_1 + \omega_0^2 C_2 = 0,\quad \omega^2 C_1 + (\omega^2 - \omega_0^2)C_2 = 0 \tag{9.72}$$

が導かれる．

C_1，C_2が0でない値をもつとき，

$$\frac{C_1}{C_2} = \frac{\omega_0^2}{2\omega_0^2 - \omega^2} = \frac{\omega_0^2 - \omega^2}{\omega^2} \tag{9.73}$$

が成り立ち，これよりωに関する4次方程式

$$\omega^4 - 4\omega_0^2\omega^2 + 2\omega_0^4 = 0 \tag{9.74}$$

が導かれる．(9.74)を解くことにより，4つの解

$$\omega = \sqrt{2+\sqrt{2}}\,\omega_0,\quad -\sqrt{2+\sqrt{2}}\,\omega_0,\quad \sqrt{2-\sqrt{2}}\,\omega_0,\quad -\sqrt{2-\sqrt{2}}\,\omega_0 \tag{9.75}$$

が得られる．よって，この振り子は固有振動数

$$\omega_+ = \sqrt{2+\sqrt{2}}\sqrt{\frac{g}{l}}, \quad \omega_- = \sqrt{2-\sqrt{2}}\sqrt{\frac{g}{l}} \tag{9.76}$$

をもつことがわかる．$\omega_\pm$ を（9.73）に代入することにより，

$$\frac{C_1}{C_2} = \frac{\omega_0^2}{2\omega_0^2 - \omega_\pm^2} = \frac{\omega_0^2}{2\omega_0^2 - (2\pm\sqrt{2})\omega_0^2} = \mp\frac{1}{\sqrt{2}} \tag{9.77}$$

が得られる．

θ_1 は実数であるから $e^{i\omega_\pm t}$ と $e^{-i\omega_\pm t}$ を組み合わせて，三角関数の公式を思い出して，実数に値を取る解

$$\theta_1(t) = A_+\cos(\omega_+ t + \alpha_+) + A_-\cos(\omega_- t + \alpha_-) \tag{9.78}$$

が得られる．ここで，A_+，α_+，A_-，α_- は定数である．また，（9.77）より，

$$\theta_2(t) = -\sqrt{2}A_+\cos(\omega_+ t + \alpha_+) + \sqrt{2}A_-\cos(\omega_- t + \alpha_-) \tag{9.79}$$

である．振動の様子を見るために，x_1（$= l\sin\theta_1$）$= l\theta_1$ と x_2（$= l\sin\theta_1 + l\sin\theta_2$）$= l(\theta_1 + \theta_2)$ の比を計算すると，ω_+ に関する基準振動に対して，

$$\frac{x_1}{x_2} = \left.\frac{\theta_1}{\theta_1+\theta_2}\right|_{A_-=0} = \frac{1}{1-\sqrt{2}} = -\sqrt{2} - 1 < 0 \tag{9.80}$$

ω_- に関する基準振動に対して，

$$\frac{x_1}{x_2} = \left.\frac{\theta_1}{\theta_1+\theta_2}\right|_{A_+=0} = \frac{1}{1+\sqrt{2}} = \sqrt{2} - 1 > 0 \tag{9.81}$$

となる．これより，2種類の基準振動は図9.5および図9.6のような振動状態であることがわかる．

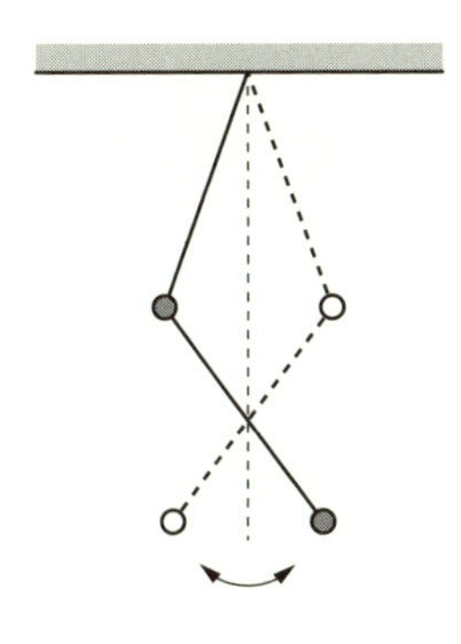

図9.5　ω_+ に関する基準振動

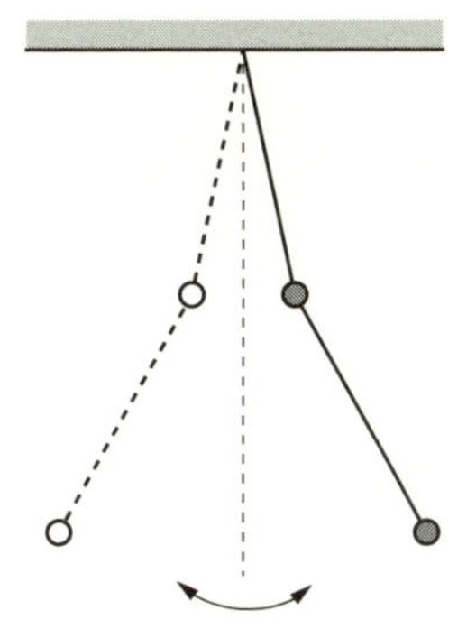

図9.6　ω_- に関する基準振動

コラム
ジャングルか砂漠か

タロちゃんが仮面につぶやいた.「単振り子の厳密解，難しかったよ.」仮面が答えた.『先進的な内容を含んでいるので，十分に理解できなくてもさほど心配することはないぞ.』「でも意味があるから載っているんでしょ.」『筆者の意図は定かではないが，複雑なものに触れる利点として，それまで複雑と思っていたものが意外と単純に見えてくることがあるぞ.』「確かに．楕円関数を知って，三角関数が単純に思えてきたよ.」『それはいいことだ．複雑なものに慣れるのも悪くないだろ.』「もっと何かアドバイスしてよ.」『それでは将来のために教えておこう．通常，テキストや授業では美しい世界だけを紹介しているんだ．実際の研究や開発の現場は，テキストの世界とは異なりジャングルや砂漠に近いぞ.』「ということは，とても危険？」『危険生物に出くわしても，オアシスが見つからなくても対処できるように，普段から準備しておこう！』

章末問題

［1］ 連成振り子とよばれる図9.7のような振り子について，以下の問いに答えよ.

⇨9.1節

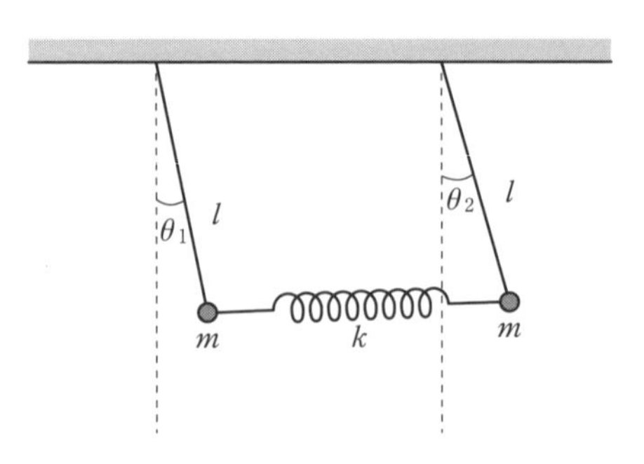

図9.7

（a） おもりの質量はいずれも m，ひもの長さはいずれも l とし，ばねの自然長はl_0，ばね定数は k とする．微小振動のとき（$|\theta_1| \ll 1$，$|\theta_2| \ll 1$），おもり

の運動方程式を書き下せ．

（b）　基準振動の振動数を求めよ．

（c）　ばね定数が小さい場合（$k \ll mg/l$），振動の様子を $t=0$ で $\theta_1=\theta_0$，$d\theta_1/dt=0$，$\theta_2=0$，$d\theta_2/dt=0$ という初期条件のもとで考察せよ．

［2］　図 9.8 のような，ばね定数 k_1 のばねの端に質量 m_1 のおもりが吊るされ，さらにそのおもりにばね定数 k_2 のばねが吊るされ，その端に質量 m_2 のおもりが吊るされている．おもりをつり合いの位置から鉛直方向に変位させて，静かに放したときのおもりの基準振動の振動数を求めよ．

⇨ 9.1 節

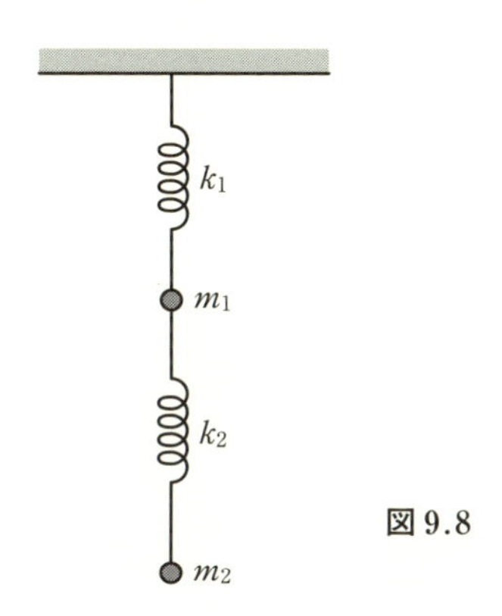

図 9.8

［3］　図 9.9 のような，ばね定数 k_1 のばねの端に質量 m のおもりが吊るされ，さらにそのおもりにばね定数 k_2 のばねが吊るされ，その端に質量 m のおもりが吊るされている．上のおもりに対して力 $F_0 \cos \Omega t$ を鉛直方向に加えて振動させて，2 つのおもりが振動数 Ω の振動状態になったとする．その解を求めよ．

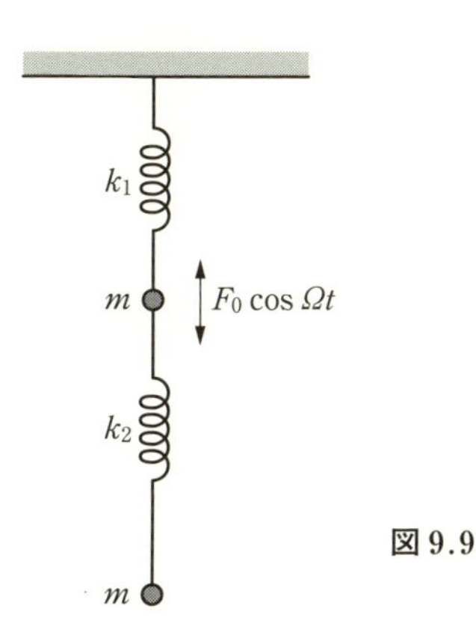

図 9.9

［4］ 楕円の弧の長さを表す積分公式を書き下せ．　⇨9.2節

［5］ 半径 a の円を $y=2a$ の線上で滑ることなく転がしたとき，円周上の点Pが描く曲線の方程式を求めよ．点Pは原点Oを通るとする．　⇨9.3節

［6］ 図9.10のようなサイクロイド曲線に沿って，重力のもとで往復運動する質量 m の物体について，以下の問いに答えよ．　⇨9.3節

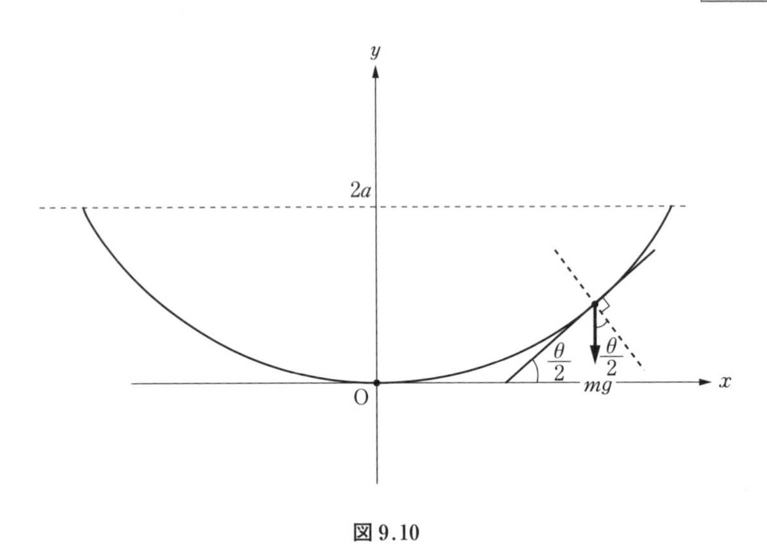

図9.10

（a） 物体の運動エネルギーと位置エネルギーを求めよ．

（b） 振幅が最大になったときの鉛直線からの角度を $\theta_{\max}$ とする．力学的エネルギーの保存則を用いて，往復運動の周期に関する積分公式を書き下せ．

（c） 積分を実行して，周期が振幅の大きさによらないこと（$\theta_{\max}$ によらないこと）を示せ．

（d） 東京から大阪までサイクロイド曲線状のトンネルを掘ったとする．東京から大阪までの距離は500 kmとして，片道の所要時間を見積もれ．

［7］ 重力のもとで，物体が鉛直平面内を滑らかな曲線に沿って初速度 $\mathbf{0}$ で降下するとき，その速さが最高点から曲線に沿ってはかった長さに比例するような経路を求めよ．　⇨9.3節

［8］ 9.4節で扱った2重振り子に関して，振幅が十分小さい場合について，以下の問いに答えよ．　⇨9.4節

（a）　$m_1 \neq m_2$，$l_1 \neq l_2$ のときの基準振動の振動数を求めよ．

（b）　$m_1 \gg m_2$，$l_1 = l_2 = l$ のとき，どうなるか．

（c）　$m_1 \ll m_2$，$l_1 = l_2 = l$ のとき，どうなるか．

［9］ **【発展】** 重力のもとで，物体が鉛直平面内を滑らかな曲線に沿って初速度 **0** で降下するとき，ある定まった始点 A から終点 B まで最も速く到達する経路（**最速降下線**）を求めよ．　⇨ **9.3 節**

［10］ **【発展】** 外力を加えて振り子の支点を周期的に上下させたとき，おもりが

$$\frac{d^2\theta}{dt^2} = -\left\{\frac{g}{l} - q(t)\right\}\theta \quad \text{（ヒルの方程式）}$$

に従って運動したとする．ここで，$q(t)$ は周期関数，$\theta = \theta(t)$ は振れの角度で $|\theta| \ll 1$ とする．$q(t) = q_0 \cos(\Omega t + \alpha)$（$q_0$，$\Omega$，$\alpha$：正の定数）として振動の様子を考察せよ．　⇨ **8.3.2 項**

衝突現象を通して検証しよう

これまでは主に力を受けた1つの物体に着目して，その運動を調べた．この章と次章では作用と反作用を及ぼし合う2つの物体に着目して，それらの運動を総合的に扱う．前半（10.1節）では，次の疑問を解決するために衝突について考察する．

• コインとコインの衝突の様子はいかに記述できるか？

後半（10.2節）では，2つの物体の間に保存力がはたらくとき，座標系をうまく選ぶことにより，1つの物体に関する運動と同じ形で取り扱えることを理解する．4.2.2項を適宜参照しよう．

10.1 衝突について考察しよう

10.1.1 撃力とは

図10.1のように，2つの物体（物体1，物体2）が近づき，時刻t_0で衝突した後，遠ざかっていったとする．衝突は極めて短い時間に起こり，衝突時以外では2つの物体にはたらく力は$\mathbf{0}$で，両者とも等速直線運動をしているとする．物体1の質量をm_1，衝突前の速度を

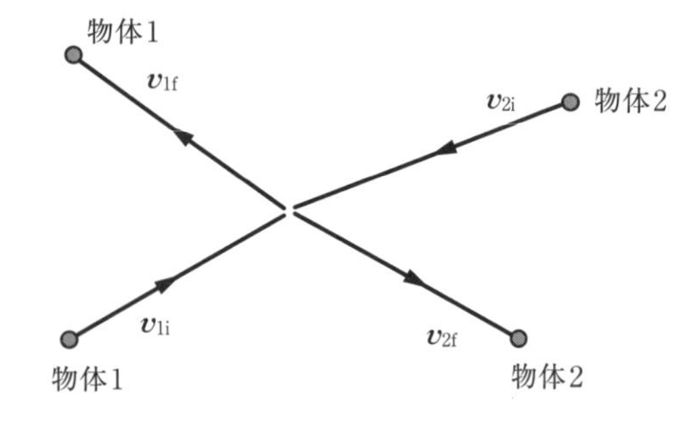

図10.1 衝突

$\boldsymbol{v}_{1i}$，衝突後の速度を$\boldsymbol{v}_{1f}$とし，物体2の質量をm_2，衝突前の速度を$\boldsymbol{v}_{2i}$，衝突

後の速度を $\boldsymbol{v}_{2f}$ とする．

物体 1 と物体 2 には，衝突時の非常に短い時間（$t_0 - \Delta t_1$ から $t_0 + \Delta t_2$ の間）に**撃力**（げきりょく）とよばれる力がはたらく．図 10.2 は撃力の大きさ $F_I(t)$ に関する模式図で，$F_I(t)$ は一般に t_0 を中心とする鋭いピークをもつ．そのため物体の速度は衝突時には急激に変化するが，衝突の前後では一定値 $\boldsymbol{v}_{1i}$，$\boldsymbol{v}_{1f}$，$\boldsymbol{v}_{2i}$，$\boldsymbol{v}_{2f}$ を取ることに注意しよう．これらの速度の間に成り立つ関係式が考察の鍵となる．

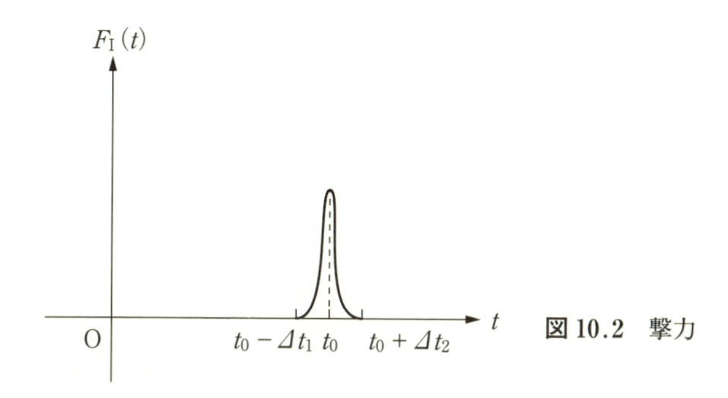

図 10.2 撃力

10.1.2 2 物体の衝突

物体 1 と物体 2 に関する運動方程式は，それぞれ

$$m_1 \frac{d\boldsymbol{v}_1}{dt} = \boldsymbol{F}_I, \quad m_2 \frac{d\boldsymbol{v}_2}{dt} = -\boldsymbol{F}_I \tag{10.1}$$

と表される．ここで，$\boldsymbol{v}_1$，$\boldsymbol{v}_2$ は物体 1,2 の速度，$\boldsymbol{F}_I$ は物体 1 が物体 2 から受ける撃力で作用・反作用の法則に従うとした．(10.1) の辺々の足し算により，運動量保存則を表す関係式

$$\frac{d}{dt}(m_1\boldsymbol{v}_1 + m_2\boldsymbol{v}_2) = \boldsymbol{0}, \quad \text{すなわち,} \quad m_1\boldsymbol{v}_1 + m_2\boldsymbol{v}_2 = \text{一定} \tag{10.2}$$

が導かれ，これから，

$$m_1\boldsymbol{v}_{1f} + m_2\boldsymbol{v}_{2f} = m_1\boldsymbol{v}_{1i} + m_2\boldsymbol{v}_{2i} \tag{10.3}$$

が得られる．

(10.1) の両辺にそれぞれ $\boldsymbol{v}_1$，$\boldsymbol{v}_2$ を掛けて微分公式を用いると，

$$\frac{d}{dt}\left(\frac{1}{2} m_1\boldsymbol{v}_1^2\right) = \boldsymbol{F}_I\cdot\boldsymbol{v}_1, \quad \frac{d}{dt}\left(\frac{1}{2} m_2\boldsymbol{v}_2^2\right) = -\boldsymbol{F}_I\cdot\boldsymbol{v}_2 \tag{10.4}$$

が導かれ，これらの式を辺々足し合わせて，

$$\frac{d}{dt}\left(\frac{1}{2}m_1\boldsymbol{v}_1^2 + \frac{1}{2}m_2\boldsymbol{v}_2^2\right) = \boldsymbol{F}_{\mathrm{I}}\cdot(\boldsymbol{v}_1 - \boldsymbol{v}_2) \tag{10.5}$$

が得られる．(10.5) の両辺を時刻 t_{i} ($< t_0 - \Delta t_1$) から t_{f} ($> t_0 + \Delta t_2$) まで積分して，左辺より，

$$\begin{aligned}\int_{t_{\mathrm{i}}}^{t_{\mathrm{f}}}\frac{d}{dt}\left(\frac{1}{2}m_1\boldsymbol{v}_1^2 + \frac{1}{2}m_2\boldsymbol{v}_2^2\right)dt &= \left[\frac{1}{2}m_1\boldsymbol{v}_1^2 + \frac{1}{2}m_2\boldsymbol{v}_2^2\right]_{t_{\mathrm{i}}}^{t_{\mathrm{f}}} \\ &= \frac{1}{2}m_1\boldsymbol{v}_{1\mathrm{f}}^2 + \frac{1}{2}m_2\boldsymbol{v}_{2\mathrm{f}}^2 - \frac{1}{2}m_1\boldsymbol{v}_{1\mathrm{i}}^2 - \frac{1}{2}m_2\boldsymbol{v}_{2\mathrm{i}}^2\end{aligned} \tag{10.6}$$

が得られる．一方，右辺の積分は

$$\int_{t_{\mathrm{i}}}^{t_{\mathrm{f}}}\boldsymbol{F}_{\mathrm{I}}\cdot(\boldsymbol{v}_1 - \boldsymbol{v}_2)\,dt \tag{10.7}$$

で与えられ，この積分を実行するためには，衝突時の $\boldsymbol{F}_{\mathrm{I}}$，$\boldsymbol{v}_1$，$\boldsymbol{v}_2$ の時間変化の情報が必要となる．

衝突時の詳細によらない性質を引き出すために，(10.6) の右辺を，

$$\begin{aligned}&\frac{1}{2}m_1\boldsymbol{v}_{1\mathrm{f}}^2 + \frac{1}{2}m_2\boldsymbol{v}_{2\mathrm{f}}^2 - \frac{1}{2}m_1\boldsymbol{v}_{1\mathrm{i}}^2 - \frac{1}{2}m_2\boldsymbol{v}_{2\mathrm{i}}^2 \\ &\qquad = \frac{1}{2}m_1(\boldsymbol{v}_{1\mathrm{f}}^2 - \boldsymbol{v}_{1\mathrm{i}}^2) + \frac{1}{2}m_2(\boldsymbol{v}_{2\mathrm{f}}^2 - \boldsymbol{v}_{2\mathrm{i}}^2) \\ &\qquad = \frac{1}{2}\Delta\boldsymbol{p}_1\cdot(\boldsymbol{v}_{1\mathrm{f}} + \boldsymbol{v}_{1\mathrm{i}}) + \frac{1}{2}\Delta\boldsymbol{p}_2\cdot(\boldsymbol{v}_{2\mathrm{f}} + \boldsymbol{v}_{2\mathrm{i}}) \\ &\qquad = \frac{1}{2}\Delta\boldsymbol{p}_1\cdot(\boldsymbol{v}_{1\mathrm{f}} + \boldsymbol{v}_{1\mathrm{i}} - \boldsymbol{v}_{2\mathrm{f}} - \boldsymbol{v}_{2\mathrm{i}})\end{aligned} \tag{10.8}$$

のように変形する．ここで，$\Delta\boldsymbol{p}_1$ と $\Delta\boldsymbol{p}_2$ は撃力による運動量の変化

$$\Delta\boldsymbol{p}_1 = m_1(\boldsymbol{v}_{1\mathrm{f}} - \boldsymbol{v}_{1\mathrm{i}}),\quad \Delta\boldsymbol{p}_2 = m_2(\boldsymbol{v}_{2\mathrm{f}} - \boldsymbol{v}_{2\mathrm{i}}) \tag{10.9}$$

で，運動量保存則より $\Delta\boldsymbol{p}_1 + \Delta\boldsymbol{p}_2 = \boldsymbol{0}$ が成り立ち，(10.8) における最後の変形でこの関係式を用いた．

(10.8) から，

$$\boldsymbol{v}_{1\mathrm{f}} - \boldsymbol{v}_{2\mathrm{f}} = -(\boldsymbol{v}_{1\mathrm{i}} - \boldsymbol{v}_{2\mathrm{i}}) \tag{10.10}$$

が成り立つとき，衝突の前後で力学的エネルギーが保存し，

$$\frac{1}{2}m_1\boldsymbol{v}_{1\mathrm{f}}^2 + \frac{1}{2}m_2\boldsymbol{v}_{2\mathrm{f}}^2 = \frac{1}{2}m_1\boldsymbol{v}_{1\mathrm{i}}^2 + \frac{1}{2}m_2\boldsymbol{v}_{2\mathrm{i}}^2 \tag{10.11}$$

が導かれる．このような衝突は**弾性衝突**とよばれる．$\boldsymbol{v}_{1i} - \boldsymbol{v}_{2i}$ は衝突前における物体 2 から見た物体 1 の相対速度で，$\boldsymbol{v}_{1f} - \boldsymbol{v}_{2f}$ は衝突後における物体 2 から見た物体 1 の相対速度である．

（10.10）が成立しない衝突，すなわち，

$$\boldsymbol{v}_{1f} - \boldsymbol{v}_{2f} \neq -(\boldsymbol{v}_{1i} - \boldsymbol{v}_{2i}) \tag{10.12}$$

であるような衝突は**非弾性衝突**とよばれ，衝突の際に力学的エネルギーの一部が熱や音の発生，物体の変形に使われるため力学的エネルギーは保存しない．

10.1.3　一直線上での衝突

簡単な例として，一直線上での衝突について考察しよう．物体 1 と物体 2 が正面衝突した後，遠ざかっていったとする（図 10.3 参照）．物体 1 の質量を m_1，衝突前の速度を v_{1i}（> 0），衝突後の速度を v_{1f}，物体 2 の質量を m_2，衝突前の速度を v_{2i}（< 0），衝突後の速度を v_{2f} とする．ここで，v_{1i}，v_{1f}，v_{2i}，v_{2f} は一定である．運動量保存則より，

$$m_1 v_{1f} + m_2 v_{2f} = m_1 v_{1i} + m_2 v_{2i} \tag{10.13}$$

が成り立つ．

図 10.3　一直線上での衝突

弾性衝突の場合，力学的エネルギーが保存し，

$$v_{1f} - v_{2f} = -(v_{1i} - v_{2i}) \tag{10.14}$$

が成り立つ．（10.13）と（10.14）を連立させることにより，

$$v_{1f} = \frac{m_1 - m_2}{m_1 + m_2} v_{1i} + \frac{2m_2}{m_1 + m_2} v_{2i} \tag{10.15}$$

$$v_{2f} = \frac{2m_1}{m_1 + m_2} v_{1i} + \frac{m_2 - m_1}{m_1 + m_2} v_{2i} \tag{10.16}$$

が導かれる．

非弾性衝突を記述するために，**反発係数（はね返り係数）** とよばれる定数 e を導入して，速度の間の関係式を，

$$v_{1\mathrm{f}} - v_{2\mathrm{f}} = -e(v_{1\mathrm{i}} - v_{2\mathrm{i}}) \tag{10.17}$$

のように変更する．(10.13) と (10.17) を連立させることにより，

$$v_{1\mathrm{f}} = \frac{m_1 - em_2}{m_1 + m_2}v_{1\mathrm{i}} + \frac{(1+e)m_2}{m_1 + m_2}v_{2\mathrm{i}} \tag{10.18}$$

$$v_{2\mathrm{f}} = \frac{(1+e)m_1}{m_1 + m_2}v_{1\mathrm{i}} + \frac{m_2 - em_1}{m_1 + m_2}v_{2\mathrm{i}} \tag{10.19}$$

が導かれる．$e = 1$ が弾性衝突，$0 \leq e < 1$ が非弾性衝突を表す．e が小さいほど相対速度の変化が大きいため，力学的エネルギーの損失が多くなる．$e = 0$ は**完全非弾性衝突**とよばれ，このとき，$v_{1\mathrm{f}} = v_{2\mathrm{f}}$ となる．

例題 10.1

質量 m のボールが自由落下し，水平な床に衝突して真上にはね返る現象について考察せよ．ここで，衝突直前のボールの速度を $v_{1\mathrm{i}} = v_\mathrm{i}$ (> 0)，衝突直後のボールの速度を $v_{1\mathrm{f}} = -v_\mathrm{f}$ (< 0) とする．

解　図 10.4 のように，質量 m のボールが自由落下して床（地球）に衝突した後，真上にはね返ったとする．地球の質量 $M_\oplus$ はボールに比べて非常に大きいので，$m/M_\oplus = 0$ と考えてよい．(10.18)，(10.19) において，物体 1 をボール，物体 2 を地球と見なす．すなわち，m_1 を m，m_2 を $M_\oplus$ とする．衝突前に床は静止 $(v_{2\mathrm{i}} = 0)$ していて，$m/M_\oplus \to 0$ という極限を取ると，(10.18) より $v_{1\mathrm{f}} = -ev_{1\mathrm{i}}$（速さ v_i，v_f を用いて表すと $v_\mathrm{f} = ev_\mathrm{i}$）が導かれ，また (10.19) より $v_{2\mathrm{f}} = 0$ が導かれ，衝突後も

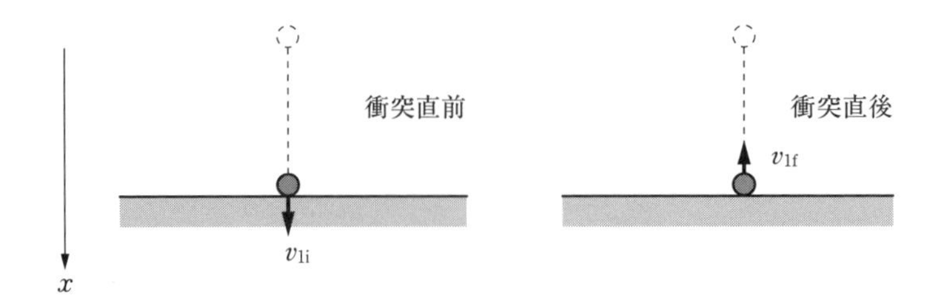

図 10.4　ボールと床との衝突

床は静止したままであることがわかる．なお，$e=0$ のとき，$v_{1\mathrm{f}}=0$ となり，衝突前の力学的エネルギーはすべて消失する．◆

非弾性衝突のからくり

身の回りの物体は原子の集合体である．物体と物体の衝突に伴う反発力は，微視的には原子間にはたらくクーロン力に起因する．衝突の際に，エネルギーの一部がそれぞれの物体を構成する原子の振動や物体の周りの空気の振動に転化し，それが巨視的なレベルで熱や音の発生として観察される．これが非弾性衝突のからくりと考えられる（図 10.5 参照）．次の例題を通して，さらに理解を深めよう．

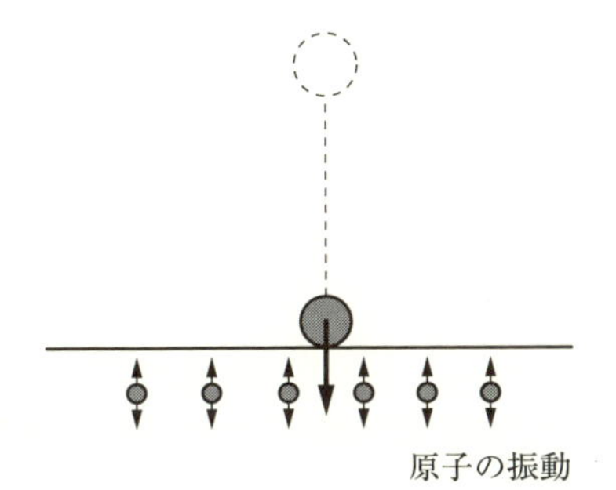

図 10.5　非弾性衝突

例題 10.2

図 10.6 のように，質量 m の 2 個の物体がばね係数 k のばねでつながった状態（物体系とよぶことにする）で静止しているとする．そこに，質量 M の物体 A が速度 V で物体系の左の物体に弾性衝突した．衝突は一直線上で起こるとして，物体 A の速度と物体系の重心の速度を用いて，物体 A と物体系の間の反発係数を評価せよ．

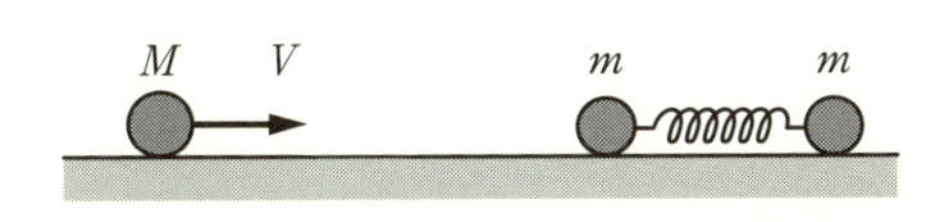

図 10.6　物体と物体系との衝突

解　(10.15)，(10.16) において，物体 1 を物体 A，物体 2 を物体系の左の物体と見なす．すなわち，m_1 を M，m_2 を m，$v_{1\mathrm{f}}$ を V_f，$v_{2\mathrm{f}}$ を $v_\mathrm{f}^{(左)}$，$v_{1\mathrm{i}}=V$，$v_{2\mathrm{i}}=0$ とする．

(10.15)，(10.16) を用いて，物体 A と物体系の左の物体との衝突直後における速度は，それぞれ

$$V_{\mathrm{f}} = \frac{M - m}{M + m} V, \quad v_{\mathrm{f}}^{(左)} = \frac{2M}{M + m} V \tag{10.20}$$

となり，物体系の左の物体は運動量

$$p_{\mathrm{f}}^{(左)} = mv_{\mathrm{f}}^{(左)} = \frac{2mM}{M + m} V \tag{10.21}$$

をもつ．物体系の重心の速度を v_{G} とすると，運動量の保存則 $mv_{\mathrm{f}}^{(左)} = 2mv_{\mathrm{G}}$ より，$v_{\mathrm{G}} = MV/(M + m)$ が導かれ，物体 A と物体系の間の反発係数は

$$e = -\frac{v_{\mathrm{G}} - V_{\mathrm{f}}}{0 - V} = \frac{M}{M + m} - \frac{M - m}{M + m} = \frac{m}{M + m} \tag{10.22}$$

と評価される．

ここで，運動エネルギーの一部が物体系におけるばねの伸び縮みに関する弾性エネルギーに転化したため，反発係数の値が $e < 1$ になっている．◆

10.2 保存力のもとでの 2 体問題を考察しよう

10.2.1 2 物体にはたらく保存力

図 10.7 のように，物体 1，物体 2 の質量をそれぞれ m_1，m_2，位置ベクトルをそれぞれ $\boldsymbol{r}_1$，$\boldsymbol{r}_2$，物体 2 が物体 1 に及ぼす力を $\boldsymbol{F}_{1\leftarrow 2}$，物体 1 が物体 2 に及ぼす力を $\boldsymbol{F}_{2\leftarrow 1}$ とし，それ以外に物体にはたらく力は存在しないとする．$\boldsymbol{F}_{1\leftarrow 2}$ および $\boldsymbol{F}_{2\leftarrow 1}$ は強い形の第 3 法則に従うとすると（4.1.3 項参照），

$$\boldsymbol{F}_{1\leftarrow 2} = -\boldsymbol{F}_{2\leftarrow 1} = -f(\boldsymbol{r}_1, \boldsymbol{r}_2)\boldsymbol{e}_{12}, \quad \boldsymbol{e}_{12} = \frac{\boldsymbol{r}_1 - \boldsymbol{r}_2}{|\boldsymbol{r}_1 - \boldsymbol{r}_2|} \tag{10.23}$$

と表される．このとき，物体に関する運動方程式は

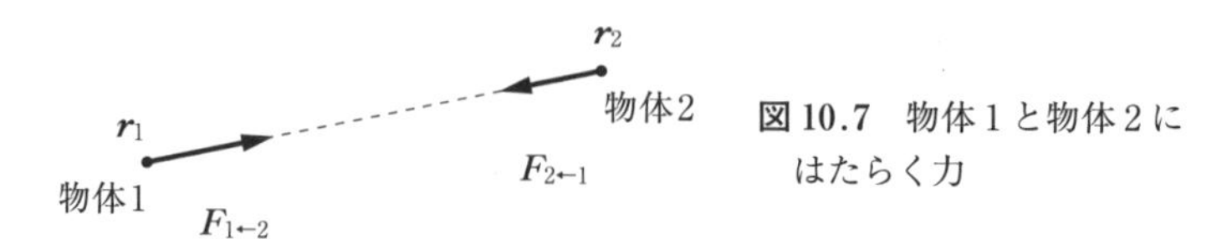

図 10.7　物体 1 と物体 2 にはたらく力

$$m_1 \frac{d^2\boldsymbol{r}_1}{dt^2} = -f(\boldsymbol{r}_1, \boldsymbol{r}_2)\boldsymbol{e}_{12}, \quad m_2 \frac{d^2\boldsymbol{r}_2}{dt^2} = f(\boldsymbol{r}_1, \boldsymbol{r}_2)\boldsymbol{e}_{12} \tag{10.24}$$

で与えられる．

(10.24) を用いて，全運動量 $\boldsymbol{P}$ と全角運動量 $\boldsymbol{L}$ の保存則

$$\boldsymbol{P} = m_1 \frac{d\boldsymbol{r}_1}{dt} + m_2 \frac{d\boldsymbol{r}_2}{dt} = \text{一定} \tag{10.25}$$

$$\boldsymbol{L} = m_1\boldsymbol{r}_1 \times \frac{d\boldsymbol{r}_1}{dt} + m_2\boldsymbol{r}_2 \times \frac{d\boldsymbol{r}_2}{dt} = \text{一定} \tag{10.26}$$

が導かれる ((4.35)，(4.41) 参照)．

さらに，$f(\boldsymbol{r}_1, \boldsymbol{r}_2)$ が物体間の距離にのみ依存するとき，すなわち，$f = f(r)$ ($r = |\boldsymbol{r}_1 - \boldsymbol{r}_2|$) のとき，運動方程式は

$$m_1 \frac{d^2\boldsymbol{r}_1}{dt^2} = -\boldsymbol{\nabla}_1 U(r), \quad m_2 \frac{d^2\boldsymbol{r}_2}{dt^2} = -\boldsymbol{\nabla}_2 U(r) \tag{10.27}$$

と表される (後述の例題 10.3 参照)．ここで，$U(r)$ は位置エネルギーで $f(r)$ を用いて，

$$U(r) = \int_{\infty}^{r} f(r')\,dr' \tag{10.28}$$

で与えられる．$U(r)$ の基準点として無限遠点 ($r = \infty$) を選び，そこで U の値を 0 とした．(10.27) を用いて，力学的エネルギーの保存則

$$E = \frac{1}{2} m_1 \left(\frac{d\boldsymbol{r}_1}{dt}\right)^2 + \frac{1}{2} m_2 \left(\frac{d\boldsymbol{r}_2}{dt}\right)^2 + U(r) = \text{一定} \tag{10.29}$$

が導かれる ((4.47) 参照)．

例題 10.3

(10.27)，(10.28) を用いて，運動方程式

$$m_1 \frac{d^2\boldsymbol{r}_1}{dt^2} = -f(r)\boldsymbol{e}_{12}, \quad m_2 \frac{d^2\boldsymbol{r}_2}{dt^2} = f(r)\boldsymbol{e}_{12} \tag{10.30}$$

を導け．

解　$\boldsymbol{r}_1 = (x_1, y_1, z_1)$，$\boldsymbol{r}_2 = (x_2, y_2, z_2)$ とすると，$\boldsymbol{\nabla}_1$，$\boldsymbol{\nabla}_2$，$\boldsymbol{e}_{12}$ は，それぞれ

$$\boldsymbol{\nabla}_1 = \left(\frac{\partial}{\partial x_1}, \frac{\partial}{\partial y_1}, \frac{\partial}{\partial z_1}\right), \quad \boldsymbol{\nabla}_2 = \left(\frac{\partial}{\partial x_2}, \frac{\partial}{\partial y_2}, \frac{\partial}{\partial z_2}\right) \tag{10.31}$$

$$\boldsymbol{e}_{12} = \frac{(x_1 - x_2, y_1 - y_2, z_1 - z_2)}{\sqrt{(x_1 - x_2)^2 + (y_1 - y_2)^2 + (z_1 - z_2)^2}} \tag{10.32}$$

と表される．$U = U(r)$ に対して，微分公式

$$\frac{dU}{dr} = \frac{d}{dr}\int_{\infty}^{r} f(r')\,dr' = f(r) \tag{10.33}$$

$$\frac{\partial r}{\partial x} = \frac{\partial}{\partial x}\sqrt{x^2 + y^2 + z^2} = \frac{(\partial/\partial x)(x^2 + y^2 + z^2)}{2\sqrt{x^2 + y^2 + z^2}} = \frac{x}{r} \tag{10.34}$$

などを用いて，

$$\left.\begin{aligned} &\frac{\partial U}{\partial x} = \frac{dU}{dr}\frac{\partial r}{\partial x} = f(r)\frac{x}{r}, \quad \frac{\partial U}{\partial y} = \frac{dU}{dr}\frac{\partial r}{\partial y} = f(r)\frac{y}{r} \\ &\frac{\partial U}{\partial z} = \frac{dU}{dr}\frac{\partial r}{\partial z} = f(r)\frac{z}{r} \end{aligned}\right\} \tag{10.35}$$

が得られる．

これらの公式を $r = \sqrt{(x_1 - x_2)^2 + (y_1 - y_2)^2 + (z_1 - z_2)^2}$ の場合に適用し，$\partial r/\partial x_1 = (x_1 - x_2)/r$，$\partial r/\partial x_2 = -(x_1 - x_2)/r$ などが得られ，これらを用いて，(10.30) が導かれる．具体的には，(10.27) の第 1 式の右辺は

$$\begin{aligned} -\nabla_1 U(r) &= \left(-\frac{\partial U}{\partial x_1}, -\frac{\partial U}{\partial y_1}, -\frac{\partial U}{\partial z_1}\right) \\ &= \left(-f(r)\frac{x_1 - x_2}{r}, -f(r)\frac{y_1 - y_2}{r}, -f(r)\frac{z_1 - z_2}{r}\right) = -f(r)\,\boldsymbol{e}_{12} \end{aligned}$$

となり，(10.30) の第 1 式の右辺が導かれる．第 2 式に関しても同様である．◆

10.2.2 相対座標と重心

図 10.8 のような，**相対座標**とよばれる変数 $\boldsymbol{r} = \boldsymbol{r}_1 - \boldsymbol{r}_2$ および**重心**（**質量中心**）とよばれる質量を重みとする位置ベクトル

$$\boldsymbol{r}_{\mathrm{G}} = \frac{m_1\boldsymbol{r}_1 + m_2\boldsymbol{r}_2}{m_1 + m_2} \tag{10.36}$$

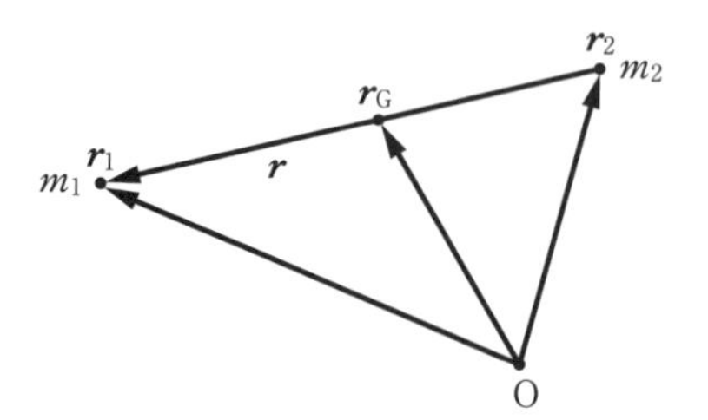

図 10.8　重心

を用いると，運動方程式の形がより簡単になり扱いやすくなる．

(10.30) の第1式を m_2 倍したものから第2式を m_1 倍したものを辺々引き算することにより，

$$m_1 m_2 \frac{d^2}{dt^2}(\boldsymbol{r}_1 - \boldsymbol{r}_2) = -(m_1 + m_2) f(r) \boldsymbol{e}_{12} \tag{10.37}$$

が導かれる．$\boldsymbol{r}$ $(= \boldsymbol{r}_1 - \boldsymbol{r}_2)$ を用いて，(10.37) は

$$\mu \frac{d^2 \boldsymbol{r}}{dt^2} = -f(r) \frac{\boldsymbol{r}}{r} \tag{10.38}$$

と表され，見かけ上，中心力（力の方向が力の中心を通り，力の大きさが距離だけに依存するような力）を受ける物体の運動に帰着する．(10.38) において，μ は**換算質量**とよばれる量で，m_1 と m_2 を用いて，

$$\mu = \frac{m_1 m_2}{m_1 + m_2} \tag{10.39}$$

のように定義される．

さらに，(10.30) の2つの式を辺々足し算することにより，

$$\frac{d^2}{dt^2}(m_1 \boldsymbol{r}_1 + m_2 \boldsymbol{r}_2) = \boldsymbol{0} \tag{10.40}$$

が導かれる．$\boldsymbol{r}_\mathrm{G}$ $(= (m_1 \boldsymbol{r}_1 + m_2 \boldsymbol{r}_2)/(m_1 + m_2))$ を用いて，(10.40) は

$$M \frac{d^2 \boldsymbol{r}_\mathrm{G}}{dt^2} = \boldsymbol{0} \tag{10.41}$$

と表され，**重心は等速直線運動をする**ことがわかる．ここで，$M = m_1 + m_2$ は**全質量**である．また，全運動量 $\boldsymbol{P}$ は重心座標を用いて，

$$\boldsymbol{P} = m_1 \frac{d\boldsymbol{r}_1}{dt} + m_2 \frac{d\boldsymbol{r}_2}{dt} = M \frac{d\boldsymbol{r}_\mathrm{G}}{dt} \tag{10.42}$$

と表され，(10.41) は運動量保存則 $d\boldsymbol{P}/dt = \boldsymbol{0}$ を意味する．衝突現象の場合は，衝突の前後で重心の速度 $d\boldsymbol{r}_\mathrm{G}/dt$ が変化しないことを意味する．

また，$\boldsymbol{r}$ と $\boldsymbol{r}_\mathrm{G}$ を用いて，$\boldsymbol{r}_1$ および $\boldsymbol{r}_2$ は

$$\boldsymbol{r}_1 = \boldsymbol{r}_\mathrm{G} + \frac{m_2}{m_1 + m_2} \boldsymbol{r}, \quad \boldsymbol{r}_2 = \boldsymbol{r}_\mathrm{G} - \frac{m_1}{m_1 + m_2} \boldsymbol{r} \tag{10.43}$$

と表され，これらを (10.26)，(10.29) に代入することにより

$$\boldsymbol{L} = M \boldsymbol{r}_\mathrm{G} \times \frac{d\boldsymbol{r}_\mathrm{G}}{dt} + \mu \boldsymbol{r} \times \frac{d\boldsymbol{r}}{dt} \tag{10.44}$$

$$E = \frac{1}{2}M\left(\frac{d\boldsymbol{r}_{\mathrm{G}}}{dt}\right)^2 + \frac{1}{2}\mu\left(\frac{d\boldsymbol{r}}{dt}\right)^2 + U(r) \tag{10.45}$$

が得られる（本章の章末問題［3］参照）.

10.2.3 重心系における解析

（10.41）からわかるように，**慣性系に対して重心は等速直線運動をするため，慣性の法則が成り立ち重心に固定された座標系も慣性系となる**．詳しくは13.1節で扱う．以後，**重心系**とよばれる，重心を原点（$\boldsymbol{r}_{\mathrm{G}} = \boldsymbol{0}$）とする座標系を用いて物体の運動を考察する．このとき，$d\boldsymbol{r}_{\mathrm{G}}/dt = \boldsymbol{0}$ であるから，$\boldsymbol{P}$，$\boldsymbol{L}$，E は

$$\boldsymbol{P} = \boldsymbol{0}, \quad \boldsymbol{L} = \mu\boldsymbol{r} \times \frac{d\boldsymbol{r}}{dt}, \quad E = \frac{1}{2}\mu\left(\frac{d\boldsymbol{r}}{dt}\right)^2 + U(r) \tag{10.46}$$

となる（それぞれ（10.42），（10.44），（10.45）参照）.

物体が（10.38）に従うとき，角運動量 $\boldsymbol{L}$ が一定であることは

$$\begin{aligned}\frac{d\boldsymbol{L}}{dt} &= \frac{d}{dt}\left(\mu\boldsymbol{r} \times \frac{d\boldsymbol{r}}{dt}\right) = \mu\frac{d\boldsymbol{r}}{dt} \times \frac{d\boldsymbol{r}}{dt} + \mu\boldsymbol{r} \times \frac{d^2\boldsymbol{r}}{dt^2} \\ &= -\frac{f(r)}{r}\boldsymbol{r} \times \boldsymbol{r} = \boldsymbol{0}\end{aligned} \tag{10.47}$$

のように示される．ここで，$\mu d^2\boldsymbol{r}/dt^2 = -f(r)\boldsymbol{r}/r$ および外積の性質 $\boldsymbol{A} \times \boldsymbol{A} = \boldsymbol{0}$ を用いた．$\boldsymbol{L}$ が一定であることから，$\boldsymbol{r}$ と $d\boldsymbol{r}/dt$ は同一平面内に留まる．さらに重心系（$\boldsymbol{r}_{\mathrm{G}} = \boldsymbol{0}$）において，

$$\boldsymbol{r}_1 = \frac{m_2}{m_1 + m_2}\boldsymbol{r}, \quad \boldsymbol{r}_2 = -\frac{m_1}{m_1 + m_2}\boldsymbol{r} \tag{10.48}$$

であるから，2つの物体は同一平面内を運動することがわかる．

また，（10.38）を用いて，力学的エネルギーが一定であること（$dE/dt = 0$）が示される（本章の章末問題［4］参照）．さらに，$\boldsymbol{r}$ がわかれば，（10.48）を用いて2つの物体の軌道 $\boldsymbol{r}_1$，$\boldsymbol{r}_2$ が決まる．$\boldsymbol{r}$ の求め方については11.3節で扱う．ちなみに，重心から見て片方の物体が円軌道を描けば，もう片方の物体は逆向きに円軌道を描くこと，円の半径は別の物体の質量に比例することがわかる．

コラム

バランス感覚

仮面がタロちゃんに尋ねた．『この章で何を学んだ？』「座標系をうまく選ぶことにより，2つの物体の運動が1つの物体の運動と同じ形の方程式に還元されるのがすごいと思いました．」『優等生の回答だな．』「褒（ほ）められているのかな．」『解法のテクニックとよばれる類のものかもしれないが，力学において，互いに力を及ぼし合う物体の運動を理解する格好の例になっていることは確かだ．でも，実は予期せぬ答えを内心は期待していたんだ．』「予期せぬ答えってどんな答え？」『予期せぬものだからわからん．』「確かに．」『話を戻すが，解法のテクニックにむやみに頼るのはよくないが，基本的なテクニックを身につけることは決して悪いことではないぞ．』「覚えておくよ．」『それじゃあ，関連したことをついでにぼやくよ．』「どんなこと．」『完コピするのはよくないけど，独特すぎるのも考え物だ．何事もバランス感覚が重要だ．』「わかるよ．」『他の人が書いたものを丸ごと写す人がいるが，それは全くよくない．放棄や棄権と見なされても仕方がない．個人に課せられた課題ならば，アドバイスを乞（こ）うことはよいが，独力でやり切るという強い意志をもってほしいものだ．』

章末問題

［1］　花瓶（かびん）をコンクリートの地面の上に落とすと割れるが，柔らかい芝生（しばふ）の上に落としても割れないのはなぜか説明せよ．　⇨ 10.1.1 項

［2］　ピッチャーが投げた時速 120 km/h の直球をバッターが水平に打ち返したところ，時速 130 km/h のピッチャーライナーとなった．軟式ボールの直径は 70.0 mm，質量 135 g とする．バットスピードは時速 125 km/h で一定とし，インパクトの際にボールが餅（もち）のように完全につぶれたとする．撃力の大きさは一定として，その大きさを概算せよ．　⇨ 10.1.1 項

［3］　(10.44)，(10.45) を導け．　⇨ 10.2.2 項

［4］　(10.38) を用いて，$E = (1/2\mu)(d\boldsymbol{r}/dt)^2 + \int_\infty^r f(r')\,dr'$ が保存されること，すなわち，$dE/dt = 0$ を示せ．　⇨ 10.2.2 項，10.2.3 項

［5］ 図10.9のように，質量 m の物体が滑らかで水平な床に衝突したとする．衝突直前に物体と鉛直線がなす角度は θ で，物体の速さは v とする．物体の運動は平面内で起こり，物体と床との間の反発係数を e として，以下の問いに答えよ．

⇨ 10.1.2 項

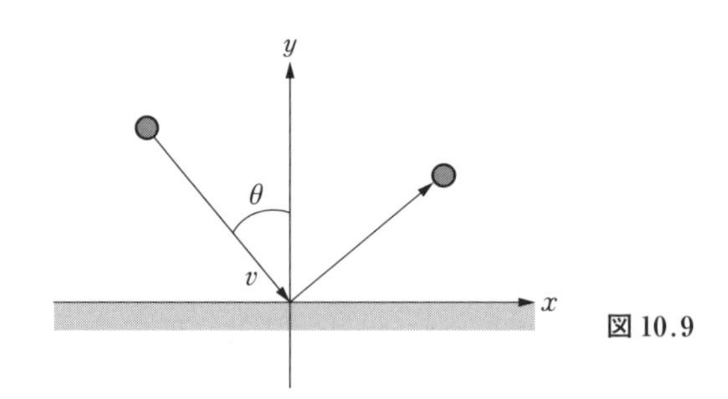

図10.9

（a） 衝突直後，物体はどの向きにはね返るか．

（b） 衝突直後，物体の速さはいくらか．

［6］ カーリングの試技をイメージして，以下の問いに答えよ．

⇨ 10.1.2 項

（a） 図10.10のように，静止した質量 m のストーン2に等しい質量のストーン1が速さ v_{1i} で弾性衝突し，ストーン2が速さ v_{2f} で角度 θ_2 だけずれた方向に弾かれた．衝突後，ストーン1は速さ v_{1f} で，（ストーン2とは異なる向きに）角度 θ_1 だけずれて進行した．運動量の保存則と力学的エネルギーの保存則を書き下せ．

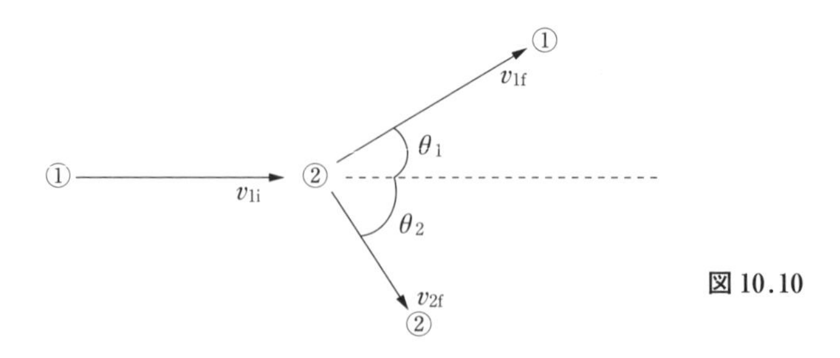

図10.10

（b） θ_1 と θ_2 の間に成り立つ関係式を求めよ．

（c） v_{1f}，v_{2f} を v_{1i} と θ_2 を用いて表せ．

［7］ 図10.11のように，質量 M のサッカーボールの上に質量 m のテニスボールを

乗せた状態で高さ h の地点から自由落下させたとき，地面に衝突した後どうなるかを，$M \gg m$ として考察せよ．ただし，地面とサッカーボール，サッカーボールとテニスボールは，それぞれ鉛直線上で弾性衝突するものとする．

⇨ 10.1.3 項

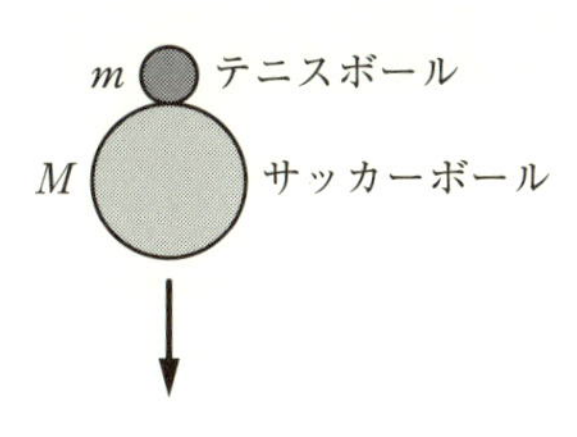

図 10.11

［8］ 質量 m_1 の物体 1 と質量 m_2 の物体 2 が一直線上で弾性衝突したとする．重心系において，この衝突の特徴を述べよ． ⇨ 10.1.3 項

［9］ 質量 m_1 の物体 1 と質量 m_2 の物体 2 が一直線上で完全非弾性衝突したとする．重心系において，この衝突の特徴を述べよ． ⇨ 10.1.3 項

［10］ 宇宙空間（無重力状態）を飛んでいる質量 M のロケットについて，以下の問いに答えよ． ⇨ 10.1.3 項

（a） ロケットが単位時間当り質量 m の割合で，大きさが v の相対速度をもつガスを真後ろに噴出しながら加速しているとする．運動量の保存則を用いて，ロケットの速さ V を従属変数とする運動方程式を求めよ．

（b） 時刻 $t = 0$ におけるロケットの質量を M_0 として，t 秒後のロケットの速さ $V(t)$ と移動距離 $l(t)$ を求めよ．

11 惑星の運動で検証しよう

力学により，天体の運動が理解できるかどうかは興味深い問題である．次の疑問を解決するのがこの章の課題である．

- 太陽の周りの惑星の動きをいかに記述するか？

具体的には，観測を通して得られたケプラーの法則を，万有引力の法則に基づいて運動方程式から導くことが目標である．

11.1 万有引力のもとでの2体問題を考察しよう

現在までに，8個の惑星，複数の小惑星，多数の小天体が太陽の周りを公転していることが確認されている．各惑星の周りには衛星が回っている．これらの天体には万有引力がはたらいているが，太陽の質量が他の天体の質量に比べて非常に大きいので，惑星の運動を考察する際に，多くの場合，太陽以外の天体の影響は無視される．さらに，万有引力は保存力の一種であるため，10.2節の考察を応用することができる．

惑星の質量を m，位置ベクトルを $\boldsymbol{r}_1$，太陽の質量を M，位置ベクトルを $\boldsymbol{r}_2$ とする．惑星と太陽にはたらく力が万有引力だけであると仮定すると，惑星と太陽に関する運動方程式はそれぞれ

$$m\frac{d^2\boldsymbol{r}_1}{dt^2} = -G\frac{mM}{|\boldsymbol{r}_1 - \boldsymbol{r}_2|^2}\boldsymbol{e}_{12}, \quad M\frac{d^2\boldsymbol{r}_2}{dt^2} = G\frac{mM}{|\boldsymbol{r}_1 - \boldsymbol{r}_2|^2}\boldsymbol{e}_{12} \qquad (11.1)$$

で与えられる．ここで，G は万有引力定数，$\boldsymbol{e}_{12}$ は太陽から惑星に向かう向き

をもつ単位ベクトルで，

$$\boldsymbol{e}_{12} = \frac{\boldsymbol{r}_1 - \boldsymbol{r}_2}{|\boldsymbol{r}_1 - \boldsymbol{r}_2|} \tag{11.2}$$

である．さらに，位置エネルギーを用いて，

$$m\frac{d^2\boldsymbol{r}_1}{dt^2} = -\boldsymbol{\nabla}_1 U(r), \quad M\frac{d^2\boldsymbol{r}_2}{dt^2} = -\boldsymbol{\nabla}_2 U(r) \tag{11.3}$$

と表される（(10.27) 参照）．ここで，$r = |\boldsymbol{r}_1 - \boldsymbol{r}_2|$，$U(r)$ は万有引力の位置エネルギーで，

$$U(r) = \int_\infty^r G\frac{mM}{r'^2}dr' = -G\frac{mM}{r} \tag{11.4}$$

で与えられる．$U(r)$ の基準点として無限遠点（$r = \infty$）を選び，そこで U の値を0とした．

太陽の質量は惑星の質量に比べて十分に大きいので，太陽の位置ベクトルは

$$\boldsymbol{r}_{\mathrm{G}} = \frac{m\boldsymbol{r}_1 + M\boldsymbol{r}_2}{m + M} \fallingdotseq \boldsymbol{r}_2 \tag{11.5}$$

となり，重心とほぼ一致する．実際に，重心と太陽中心の間の距離は地球と太陽の間の距離に比べてけた違いに小さいので（本章の章末問題［1］参照），以後，「ほぼ」という言い回しは省き，≒ の代わりに = を使用する．$M \gg m$ とし，太陽を原点（$\boldsymbol{r}_2 = \boldsymbol{0}$）に選ぶと，相対座標 $\boldsymbol{r}$，換算質量 μ はそれぞれ

$$\boldsymbol{r} = \boldsymbol{r}_1 - \boldsymbol{r}_2 = \boldsymbol{r}_1, \quad \mu = \frac{mM}{m + M} = m \tag{11.6}$$

のように，惑星の位置ベクトル $\boldsymbol{r}_1$，質量 m と一致する．この場合，相対座標に関する運動方程式は

$$m\frac{d^2\boldsymbol{r}}{dt^2} = -G\frac{mM}{r^2}\frac{\boldsymbol{r}}{r} \tag{11.7}$$

となる．重心に固定された座標系は慣性系で，重心と太陽中心は一致するので，(11.7) は慣性系で成り立つ方程式と考えられる．

角運動量は

$$\boldsymbol{L} = m\boldsymbol{r} \times \frac{d\boldsymbol{r}}{dt} \tag{11.8}$$

で与えられる．惑星には中心力がはたらくため角運動量は一定で（(10.47) 参

照)，惑星は平面運動をする．運動方程式（11.7）の解を求める前に，ケプラーの法則について考察する．

11.2　ケプラーの第2法則を導こう

ティコ・ブラーエが残した惑星の運動に関する膨大な観測データに基づき，ヨハネス・ケプラーは以下のような経験法則を発見した．

ケプラーの第1法則

惑星の軌道は，太陽を1つの焦点とする楕円である．(**楕円軌道の法則**)

ケプラーの第2法則

太陽と惑星を結ぶ線分が単位時間に掃(は)く面積は，惑星ごとに惑星の位置によらず一定である．(**面積速度一定の法則**)

ケプラーの第3法則

公転周期の2乗と楕円の長半径の3乗の比は，惑星によらず一定である．(**調和の法則**)

これらの法則はまとめて**ケプラーの法則**とよばれる．

惑星が太陽から受ける力は万有引力である．ニュートンの運動法則と万有引力の法則に基づいて，ケプラーの法則を説明することが課題である．

以下で，ケプラーの法則に現れる語句について簡単に説明する．

図11.1のように，楕円には2つの焦点OとO′が存在する．Oを原点として，極座標系を設定した場合，楕円を記述する方程式は

$$r = \frac{l}{1 + e\cos\theta} \tag{11.9}$$

で与えられる．ここで，lは半直弦(はんちょくげん)とよばれる定数，eは**離心率**(りしんりつ)とよばれる定数で$0 \leq e < 1$の値を取る．$e = 0$のとき，$r = l$，すなわち，円（真円）となる．ちなみに，(11.9) において，$e = 1$は放物線，$e > 1$は双曲線を表す．次節で (11.7) を解いて，惑星の軌道が (11.9) で記述されることを示す．

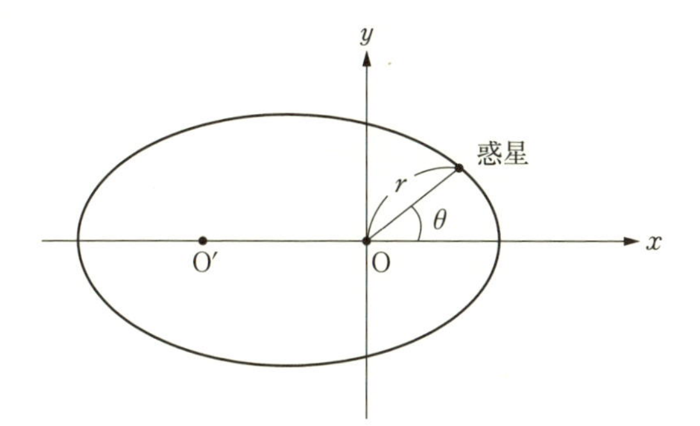

図 11.1　楕円

(11.9) が楕円などを表す式であることを理解するために，O を原点とする直交座標系を設けて，方程式の書きかえを行う．座標変数 x，y と r，θ の間には $r=\sqrt{x^2+y^2}$，$\cos\theta=x/r$ という関係式が成り立つので，これらを用いて，(11.9) は

$$(1-e^2)x^2+2elx+y^2=l^2 \tag{11.10}$$

のように書きかえられる（本章の章末問題［2］参照）．$e<1$ のとき，(11.10) を平方完成して整理すると，

$$\left[\frac{x+\{el/(1-e^2)\}}{a}\right]^2+\left(\frac{y}{b}\right)^2=1 \tag{11.11}$$

となる．ここで，

$$a=\frac{l}{1-e^2},\quad b=\frac{l}{\sqrt{1-e^2}} \tag{11.12}$$

である．$b=a\sqrt{1-e^2}$ $(b<a)$ で，a は**長半径**，b は**短半径**とよばれる．また，楕円の中心は $(x,y)=(-el/(1-e^2),0)$ である．

例題 11.1

(11.10) を用いて，$e=1$ のときには放物線を，$e>1$ のときには双曲線を表すことを示せ．

解　$e=1$ のとき，(11.10) は

$$x=-\frac{1}{2l}y^2+\frac{1}{2} \tag{11.13}$$

となり放物線を表す．$e > 1$ のとき，(11.10) は

$$\left[\frac{x - \{el/(e^2 - 1)\}}{\tilde{a}}\right]^2 - \left(\frac{y}{\tilde{b}}\right)^2 = 1 \tag{11.14}$$

となり双曲線を表す．ここで，$\tilde{a}$, $\tilde{b}$ は

$$\tilde{a} = \frac{l}{e^2 - 1}, \quad \tilde{b} = \frac{l}{\sqrt{e^2 - 1}} \tag{11.15}$$

である．◆

次に，面積速度一定の法則について考察しよう．太陽と惑星を結ぶ線分が時刻 t から $t + \Delta t$ の間に掃く面積は，Δt が小さいとき，図 11.2 の三角形 OPQ の面積 $\Delta S = |\boldsymbol{r} \times \boldsymbol{v}\Delta t|/2$ で近似される．よって，時刻 t における**面積速度**は

$$\frac{dS}{dt} = \lim_{\Delta t \to 0} \frac{\Delta S}{\Delta t} = \frac{1}{2}|\boldsymbol{r} \times \boldsymbol{v}| = \frac{1}{2m}|\boldsymbol{r} \times \boldsymbol{p}| = \frac{L}{2m} \tag{11.16}$$

で与えられ，角運動量の大きさ $L = |\boldsymbol{L}|$ に比例することがわかる．

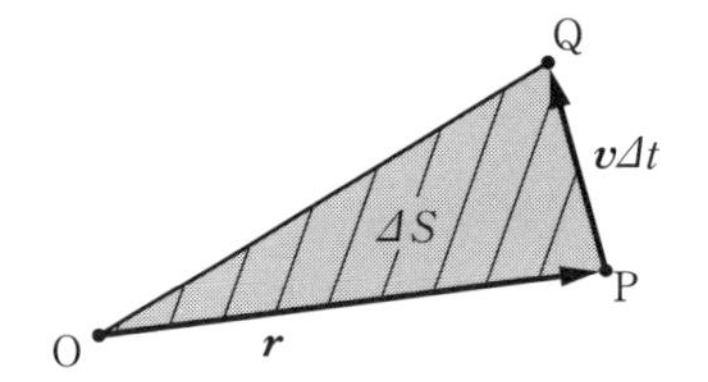

図 11.2　面積速度

> 万有引力は中心力の一種で，中心力を受ける物体の角運動量は一定に保たれるという性質から，面積速度一定の法則が成り立つ．

面積速度が一定であるから，楕円の面積 $S = \pi ab$ を面積速度で割ることにより，楕円の公転周期 T に関する公式

$$T = \frac{S}{L/2m} = \frac{2m\pi ab}{L} = \frac{2m\pi a^2\sqrt{1 - e^2}}{L} \tag{11.17}$$

が得られる．ここで，$b = a\sqrt{1 - e^2}$ を用いた．調和の法則を確かめるためには，L に関する具体的な表式を求める必要があり，次節の最後で実行する．ここでは，惑星の運動に関する実験データを提示する（表 11.1，表 11.2，図

表 11.1　惑星の楕円軌道（国立天文台 編：「理科年表」（丸善出版，2019 年）より）

惑星	離心率 e	最小 $a(1-e)$	長半径 a	最大 $a(1+e)$
水星	0.2056	0.460	0.579	0.698
金星	0.0068	1.075	1.082	1.089
地球	0.0167	1.471	1.496	1.521
火星	0.0934	2.066	2.279	2.492
木星	0.0485	7.405	7.783	8.161
土星	0.0554	13.501	14.294	15.086
天王星	0.0463	27.420	28.750	30.081
海王星	0.0090	44.640	45.044	45.449

表 11.2　調和の法則

惑星	長半径 （天文単位）	周期 (y)	(周期)^2/(長半径)^3 $(10^{-34}\ \mathrm{y^2/m^3})$
水星	0.387	0.241	1.00
金星	0.723	0.615	1.00
地球	1	1.00	1
火星	1.52	1.88	1.01
木星	5.20	11.9	1.01
土星	9.55	29.5	0.999
天王星	19.2	84.0	0.997
海王星	30.1	165	0.998

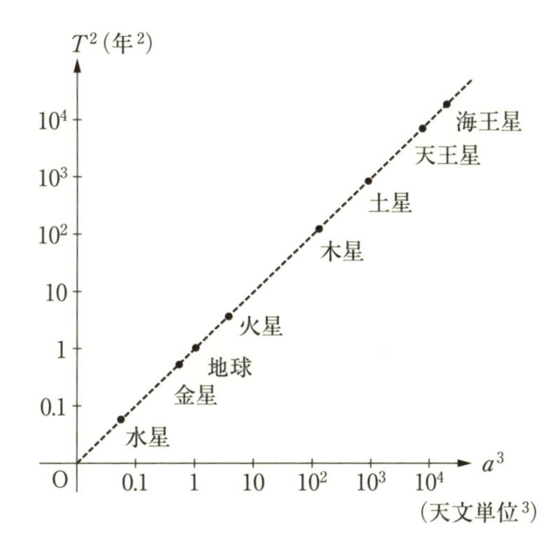

図 11.3　調和の法則

11.3 参照). 表 11.1 において, 最小, 最大は太陽からの距離の最小値, 最大値で, 長半径と同様に 10^{11} m を単位とする. 表 11.2 において, 天文単位とは地球の公転軌道の長半径を単位とする距離で, メートルに換算すると 1 天文単位 $= 1.496 \times 10^{11}$ m である. また, y は年である.

11.3 ケプラーの第 1, 第 3 法則を導こう

惑星が運動している平面内に太陽を原点として, 極座標系を設ける. 直交座標系との関係は

$$x = r\cos\theta, \quad y = r\sin\theta \tag{11.18}$$

で与えられるので, 惑星の速度は

$$v_x = \frac{dr}{dt}\cos\theta - r\sin\theta\frac{d\theta}{dt}, \quad v_y = \frac{dr}{dt}\sin\theta + r\cos\theta\frac{d\theta}{dt} \tag{11.19}$$

である. $z = 0$, $v_z = 0$ より, 角運動量は $\boldsymbol{L} = (0, 0, L_z)$ となる. ここで, L_z は (11.18) と (11.19) を用いて,

$$L_z = m(xv_y - yv_x) = mr^2\frac{d\theta}{dt} \tag{11.20}$$

と表される. 惑星が反時計回りをするような座標系において, 角運動量の大きさ L は L_z と等しい. 以後, $L = L_z$ とする.

惑星は運動方程式 (11.7) に従い, (11.7) の両辺に $d\boldsymbol{r}/dt$ を掛けて,

$$\frac{d}{dt}\left\{\left(\frac{d\boldsymbol{r}}{dt}\right)^2\right\} = 2\frac{d\boldsymbol{r}}{dt}\cdot\frac{d^2\boldsymbol{r}}{dt^2}, \quad \frac{d}{dt}\left(\frac{1}{r}\right) = -\frac{1}{r^2}\frac{\boldsymbol{r}}{r}\cdot\frac{d\boldsymbol{r}}{dt} \tag{11.21}$$

を用いて,

$$\frac{d}{dt}\left\{\frac{1}{2}m\left(\frac{d\boldsymbol{r}}{dt}\right)^2 - G\frac{mM}{r}\right\} = 0 \tag{11.22}$$

が導かれる. (11.22) は力学的エネルギーの保存を表し,

$$\left(\frac{d\boldsymbol{r}}{dt}\right)^2 = \boldsymbol{v}^2 = v_x^2 + v_y^2 = \left(\frac{dr}{dt}\right)^2 + r^2\left(\frac{d\theta}{dt}\right)^2 \tag{11.23}$$

と (11.20), すなわち, $L = mr^2 d\theta/dt$ を用いて, 力学的エネルギー E は

$$E = \frac{1}{2}m\left(\frac{dr}{dt}\right)^2 + \frac{L^2}{2mr^2} - G\frac{mM}{r} \tag{11.24}$$

と表される．(11.24) の右辺の第2項は，**遠心力の位置エネルギー**とよばれる項である．**6つの従属変数 $\boldsymbol{r}_1 = (x_1, y_1, z_1)$，$\boldsymbol{r}_2 = (x_2, y_2, z_2)$ を用いた記述から出発して，重心系を採用することにより，最終的に1つの従属変数 r で記述される系に帰着されたことに注意しよう．**

例題 11.2

(11.24) を満たす r に対して，変数を t から θ に変えたとき，

$$\frac{dr}{d\theta} = \frac{\sqrt{2m}}{L} r^2 \sqrt{E - \frac{L^2}{2mr^2} + G\frac{mM}{r}} \tag{11.25}$$

を満たすことを示せ．

解　$\theta = \theta(t)$ として，変数を t から θ に変えたとき，dr/dt は

$$\frac{dr}{dt} = \frac{dr}{d\theta}\frac{d\theta}{dt} = \frac{dr}{d\theta}\frac{L}{mr^2} \tag{11.26}$$

のように変形される．(11.26) の最後の変形で (11.20) を用いた．ここで，(11.26) を用いると，(11.24) は

$$E = \frac{1}{2}\frac{L^2}{mr^4}\left(\frac{dr}{d\theta}\right)^2 + \frac{L^2}{2mr^2} - G\frac{mM}{r} \tag{11.27}$$

と表される．さらに，(11.27) を変形して，

$$\left(\frac{dr}{d\theta}\right)^2 = \frac{2mr^4}{L^2}\left(E - \frac{L^2}{2mr^2} + G\frac{mM}{r}\right) \tag{11.28}$$

が得られ，両辺の平方根を取り，正符号のものを選ぶことにより (11.25) が導かれる．◆

$r = r(\theta)$ を求めるために，(11.25) を直接扱ってもよいが煩雑になるので，ここでは以下のように，変数を $u = 1/r$ に変えて解析する．dr/dt は

$$\frac{dr}{dt} = \frac{dr}{d\theta}\frac{d\theta}{dt} = \frac{dr}{d\theta}\frac{L}{mr^2} = -\frac{L}{m}\frac{d}{d\theta}\left(\frac{1}{r}\right) = -\frac{L}{m}\frac{du}{d\theta} \tag{11.29}$$

と変形され，(11.29) と $u = 1/r$ を用いて (11.24) は

$$\begin{aligned} E &= \frac{L^2}{2m}\left(\frac{du}{d\theta}\right)^2 + \frac{L^2u^2}{2m} - GmMu \\ &= \frac{L^2}{2m}\left(\frac{du}{d\theta}\right)^2 + \frac{L^2}{2m}\left(u - \frac{Gm^2M}{L^2}\right)^2 - \frac{G^2m^3M^2}{2L^2} \end{aligned} \tag{11.30}$$

と表される．(11.29) の3番目の変形で，$-(d/d\theta)(1/r) = (1/r^2)(dr/d\theta)$ を用いた．(11.30) の最後の表式より，

$$E \geq -\frac{G^2m^3M^2}{2L^2} \tag{11.31}$$

が成り立ち，エネルギーに下限が存在することがわかる．

(11.30) は

$$\left(\frac{du}{d\theta}\right)^2 + \left(u - \frac{Gm^2M}{L^2}\right)^2 = \frac{2mE}{L^2} + \left(\frac{Gm^2M}{L^2}\right)^2 \tag{11.32}$$

と書きかえられ，(11.32) と単振動の方程式から得られる公式（(7.16) 参照）

$$\frac{1}{2}m\left(\frac{dx}{dt}\right)^2 + \frac{1}{2}kx^2 = E \tag{11.33}$$

を比較すると，u，θ がそれぞれ x，t に対応し，(11.32) の解が

$$u(\theta) = \frac{1 + e\cos\theta}{l} \tag{11.34}$$

のような形になると予想される．ここで，e，l は定数で

$$l = \frac{L^2}{Gm^2M}, \quad e = \sqrt{1 + \frac{2EL^2}{G^2m^3M^2}} \tag{11.35}$$

である．つり合いの位置が，基準点から定数 $1/l$ $(= Gm^2M/L^2)$ だけずれていることに注意しよう．また，初期位相は0とした．

例題 11.3

(11.34) が (11.32) を満たすことを確かめよ．

解　(11.34) で与えられた $u(\theta)$ を用いて，

$$\left(\frac{du}{d\theta}\right)^2 = \left(-\frac{e\sin\theta}{l}\right)^2 = \left(\frac{e}{l}\right)^2 \sin^2\theta \tag{11.36}$$

$$\left(u - \frac{Gm^2M}{L^2}\right)^2 = \left(u - \frac{1}{l}\right)^2 = \left(\frac{e}{l}\right)^2 \cos^2\theta \tag{11.37}$$

が得られ，(11.32) の左辺は

$$\left(\frac{du}{d\theta}\right)^2 + \left(u - \frac{GmM}{L^2}\right)^2 = \left(\frac{e}{l}\right)^2 \tag{11.38}$$

となる．さらに，(11.35) を用いて，

$$\left(\frac{e}{l}\right)^2 = \frac{2mE}{L^2} + \left(\frac{Gm^2M}{L^2}\right)^2 \tag{11.39}$$

が導かれ，(11.32) の右辺に一致することが確かめられる．◆

$u(\theta) = 1/r(\theta)$ であるから，(11.34) は

$$r(\theta) = \frac{l}{1 + e\cos\theta} \tag{11.40}$$

となり，惑星のエネルギーが

$$0 > E \geq -\frac{G^2m^3M^2}{2L^2} \tag{11.41}$$

の領域にあるとき，(11.35) の第 2 式より $0 \leq e < 1$ となり，惑星は楕円軌道 ($e = 0$ のときは円軌道) を描く．このようにして，楕円軌道の法則が示された．ちなみに，$E = 0$ のときは，$e = 1$ となり放物線軌道を描き ((11.13) 参照)，$E > 0$ のときは，$e > 1$ となり双曲線軌道を描く ((11.14) 参照)．

最後に調和の法則を導こう．(11.35) の第 1 式と (11.12) の第 1 式を用いて，

$$L = m\sqrt{GMl} = m\sqrt{GMa(1 - e^2)} \tag{11.42}$$

が導かれる．(11.42) を (11.17) に代入して，

$$T = \frac{2m\pi a^2\sqrt{1 - e^2}}{L} = \frac{2m\pi a^2\sqrt{1 - e^2}}{m\sqrt{GMa(1 - e^2)}} = \frac{2\pi a\sqrt{a}}{GM} \tag{11.43}$$

が導かれ，両辺を 2 乗することにより，

$$\frac{T^2}{a^3} = \frac{4\pi^2}{GM} \tag{11.44}$$

が得られ，T の 2 乗と a の 3 乗の比が惑星によらず一定であることが確かめられた．T^2/a^3 の値は，惑星の軌道が円であるとして得られた値と一致する ((5.11) 参照)．

11.4　力の場を理解しよう

6.4 節の考察により，我々の周りに存在するいくつかの力は万有引力と電気力に起源をもつことがわかった．ここでは，万有引力の形態に着目して，力と

は何かについてさらに探索しよう．

質量 m_k の物体 k と質量 m_l の物体 l の間には，万有引力

$$\boldsymbol{F}_{k\leftarrow l} = -Gm_k m_l \frac{\boldsymbol{r}_k - \boldsymbol{r}_l}{|\boldsymbol{r}_k - \boldsymbol{r}_l|^3} = -\boldsymbol{F}_{l\leftarrow k} \tag{11.45}$$

がはたらく．ここで，物体 k, l の位置ベクトルをそれぞれ $\boldsymbol{r}_k$, $\boldsymbol{r}_l$ とした．(11.45) を用いて，物体 l が物体 k に及ぼす万有引力 $\boldsymbol{F}_{k\leftarrow l}$ は

$$\boldsymbol{F}_{k\leftarrow l} = m_k \boldsymbol{f}_l(\boldsymbol{r}_k), \quad \boldsymbol{f}_l(\boldsymbol{r}) = -Gm_l \frac{\boldsymbol{r} - \boldsymbol{r}_l}{|\boldsymbol{r} - \boldsymbol{r}_l|^3} \tag{11.46}$$

である．さらに，

$$\boldsymbol{F}_{k\leftarrow l} = -m_k \nabla_k u_l(\boldsymbol{r}_k), \quad u_l(\boldsymbol{r}) = -\frac{Gm_l}{|\boldsymbol{r} - \boldsymbol{r}_l|} \tag{11.47}$$

と表される．ここで，$\boldsymbol{f}_l(\boldsymbol{r})$ は，（物体 k とは無関係に）万有引力定数 G，物体 l の質量と位置のみで決まる量で，物体 l に起因する**力の場**とよばれる．また，$u(\boldsymbol{r})$ は物体 l により発生するポテンシャル（物体 k の単位質量当りの位置エネルギー）である．

このような書きかえを通して，力を次のように捉え直すことができる．

力とは，力の場やポテンシャルを介した相互作用である．

具体的には，物体の存在により，その物体の属性に応じて，その周りに力の場が生成される．別の物体はその力の場を感じて力を受ける．例えば，物体 l が質量 m_l をもつ場合，物体 l の周りに万有引力の場 $f_l(\boldsymbol{r})$ が発生する．質量 m_k をもつ別の物体 k は $\boldsymbol{r}_k$ において万有引力の場 $\boldsymbol{f}_l(\boldsymbol{r}_k)$ を感じて，質量に比例する力 $m_k \boldsymbol{f}_l(\boldsymbol{r}_k)$ を受ける．物体 l と物体 k の役割を逆転することも可能で，物体は力の場を介して相互に作用を及ぼし合う（相互作用する）と解釈される．

質量が密度 ρ で分布している場合，$\boldsymbol{r}$ に存在する質量 m の物体が受ける万有引力 $\boldsymbol{F}(\boldsymbol{r})$ および ρ により発生するポテンシャル $u_\rho(\boldsymbol{r})$ は，それぞれ

$$\boldsymbol{F}(\boldsymbol{r}) = -m \nabla u_\rho(\boldsymbol{r}), \quad u_\rho(\boldsymbol{r}) = -\int_{\mathrm{V}} \frac{G\rho(\boldsymbol{r}')}{|\boldsymbol{r} - \boldsymbol{r}'|} d^3\boldsymbol{r}' \tag{11.48}$$

である．ここで，V は 3 次元空間の領域である．(11.48) を用いて，万有引

力に関する次のような性質が導かれる（本章の章末問題［9］参照）.

- 質量が一様に分布した球殻の外側に置かれた物体にはたらく万有引力は，全質量が中心に置かれた場合にはたらく万有引力と等しい.
- 質量が一様に分布した球殻の内側に置かれた物体には，万有引力がはたらかない.

さらに，これらの性質を用いて，質量が一様に分布した球に関して次のような性質が導かれる（本章の章末問題［10］参照）.

- 一様な球の外側に置かれた物体にはたらく万有引力は，球の全質量が中心に置かれた場合にはたらく万有引力と等しい.
- 一様な球の内側に置かれた物体にはたらく万有引力は，物体よりも内側の球内の全質量が中心に置かれた場合にはたらく万有引力と等しい.

観測データ

タロちゃんが仮面に言った.「ニュートンの運動の3法則からケプラーの3つの法則が導けるなんてすごい！」仮面がタロちゃんに尋ねた.『その意義はなんだ？』「意義？」『学ぶべきことだ.』「えーと．ニュートンの運動の3法則のすごさかな.」『それはそうなんだけど．“法則にも階層性がある”ことをまずは感じてほしい.』「あっそうか．ケプラーの3つの法則は基本的な法則ではなく，派生的な法則だということだね.」『その通り．そうすると意義は？』「現状に満足せず，より基本的な法則や原理の探究，物事の本質の追求に挑むことが大事ということ？」『まあ，そんなところだな.』

仮面がタロちゃんにつぶやいた.『ケプラーはティコ・ブラーエの観測データに基づいて，惑星の運動に関する法則を発見し，コペルニクスの地動説を支持したんだ.』「昔，本で読んだことがあるよ.」『その意義は？』「“観測データに忠実になろう”ということ.」『その通り．それから，“科学的な考え方を身につけよ”だ.』「どうすればいいの？」『自分で論理立てて，再構成してみる，違う道すじを辿(たど)ってみる，章末問題を有効利用する，などがあるぞ.』「参考にするよ.」『あらかじめ注意しておくと，多くのテキストは紙数の関係上，最小限の内容と章末問題しか掲載されていない場合が多いんだ.』「基本的な事項を押さえるためには有効だね.」『そうだ.』「飽き足らない場合は，他の演習書などで補う必要があるということだね.」『その通り.』「どのような参考書や演習書がよいかも，各自で判断するということだね.」『わかってきたじゃないか.』

章末問題

［1］ 太陽の質量を $M_\odot = 2.0 \times 10^{30}\,\mathrm{kg}$，地球の質量を $M_\oplus = 6.0 \times 10^{24}\,\mathrm{kg}$，太陽と地球の間の距離を $r = 1.5 \times 10^{11}\,\mathrm{m}$ とする．太陽と地球の重心の位置は太陽中心からどのくらいの距離にあるか． ⇨ 11.1 節

［2］ (11.9) を用いて，(11.10) を導け． ⇨ 11.2 節

［3］ 地上における重力加速度の大きさを $g = 9.8\,\mathrm{m/s^2}$，地球の半径を $R_\oplus = 6.4 \times 10^6\,\mathrm{m}$ とする．万有引力のもとでの脱出速度に関して，以下の問いに答えよ． ⇨ 11.3 節

（a） 物体が地表面すれすれの円軌道を回るのに必要な最小の速さ（**第 1 宇宙速度**）と，そのときに地球を 1 周するのに要する時間を求めよ．

（b） 地球から打ち上げられた物体が，無限のかなたまで飛んでいくために必要な最小の初速度の大きさ（**第 2 宇宙速度**）を求めよ．

［4］ 惑星が太陽を 1 つの焦点とする楕円軌道 $r = l/(1 + e\cos\theta)$ を描くとき，$l = 2r_1 r_s/(r_1 + r_s)$，$e = (r_1 - r_s)/(r_1 + r_s)$ を示せ．ここで，r_1 は惑星が太陽から一番遠ざかった地点（**遠日点**(えんじつてん)）での太陽との距離，r_s は惑星が太陽に一番近づいた地点（**近日点**(きんじつてん)）での太陽との距離である． ⇨ 11.3 節

［5］ 質量 m の惑星の位置ベクトル $\boldsymbol{r}$ と太陽の質量 M を用いて，**ルンゲ・レンツ・パウリベクトル**とよばれるベクトル $\boldsymbol{e} = (1/GM)(d\boldsymbol{r}/dt) \times (\boldsymbol{r} \times d\boldsymbol{r}/dt) - \boldsymbol{r}/r$ を定義する．$\boldsymbol{e}$ について，以下の問いに答えよ． ⇨ 11.3 節

（a） 運動方程式 (11.7) を用いて，$d\boldsymbol{e}/dt = \boldsymbol{0}$ を示せ．

（b） $\boldsymbol{e}$ の大きさが（(11.35) の）離心率 e と一致することを示せ．

（c）　$\boldsymbol{r}$ と $\boldsymbol{e}$ の内積を計算することにより，$r = l/(1 + e\cos\theta)$ を示せ．ここで，θ は $\boldsymbol{r}$ と $\boldsymbol{e}$ のなす角である．また，$l = L^2/(Gm^2M)$ である．

［6］　地球が太陽の周りを等速円運動しているとする．太陽と地球の間の距離を 1.496×10^{11} m として，(11.44) を用いて太陽の質量を概算せよ．　⇨ 11.3 節

［7］　位置エネルギーを用いて，万有引力と地表付近の一様な重力の関係について説明せよ．　⇨ 11.4 節

［8］　球状の銀河系の周辺部を回る恒星（太陽のように光っている星）の運動に関して，以下の問いに答えよ．　⇨ 11.4 節

（a）　銀河系の質量分布を $M(r)$ とし，恒星が銀河系の中心 O から距離 r の地点を等速円運動をしているとする．その速さを求めよ．

（b）　銀河系の主な質量源と考えられる恒星が，O から距離 $R_{銀河}$ までの領域に集中しているとする．$r > R_{銀河}$ に存在する恒星の速さは，r とともにどのように変化するか答えよ．

［9］　**【発展】**　図 11.4 のような，原点 O を中心とする半径 R と $R + \Delta R$ に挟（はさ）まれた球殻状に質量が一様に分布している場合，その周りに生成される万有引力のポテンシャルを求めよ．　⇨ 11.4 節

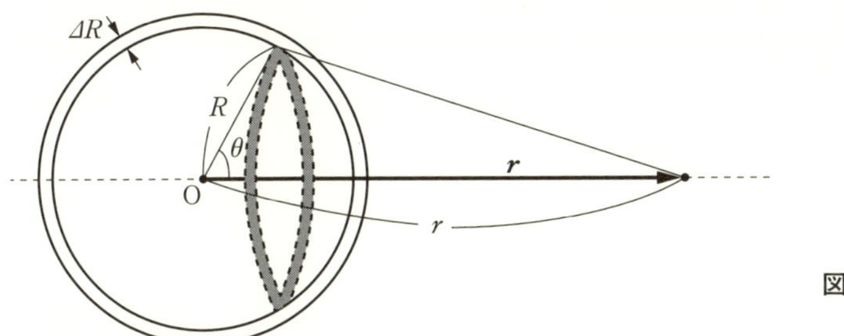

図 11.4

［10］　**【発展】**　質量 M，半径 R の一様な球体の中心から，r だけ離れた地点に生成される万有引力のポテンシャルを求めよ．　⇨ 11.4 節

仕事とエネルギーにもっと親しもう

エネルギーとは，仕事をする能力のことで，さまざまな形態を取る．高校物理未履習の読者でも，中学校ですでに「エネルギー」に関する基本的な性質を定性的に，また「仕事」や「仕事率」に関する定義式を力が一定である場合について学んでいる．仕事や仕事率に関する一般的な定義式を与えるとともに，エネルギーとの関わりについて考察する．

12.1 仕事に親しもう

12.1.1 一定の力がはたらく場合の仕事

図 12.1 のように一定の力 $\boldsymbol{F}$ がはたらいて，物体が $\varDelta\boldsymbol{r}$ だけ変位したとき，力が物体にする**仕事**は

$$W = \boldsymbol{F}\cdot\varDelta\boldsymbol{r} = F\varDelta r\cos\theta \tag{12.1}$$

で定義される．ここで，$F = |\boldsymbol{F}|$，$\varDelta r = |\varDelta\boldsymbol{r}|$，$\theta$ は $\boldsymbol{F}$ と $\varDelta\boldsymbol{r}$ がなす角である．仕事の単位は，エネルギーの単位と同じでジュール (J) である．力に対して垂直な方向に物体が変位したときは，力による仕事は 0 であることに注意しよう (図 12.2 参照)．

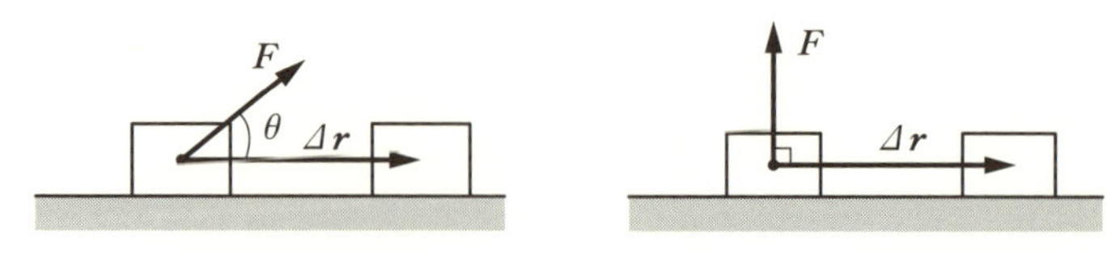

図 12.1　仕事

図 12.2　仕事が 0 の例

まずは，5つの例に基づいて力が小物体にする仕事を計算し，仕事に関する一般的な性質を予想する．

(a)　重力[†1]がする仕事（その1）

図12.3のように，地面から高さ h にある質量 m の物体が自由落下により地面に到達した場合，物体にはたらく重力は $\boldsymbol{F} = mg\boldsymbol{e}_x$ で，変位は $\Delta\boldsymbol{r} = h\boldsymbol{e}_x$ であるから，重力が物体にする仕事は

$$W = mg\boldsymbol{e}_x \cdot h\boldsymbol{e}_x = mgh \tag{12.2}$$

である．ここで，$\boldsymbol{e}_x$ は x 軸の正の向きと同じ向きをもつ単位ベクトルで，鉛直下向きを x 軸の正の向きに選んだ．

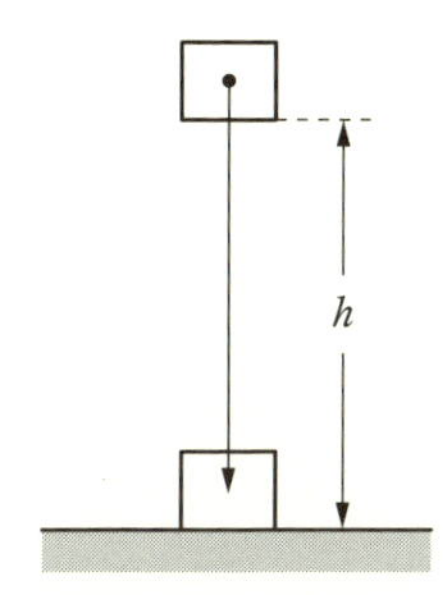

図12.3　重力がする仕事（その1）

(b)　重力がする仕事（その2）

図12.4のように，地面から高さ h にある質量 m の物体が傾斜角 θ の斜面に沿って地面に到達した場合，物体にはたらく重力の斜面に平行な成分は $\boldsymbol{F} = mg\sin\theta\boldsymbol{e}_x$ で，変位は $\Delta\boldsymbol{r} = (h/\sin\theta)\boldsymbol{e}_x$ であるから，重力が物体にする

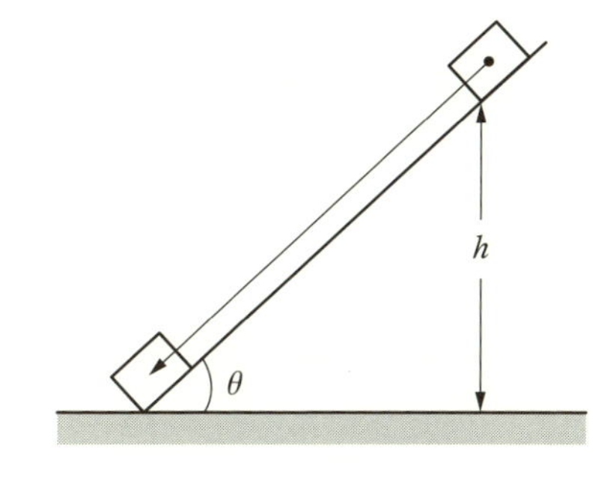

図12.4　重力がする仕事（その2）

†1　この章では，重力として，重力加速度の大きさ g が $9.8\,\mathrm{m/s^2}$ の一様な値のものを扱う．

仕事は

$$W = mg\sin\theta\,\boldsymbol{e}_x\cdot\frac{h}{\sin\theta}\boldsymbol{e}_x = mgh \tag{12.3}$$

である．ここで，斜面に沿って下向きの単位ベクトルを $\boldsymbol{e}_x$ とした．

（c）　重力に逆らってする仕事

図 12.5 のように，地面に存在する質量 m の物体を地面から高さ h の地点に移動させるとき，（我々が）重力に逆らって物体にする仕事は

$$W = \lim_{\varepsilon\to 0}(mg + \varepsilon)h = mgh \tag{12.4}$$

である．ここで，重力に逆らって物体を鉛直線上に持ち上げる際に必要な最小限の力の大きさは $F = mg + \varepsilon$（ε は無限小の正の量で，いくらでも 0 に近づけることができる）で，力の向きと変位の向きは同じであることを用いた．参考までに，図 12.4 のような斜面に沿って質量 m の物体を高さ h の地点に移動させるとき，（我々が）重力に逆らって物体にする仕事も $W = mgh$ である．

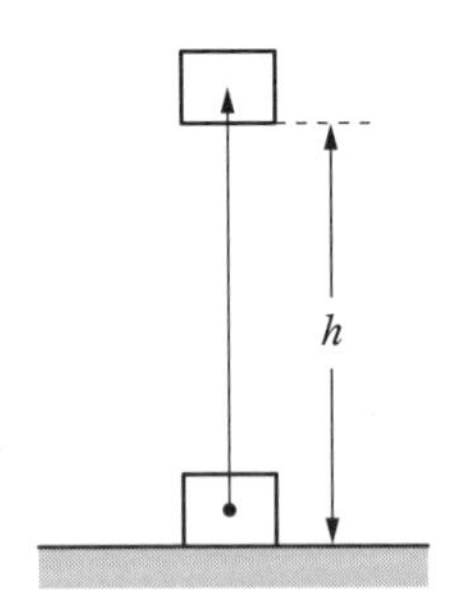

図 12.5　重力に逆らってする仕事

（d）　動摩擦力がする仕事（その 1）

図 12.6 のように，質量 m の物体が粗い面上を距離 l だけ進んで静止した場合，物体に動摩擦力 $\boldsymbol{F}_{\mathrm{f}} = -\mu' mg\boldsymbol{e}_x$ がはたらき，変位は $\Delta\boldsymbol{r} = l\boldsymbol{e}_x$ であるから，動摩擦力が物体にする仕事は

$$W = -\mu' mg\boldsymbol{e}_x\cdot l\boldsymbol{e}_x = -\mu' mgl \tag{12.5}$$

である．ここで，物体が進行する向きを x 軸の正の向きに選んだ．摩擦力は

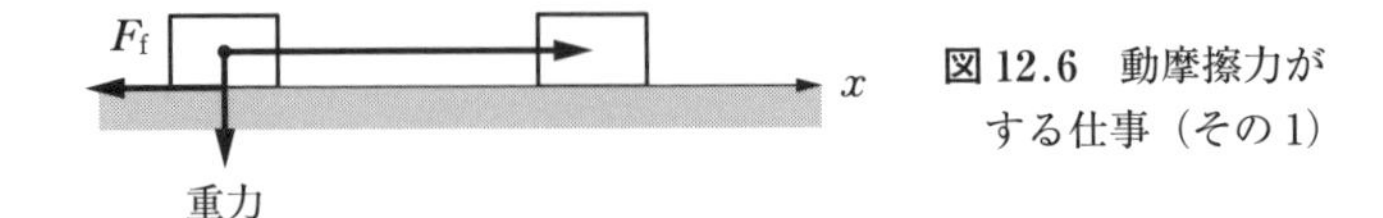

図 12.6　動摩擦力がする仕事（その 1）

物体が進行する向きと逆の向きにはたらくため，“負の仕事”をすることに注意しよう．ここで，**物体に負の仕事をするとは，物体からエネルギーを奪うことに相当する**．

（e） **動摩擦力がする仕事（その 2）**

図 12.7 のように，質量 m の物体が粗い面上を $x=0$ の地点から距離 l'（$>l$）だけ正の向きに進んだ後，引き返して $x=l$ の地点で静止した場合，動摩擦力が物体にする仕事は

$$W = -\mu' mgl' + \mu' mg(l-l') = \mu' mg(l-2l') \tag{12.6}$$

となり，(12.5) と異なることがわかる．引き返してからはたらく動摩擦力は $\boldsymbol{F}_{\mathrm{f}} = \mu' mg\boldsymbol{e}_x$ で，変位は $\Delta\boldsymbol{r} = (l-l')\boldsymbol{e}_x$ であることに注意しよう．

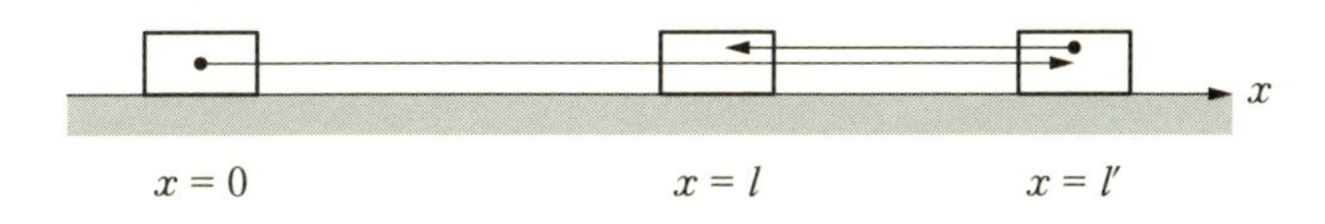

図 12.7 動摩擦力がする仕事（その 2）

上記の例（a）〜（e）から，仕事に関して次のような性質が予想される．

- 重力がする仕事は，その経路によらず，$W = mgh$（h は高低差）である．
- 重力に逆らってする仕事も経路によらず，$W = mgh$ で重力の位置エネルギーの値と等しい．
- 動摩擦力がする仕事は，負の仕事でその値は経路による．

12.1.2 一定でない力がはたらく場合の仕事

力 $\boldsymbol{F}$ が一定でない場合について考える（図 12.8 参照）．一般に力は位置 $\boldsymbol{r}$ に依存し，$\boldsymbol{F}(\boldsymbol{r})$ と表記される．さらに，力がする仕事は物体がたどる経路に依存することもある．

物体が力 $\boldsymbol{F}(\boldsymbol{r}_k)$ を受けて $\boldsymbol{r}_k$ から $\boldsymbol{r}_{k+1}$ まで変位したとき，力が物体にする仕事は $W =$

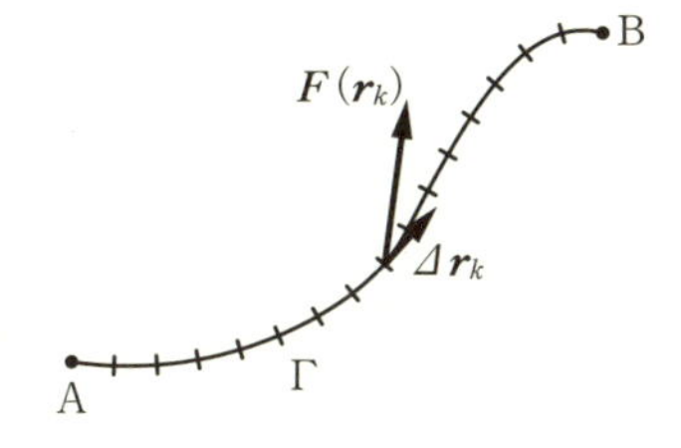

図 12.8 一定でない力がする仕事

$\boldsymbol{F}(\boldsymbol{r}_k)\cdot(\boldsymbol{r}_{k+1}-\boldsymbol{r}_k)=\boldsymbol{F}(\boldsymbol{r}_k)\cdot\Delta\boldsymbol{r}_k$ であるから，物体が $\boldsymbol{r}_\mathrm{A}$ から $\boldsymbol{r}_\mathrm{B}$ まで変位したとき，力が物体にする仕事は

$$W=\sum_{k=1}^{N}\boldsymbol{F}(\boldsymbol{r}_k)\cdot\Delta\boldsymbol{r}_k \tag{12.7}$$

で近似される．ここで，$\boldsymbol{r}_\mathrm{A}$ から $\boldsymbol{r}_\mathrm{B}$ までの経路 Γ を N 個の区間に分割していて，$\boldsymbol{r}_1=\boldsymbol{r}_\mathrm{A}$，$\boldsymbol{r}_{N+1}=\boldsymbol{r}_\mathrm{B}$ である．

積分法に基づいて，物体が $\boldsymbol{r}_\mathrm{A}$ から $\boldsymbol{r}_\mathrm{B}$ まで変位したとき，力がする仕事は

$$\begin{aligned}W&=\lim_{N\to\infty}\sum_{k=1}^{N}\boldsymbol{F}(\boldsymbol{r}_k)\cdot\Delta\boldsymbol{r}_k=\int_{\boldsymbol{r}_\mathrm{A}(\Gamma)}^{\boldsymbol{r}_\mathrm{B}}\boldsymbol{F}(\boldsymbol{r})\cdot d\boldsymbol{r}\\&=\int_{\mathrm{A}(\Gamma)}^{\mathrm{B}}\boldsymbol{F}(\boldsymbol{r})\cdot\boldsymbol{e}_\mathrm{t}(\boldsymbol{r})\,ds\end{aligned} \tag{12.8}$$

で定義される．ここで，$\boldsymbol{e}_\mathrm{t}(\boldsymbol{r})$ は $\boldsymbol{r}$ における経路 Γ に関する接線と同じ向き（距離が増加する向きを正とする）をもつ単位ベクトルで，$d\boldsymbol{r}=\boldsymbol{e}_\mathrm{t}(\boldsymbol{r})\,ds$ である．

例題 12.1

（12.8）を用いて，重力がする仕事はその経路によらず，$W=mgh$ であることを示せ．ここで，h は高低差である．

解　図 12.9 のような経路について，仕事を計算しよう．$\boldsymbol{F}(\boldsymbol{r})\cdot\boldsymbol{e}_\mathrm{t}(\boldsymbol{r})=mg\sin\theta(\boldsymbol{r})$，$ds=dh'/\sin\theta(\boldsymbol{r})$ であるから（θ が $\boldsymbol{r}$ に依存することに注意しつつ），

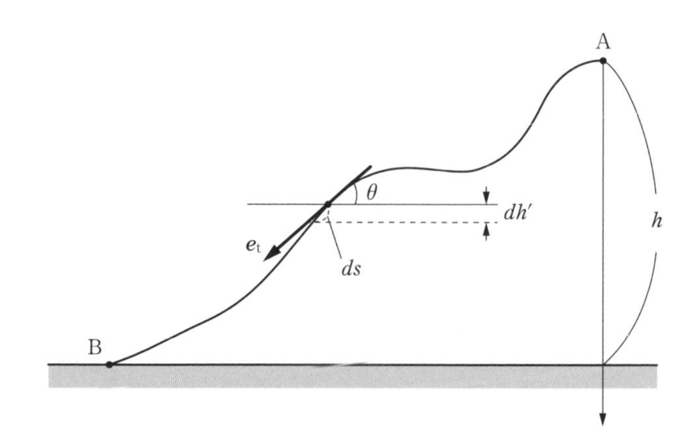

図 12.9　重力がする仕事

$$W = \int_0^h mg \sin\theta(\boldsymbol{r}) \frac{dh'}{\sin\theta(\boldsymbol{r})} = mgh \tag{12.9}$$

となり，経路によらないことがわかる．◆

例題 12.2

つり合いの位置から x だけ伸びたばねが，つり合いの位置に戻る間におもりにする仕事を求めよ．

解　図 12.10 のように，つり合いの位置から x' だけ伸びたばねの先につけられたおもりにはたらく力は $F = -kx'$ であるから，ばねがおもりにする仕事は

$$W = \int_x^0 (-kx')\,dx' = \left[-\frac{1}{2}kx'^2\right]_x^0 = \frac{1}{2}kx^2 \tag{12.10}$$

である．

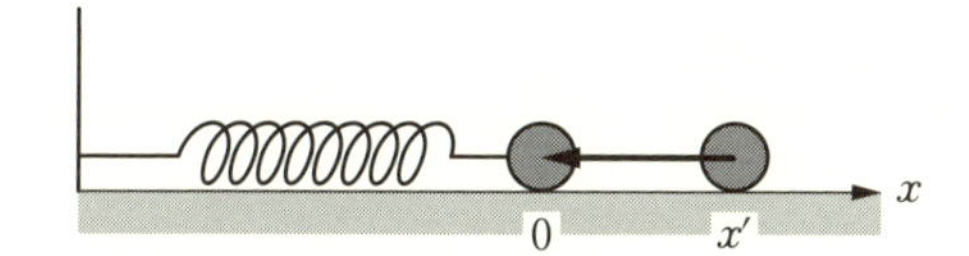

図 12.10　ばねがおもりにする仕事

◆

つり合いの位置から x だけ伸びたばねが一回振動した後に，つり合いの位置に戻る間におもりにする仕事も $W = kx^2/2$ である．すなわち，**ばねがする仕事は経路によらない**という性質をもつ．さらに，**おもりがつり合いの位置から x だけ変位する間にばねの弾性力に逆らって（我々が）おもりにする仕事も $W = kx^2/2$ で，つり合いの位置から x だけ変位したおもりがもつ位置エネルギー $E = kx^2/2$ に等しい**という性質をもつ．このように仕事に関して，ばねの弾性力と重力は共通の性質を有している．

12.1.3 仕 事 率

物体にはたらく力が単位時間当りにする仕事を**仕事率**という．時刻 t から $t + \Delta t$ の間に力が物体にした仕事を ΔW とすると，力が物体にする平均の仕事率は

$$\bar{P}(t, \Delta t) = \frac{\Delta W}{\Delta t} \tag{12.11}$$

で定義される．また，時刻 t における仕事率は

$$P(t) = \lim_{\Delta t \to 0} \frac{\Delta W}{\Delta t} = \frac{dW}{dt} \tag{12.12}$$

で定義される．仕事率の単位はワットとよばれ，その記号は W で 1W = 1 J/s である．

時刻 t から $t + \Delta t$ の間に物体が力 $\boldsymbol{F}$ を受けて，$\Delta \boldsymbol{r}$ だけ変位したとき，$\Delta W = \boldsymbol{F} \cdot \Delta \boldsymbol{r}$ であるから，時刻 t における仕事率は物体の速度 $\boldsymbol{v}$（$= d\boldsymbol{r}/dt$）を用いて，

$$P(t) = \lim_{\Delta t \to 0} \frac{\Delta W}{\Delta t} = \lim_{\Delta t \to 0} \frac{\boldsymbol{F} \cdot \Delta \boldsymbol{r}}{\Delta t} = \boldsymbol{F} \cdot \frac{d\boldsymbol{r}}{dt} = \boldsymbol{F} \cdot \boldsymbol{v} \tag{12.13}$$

と表される．

12.2　エネルギーに親しもう

12.2.1　エネルギーとは

エネルギーとは物体に仕事をする能力のことで，高校物理未履習者でも，少なくとも中学校においてエネルギーに関する次のような性質を学んでいる．

（1）運動している物体は衝突により別の物体を動かすことができるため，エネルギーをもっている．運動している物体がもつエネルギーを運動エネルギーとよぶ．実験により，運動している物体の質量が大きいほど，また，速さが速いほど運動エネルギーは大きい．

（2）高い場所にある物体は重力により落下し，衝突により別の物体を動かすことができるため，エネルギーをもっている．このような物体の位置に関係するエネルギーを位置エネルギーとよぶ．実験により，物体の質量が大きいほど，また，物体の位置が高いほど位置エネルギーは大きい．

（3）ジェットコースターや振り子の運動から推測されるように，運動エネルギーと位置エネルギーの和（力学的エネルギー）は，熱や音などに変換されない限り一定に保たれる．

以下で，運動エネルギーと位置エネルギーに関する具体的な表式を求め，上記の性質を定量的に確かめよう．

ニュートンの運動方程式（4.2）を出発点にして，

$$\frac{d}{dt}\left\{\frac{1}{2}m\left(\frac{d\boldsymbol{r}}{dt}\right)^2\right\} = \boldsymbol{F}\cdot\frac{d\boldsymbol{r}}{dt} \tag{12.14}$$

が導かれる（(4.15) 参照）．ここで，$\boldsymbol{F}$ は物体にはたらく合力である．

図 12.11 のように，時刻 t_1 で位置 $\boldsymbol{r}_\mathrm{A}$ にあった物体が力 $\boldsymbol{F}$ を受けて，経路 Γ を通って，時刻 t_2 で位置 $\boldsymbol{r}_\mathrm{B}$ にたどり着いたとする．(12.14) の両辺を時間に関して積分することにより，左辺から，

$$\int_{t_1}^{t_2}\frac{d}{dt}\left\{\frac{1}{2}m\left(\frac{d\boldsymbol{r}}{dt}\right)^2\right\}dt = \left[\frac{1}{2}m\boldsymbol{v}^2\right]_{t_1}^{t_2} = \frac{1}{2}m\boldsymbol{v}^2(t_2) - \frac{1}{2}m\boldsymbol{v}^2(t_1) \tag{12.15}$$

が導かれ，右辺から，

$$\begin{aligned}\int_{t_1}^{t_2}\boldsymbol{F}\cdot\frac{d\boldsymbol{r}}{dt}\,dt &= \int_{t_1}^{t_2}P(t)\,dt = \int_{t_1}^{t_2}\frac{dW}{dt}\,dt \\ &= W(t_1\to t_2) = \int_{\boldsymbol{r}_\mathrm{A}(\Gamma)}^{\boldsymbol{r}_\mathrm{B}}\boldsymbol{F}(\boldsymbol{r})\cdot d\boldsymbol{r}\end{aligned} \tag{12.16}$$

が導かれる．ここで，$W(t_1\to t_2)$ は時刻 t_1 から t_2 の間に力が物体にする仕事である．(12.15) と (12.16) により，

$$\frac{1}{2}m\boldsymbol{v}^2(t_2) - \frac{1}{2}m\boldsymbol{v}^2(t_1) = \int_{\boldsymbol{r}_\mathrm{A}(\Gamma)}^{\boldsymbol{r}_\mathrm{B}}\boldsymbol{F}(\boldsymbol{r})\cdot d\boldsymbol{r} \tag{12.17}$$

が成り立ち，**運動エネルギーの変化分は力が物体にする仕事に等しい**ことがわかる．

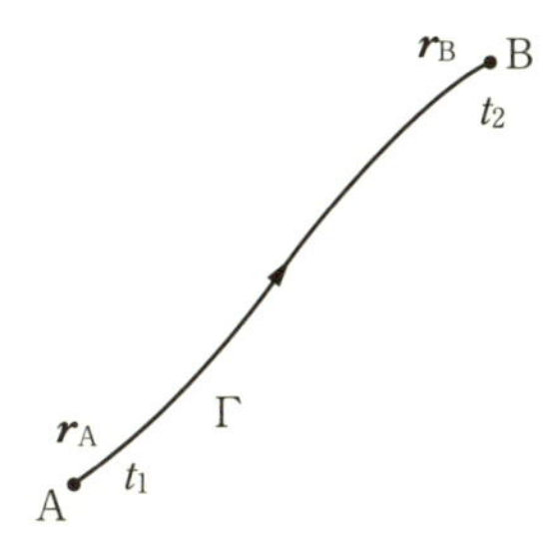

図 12.11　経路 Γ による移動

以下で，力が保存力の場合と保存力でない場合に分けて，エネルギーおよび仕事の性質について考察する．

12.2.2　保存力がはたらく場合のエネルギー

4.2.1 項で，物体にはたらく力が $\boldsymbol{F} = -\nabla U$ のように表される力を保存力とよんだ（(4.17) 参照）．ここでは，**保存力とはそれによる仕事が経路によらず共通の値を取る力**として定義する．後ほど，このように定義された保存力が $\boldsymbol{F} = -\nabla U$ と表されることを示す．まず定義により，保存力に関して，

$$\int_{\boldsymbol{r}_{\mathrm{A}}(\Gamma)}^{\boldsymbol{r}_{\mathrm{B}}} \boldsymbol{F}(\boldsymbol{r})\cdot d\boldsymbol{r} = \int_{\boldsymbol{r}_{\mathrm{A}}(\Gamma')}^{\boldsymbol{r}_{\mathrm{B}}} \boldsymbol{F}(\boldsymbol{r})\cdot d\boldsymbol{r} \tag{12.18}$$

が成り立ち，これより

$$\int_{\boldsymbol{r}_{\mathrm{A}}(\Gamma)}^{\boldsymbol{r}_{\mathrm{B}}} \boldsymbol{F}(\boldsymbol{r})\cdot d\boldsymbol{r} - \int_{\boldsymbol{r}_{\mathrm{A}}(\Gamma')}^{\boldsymbol{r}_{\mathrm{B}}} \boldsymbol{F}(\boldsymbol{r})\cdot d\boldsymbol{r} = \oint_{\mathrm{C}} \boldsymbol{F}(\boldsymbol{r})\cdot d\boldsymbol{r} = 0 \tag{12.19}$$

が導かれる．ここで，C は「経路 Γ」と「経路 Γ' についてその向きを逆にした経路 $(-\Gamma')$」を合成した閉曲線である（図 12.12 参照）．

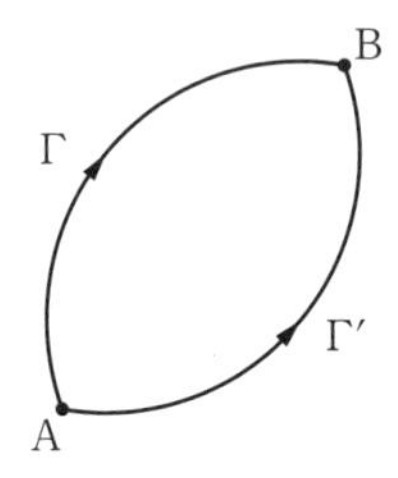

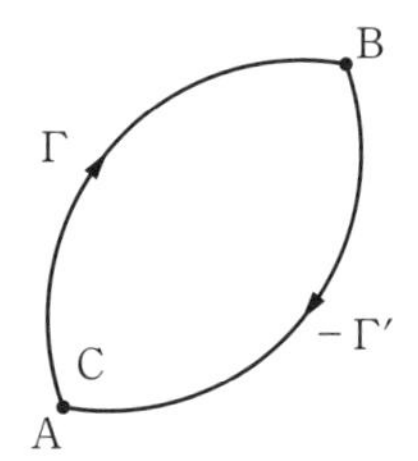

図 12.12　閉曲線 C

保存力がする仕事 $W(t_1 \to t_2)$ は始点 $\boldsymbol{r}_{\mathrm{A}}$ と終点 $\boldsymbol{r}_{\mathrm{B}}$ にのみ依存するため，

$$W(t_1 \to t_2) = \int_{\boldsymbol{r}_{\mathrm{A}}}^{\boldsymbol{r}_{\mathrm{B}}} \boldsymbol{F}(\boldsymbol{r})\cdot d\boldsymbol{r} = -U(\boldsymbol{r}_{\mathrm{A}}, \boldsymbol{r}_{\mathrm{B}}) \tag{12.20}$$

と表記される．ここで，$U(\boldsymbol{r}_{\mathrm{A}}, \boldsymbol{r}_{\mathrm{B}})$ は経路によらず $\boldsymbol{r}_{\mathrm{A}}$ と $\boldsymbol{r}_{\mathrm{B}}$ で決まる関数である．図 12.13 からわかるように，

$$\begin{aligned} U(\boldsymbol{r}_{\mathrm{A}}, \boldsymbol{r}_{\mathrm{B}}) &= U(\boldsymbol{r}_{\mathrm{A}}, \boldsymbol{r}_{\mathrm{O}}) + U(\boldsymbol{r}_{\mathrm{O}}, \boldsymbol{r}_{\mathrm{B}}) \\ &= -U(\boldsymbol{r}_{\mathrm{O}}, \boldsymbol{r}_{\mathrm{A}}) + U(\boldsymbol{r}_{\mathrm{O}}, \boldsymbol{r}_{\mathrm{B}}) \end{aligned} \tag{12.21}$$

が成り立つ．ここで，$\boldsymbol{r}_{\mathrm{O}}$ は基準点の位置ベクトルで任意に選ぶことができる．また，積

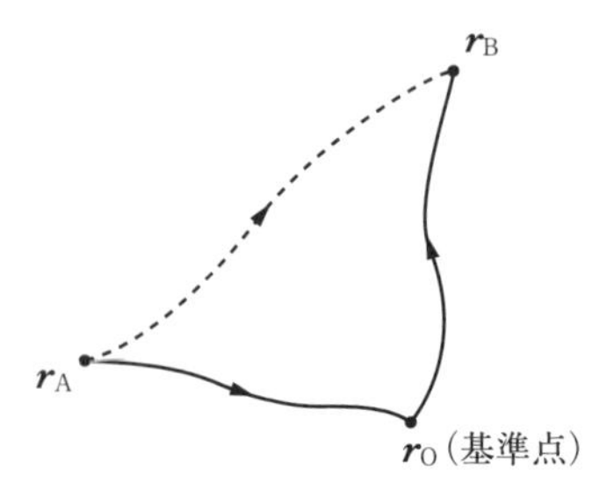

図 12.13　基準点を経由した経路

分の定義域の入れかえによる性質

$$\int_{\boldsymbol{r}_A}^{\boldsymbol{r}_0} \boldsymbol{F}(\boldsymbol{r})\cdot d\boldsymbol{r} = -\int_{\boldsymbol{r}_0}^{\boldsymbol{r}_A} \boldsymbol{F}(\boldsymbol{r})\cdot d\boldsymbol{r} \tag{12.22}$$

より，$U(\boldsymbol{r}_A, \boldsymbol{r}_0) = -U(\boldsymbol{r}_0, \boldsymbol{r}_A)$ が成り立ち，(12.21) の 2 番目の変形でこの関係式を用いた．(12.21) を用いて，保存力による仕事は

$$\int_{\boldsymbol{r}_A}^{\boldsymbol{r}_B} \boldsymbol{F}(\boldsymbol{r})\cdot d\boldsymbol{r} = U(\boldsymbol{r}_0, \boldsymbol{r}_A) - U(\boldsymbol{r}_0, \boldsymbol{r}_B) \tag{12.23}$$

と表され，(12.17) の右辺に (12.23) の右辺を代入して，

$$\frac{1}{2} m\boldsymbol{v}^2(t_2) - \frac{1}{2} m\boldsymbol{v}^2(t_1) = U(\boldsymbol{r}_0, \boldsymbol{r}_A) - U(\boldsymbol{r}_0, \boldsymbol{r}_B) \tag{12.24}$$

すなわち，

$$\frac{1}{2} m\boldsymbol{v}^2(t_2) + U(\boldsymbol{r}_0, \boldsymbol{r}_B) = \frac{1}{2} m\boldsymbol{v}^2(t_1) + U(\boldsymbol{r}_0, \boldsymbol{r}_A) \tag{12.25}$$

が導かれる．

物体が時刻 t で位置 $\boldsymbol{r}$ に存在したとする．$m\boldsymbol{v}^2(t)/2$ が物体のもつ運動エネルギーに相当し，12.2.1 項で述べた性質（1）を有している．一方，$U(\boldsymbol{r}_0, \boldsymbol{r})$ は物体がもつ位置エネルギーに相当し，重力に関して $U = mgh$（h は高低差）となり 12.2.1 項で述べた性質（2）を有している．また，(12.20) により，

$$U(\boldsymbol{r}_0, \boldsymbol{r}) = -\int_{\boldsymbol{r}_0}^{\boldsymbol{r}} \boldsymbol{F}(\boldsymbol{r}')\cdot d\boldsymbol{r}' = \int_{\boldsymbol{r}_0}^{\boldsymbol{r}} (-\boldsymbol{F}(\boldsymbol{r}'))\cdot d\boldsymbol{r}' \tag{12.26}$$

となり，「保存力に逆らって物体にする仕事は位置エネルギーに等しい」という性質（一様な重力やばねの弾性力に関する性質）が，保存力の場合に成り立つことがわかる．

(12.25) は

$$E = \frac{1}{2} m\boldsymbol{v}^2(t) + U(\boldsymbol{r}_0, \boldsymbol{r}) \tag{12.27}$$

が常に一定に保たれること，すなわち，12.2.1 項で述べた性質（3）を表している．このような性質は力学的エネルギー保存則とよばれる．位置エネルギー $U(\boldsymbol{r}_0, \boldsymbol{r})$ はポテンシャルエネルギーともよばれる（4.2 節参照）．

保存力の特徴を以下にまとめて記載する．

・保存力の作用のもとで物体が任意の点から出発してもとの点に戻るときに，保存力が物体にする仕事の総和は0である．
・保存力に逆らって物体にする仕事は，位置エネルギーに等しい．
・保存力は，位置エネルギーの減少分に等しい仕事を物体にする．
・保存力のみを受けて運動する物体の力学的エネルギーは，一定である．

力がする仕事が経路によらないための条件

図12.14のように，2つの異なる経路Γ_1，Γ_2を通って，物体が(x, y)から$(x + \Delta x, y + \Delta y)$まで移動したとき，力がする仕事をそれぞれ$W(\Gamma_1)$，$W(\Gamma_2)$と記す．これらは

$$\begin{aligned} W(\Gamma_1) &= F_x(x, y)\Delta x + F_y(x + \Delta x, y)\Delta y \\ &= F_x(x, y)\Delta x + F_y(x, y)\Delta y + \frac{\partial F_y}{\partial x}\Delta x\Delta y \end{aligned} \tag{12.28}$$

$$\begin{aligned} W(\Gamma_2) &= F_y(x, y)\Delta y + F_x(x, y + \Delta y)\Delta x \\ &= F_y(x, y)\Delta y + F_x(x, y)\Delta x + \frac{\partial F_x}{\partial y}\Delta y\Delta x \end{aligned} \tag{12.29}$$

で近似される．

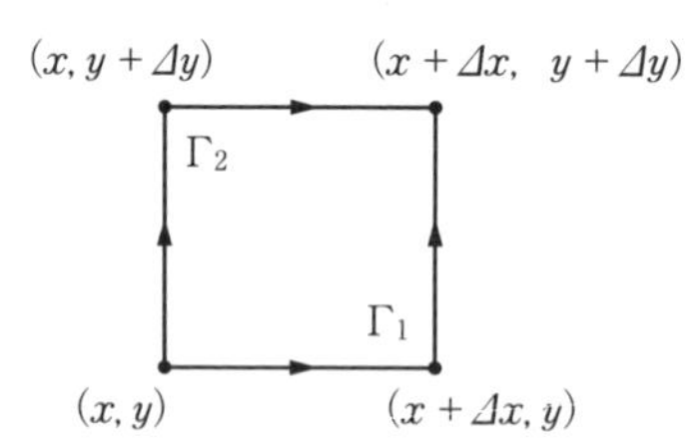

図12.14　微小区間における異なる経路

力が物体にする仕事に関して，その経路によらないとき，$W(\Gamma_1) = W(\Gamma_2)$が成り立ち，

$$\frac{\partial F_y}{\partial x} = \frac{\partial F_x}{\partial y} \tag{12.30}$$

が導かれる．3次元空間では，条件式は

$$\frac{\partial F_y}{\partial x} = \frac{\partial F_x}{\partial y}, \quad \frac{\partial F_z}{\partial y} = \frac{\partial F_y}{\partial z}, \quad \frac{\partial F_x}{\partial z} = \frac{\partial F_z}{\partial x} \tag{12.31}$$

のように拡張される．(12.31) が保存力になるための条件式である．

次に，力 $\boldsymbol{F}$ が保存力である場合，$\boldsymbol{F}$ が $\boldsymbol{r}$ の関数 $U = U(\boldsymbol{r})$ を用いて，

$$\boldsymbol{F} = -\nabla U = \left(-\frac{\partial U}{\partial x}, -\frac{\partial U}{\partial y}, -\frac{\partial U}{\partial z}\right) \tag{12.32}$$

と表されることを示そう．(12.26) より，位置エネルギー $U(\boldsymbol{r}_0, \boldsymbol{r})$ を

$$U(\boldsymbol{r}_0, \boldsymbol{r}) = -\int_{r_0}^{r} \boldsymbol{F}(\boldsymbol{r}')\cdot d\boldsymbol{r}' = U(\boldsymbol{r}) \tag{12.33}$$

のように，始点 $\boldsymbol{r}_0$ を明記しない形 $U(\boldsymbol{r})$ で表記する．$\boldsymbol{r}$ と $\boldsymbol{r} + \Delta\boldsymbol{r}$ における位置エネルギーの差は

$$U(\boldsymbol{r} + \Delta\boldsymbol{r}) - U(\boldsymbol{r}) = \nabla U\cdot\Delta\boldsymbol{r} \tag{12.34}$$

$$\begin{aligned} U(\boldsymbol{r} + \Delta\boldsymbol{r}) - U(\boldsymbol{r}) &= -\int_{r_0}^{r+\Delta r} \boldsymbol{F}(\boldsymbol{r}')\cdot d\boldsymbol{r}' + \int_{r_0}^{r} \boldsymbol{F}(\boldsymbol{r}')\cdot d\boldsymbol{r}' \\ &= -\int_{r}^{r+\Delta r} \boldsymbol{F}(\boldsymbol{r}')\cdot d\boldsymbol{r}' = -\boldsymbol{F}(\boldsymbol{r})\cdot\Delta\boldsymbol{r} \end{aligned} \tag{12.35}$$

のように2通りに近似される．(12.34) と (12.35) の右辺同士を等号で結ぶことにより，(12.32) が導かれる．

例題 12.3

(12.32) で表記される力が，条件式 (12.31) を満足することを示せ．

解　(12.32) で表記される力を成分で記すと，

$$F_x = -\frac{\partial U}{\partial x}, \quad F_y = -\frac{\partial U}{\partial y}, \quad F_z = -\frac{\partial U}{\partial z} \tag{12.36}$$

である．積分可能条件とよばれる関係式

$$\frac{\partial^2 U}{\partial x \partial y} = \frac{\partial^2 U}{\partial y \partial x}, \quad \frac{\partial^2 U}{\partial y \partial z} = \frac{\partial^2 U}{\partial z \partial y}, \quad \frac{\partial^2 U}{\partial z \partial x} = \frac{\partial^2 U}{\partial x \partial z} \tag{12.37}$$

を用いて，$\partial F_y/\partial x = \partial F_x/\partial y$ は

$$\frac{\partial F_y}{\partial x} = \frac{\partial}{\partial x}\left(-\frac{\partial U}{\partial y}\right) = -\frac{\partial^2 U}{\partial x \partial y} = -\frac{\partial^2 U}{\partial y \partial x} = \frac{\partial}{\partial y}\left(-\frac{\partial U}{\partial x}\right) = \frac{\partial F_x}{\partial y} \tag{12.38}$$

のように示される．ここで，

$$\frac{\partial^2 U}{\partial x \partial y} = \frac{\partial}{\partial x}\left(\frac{\partial U}{\partial y}\right), \quad \frac{\partial^2 U}{\partial y \partial x} = \frac{\partial}{\partial y}\left(\frac{\partial U}{\partial x}\right) \tag{12.39}$$

などである．$\partial F_z/\partial y = \partial F_y/\partial z$，$\partial F_x/\partial z = \partial F_z/\partial x$ についても，同様にして示される．◆

保存力の例として，前述の一様な重力やばねの弾性力がある．さらに，万有引力の位置エネルギーは $U(r) = -GmM/r$（(11.4) 参照）と表されるので，万有引力も保存力である．万有引力と一様な重力の関係については，例題 5.1 および第 11 章の章末問題［7］を参照しよう．

12.2.3　保存力でない力がはたらく場合のエネルギー

保存力の他に空気抵抗や摩擦に伴う力 $\boldsymbol{F}_{\mathrm{f}}$ を物体が受けているとき，エネルギーに関する公式（12.25）は

$$\frac{1}{2}m\boldsymbol{v}^2(t_2) + U(\boldsymbol{r}_{\mathrm{O}}, \boldsymbol{r}_{\mathrm{B}}) = \frac{1}{2}m\boldsymbol{v}^2(t_1) + U(\boldsymbol{r}_{\mathrm{O}}, \boldsymbol{r}_{\mathrm{A}}) + \int_{t_1}^{t_2} \boldsymbol{F}_{\mathrm{f}}(\boldsymbol{r})\cdot\frac{d\boldsymbol{r}}{dt}\,dt \tag{12.40}$$

のように変更される．$\boldsymbol{F}_{\mathrm{f}}$ は物体に対して負の仕事をし，この場合，物体のもつ力学的エネルギーは保存しない．力学的エネルギーの減少分は熱や音や物体の変形などに使用される．すなわち，エネルギーは消失するのではなく，形態を変えて存続し，一般化された形のエネルギーの保存則「**エネルギーはその形態を変化させるが，エネルギーの総和は保存される**」が成り立つ．

ヒーロー

仮面がタロちゃんに尋ねた．『この章で何を学んだ？』「“エネルギーと仕事に関するさまざまな性質を学びました”という回答は優等生的？」『先回りできるようになったようだね.』「ということは，もっと一般的なこと？」『1.2 節を参照せよ.』タロちゃんはすかさず 1.2 節を読み返した.「あっそうか．高い視点に立って眺めること.」『そうだ．そうすると？』「力学を越えてさまざまな自然現象に共通する法則性や概念が見えてきて，自然法則をより深く探究できる可能性が開けること.」『ご名答！』『その典型例が“エネルギー”なんだ.』「エネルギーってすごい概念なんだね.」『エネルギーの特徴にそのすごさが現れているぞ.』「えーと，エネルギーの特徴は“仕事ができる”，“種類が豊富”，“変換できる”，“保存される”かな.」『端的に表現されているね．ちなみに“変換”を“変身”，“保存される”を“不死身である”と読みかえるとどうだ.』「なんだか，アクションもののヒーローみたいだね.」

『まさに，エネルギーはヒーローの資質をもっているんだ．ヒーローは大切にしたいものだ．』

仮面がタロちゃんにつぶやいた．『次元を意識すると興味深いことがわかるぞ．』「どういうこと？」『万有引力が逆２乗則の形をしている理由を考えたことがあるか？』「章末問題［６］が関係しそうだね．」『その通り！万有引力の逆２乗則は，空間が３次元であることに起因するんだ．』「高い視点に立って眺めることがやはり重要ってこと？」『そうだ．高次元で考察したり，一般次元で成立するような公式を求めたりすると視野が広がるぞ．』「“低次元”という言葉が文字通りの意味に見えるってこと？」『うまいこと言ったな．余談かもしれないが，“超弦理論”とよばれる理論によると，この世界には余分な次元（余剰空間）が潜んでいるようだ．』「それが正しいなら，“高次元の世界から低次元の世界を眺める”という発想は自然なのかもしれないね．」『そうだな．』

章末問題

［１］ ウエイトリフティングの選手が 240 kg のバーベルを 2.4 m の高さまで 2.2 秒かかって持ち上げたとき，選手がバーベルにした仕事と平均の仕事率を求めよ．

⇨ 12.1.1 項，12.1.3 項

［２］ 体重 60 kg のマラソンランナーが２時間７分かけて 42.195 km を走破したとき，そのランナーが自分自身にした仕事と平均の仕事率を求めよ．

⇨ 12.1.1 項，12.1.3 項

［３］ 次のさまざまな物体の運動エネルギーを求めよ． ⇨ 12.2.1 項

（ａ） 太陽を基準点とした地球．

（ｂ） 地球を基準点とした月．

（ｃ） 2 m の高さから落下して，地面に到達する直前の 300 g のリンゴ．

（ｄ） 時速 300 km/h で走行している新幹線「のぞみ」（重量は 720 トン）．

［４］ 棒高跳びの選手がどれくらいの高さのバーをクリアできるか評価せよ．ただし，選手の重心の高さは 1.2 m で，踏み切るときの選手の速さは 10 m/s とし，最高到達点での選手の速さと大きさは無視できるものとする．また，選手の重心運動に関する運動エネルギーはすべて位置エネルギーに変換されるとする．

⇨ 12.2.1 項

［5］ 高さ h の地点から初速度 $\boldsymbol{v}_0$ で物体を放り投げたとする．空気抵抗が無視できる場合，地面に到達するときの速さ v が物体を放り投げる向きによらないことを示せ．

⇨ 12.2.1 項

［6］ 1つの物体の力学的エネルギーに関して，以下の問いに答えよ．

⇨ 12.2.1 項

（a） 運動エネルギーの変化分が仕事に変わるという関係式（12.17）から，ニュートンの運動方程式を導け．

（b） 力学的エネルギーが保存される場合，物体の位置エネルギーが最小値を取るとき，物体にはたらく力がつり合った状態にあることを示せ．

［7］ 位置エネルギー $U = U(r)$ に対して，以下の問いに答えよ．

⇨ 12.2.2 項

（a） 3次元空間において，$U(r) = -k/r$ が原点（$r = 0$）を除いて $(\partial^2/\partial x^2 + \partial^2/\partial y^2 + \partial^2/\partial z^2)U(r) = 0$ を満たすことを示せ．ここで，k は定数，$r = \sqrt{x^2 + y^2 + z^2}$ である．

（b） 2次元空間において，$U(r) = -\log(r/r_0)$ が原点を除いて $(\partial^2/\partial x^2 + \partial^2/\partial y^2)U(r) = 0$ を満たすことを示せ．ここで，r_0 は定数，$r = \sqrt{x^2 + y^2}$ である．また，$\boldsymbol{F} = -\nabla U(r)$ を計算せよ．

（c） 1次元空間について，$(d^2/dx^2)U(r) = 0$ を満たす $U(r)$（$r = |x|$）を求め，$F_x = -(d/dx)U(r)$ を計算せよ．

［8］ 空気抵抗を受けて，終端速度で鉛直方向に落下している質量 m の物体に関して，以下の問いに答えよ．

⇨ 12.2.3 項

（a） 距離 h だけ落下したときの，物体の力学的エネルギーの変化量を求めよ．

（b） 力学的エネルギーが変化した理由を述べよ．

［9］ ドライバーが急ブレーキの必要性を判断してから車が停止するまでの距離（停止距離）は，「空走距離（ブレーキが必要と判断してからブレーキをかけるまでにかかる時間 Δt の間に進む距離）」と，「制動距離（ブレーキをかけてから停止するまでに進む距離）」の和である．走行面の動摩擦係数を μ' として，以下の問いに答えよ．

⇨ 12.2.3 項

（a） 速さ v で等速直線運動している車の停止距離 l を式で表せ．

（b） 時速 20 km/h のときの停止距離が 9 m で，時速 40 km/h のときの停止距離が 22 m とする．Δt（反応時間）と μ' の値を概算せよ．

［10］ 時速 82 km/h で走行する車の燃費は 11 km/L（L はリットル）であるとする．

ここで燃費とは，ガソリンなどの燃料の単位容量当りの走行距離のことである．1 L のガソリンのエネルギーは 3.4×10^7 J で，そのエネルギーの 14% が車輪の回転に使用されるとする．時速 82 km/h で走行する車の車輪に，毎秒当り供給されるエネルギーの値を概算せよ．

⇨ **12.1.3 項**

非慣性系から眺めてみよう

さまざまな観測者の視点に立って記述の拡張を行い，次の疑問を解決しよう．

- 回転している円盤上の物体が外側に放り出されるのはなぜか？
- 振り子の振動面がゆっくりと時間変化するのはなぜか？

13.1 慣性系を再考しよう

一般的な観測者の視点に立った記述の拡張を行う前に，慣性系の特徴を吟味(ぎんみ)する．第4章で述べたように，慣性系とは，慣性の法則「物体が力を受けないとき，物体の運動状態は変化しない」が成り立つ座標系で，次の特徴をもつ．

慣性系は無数に存在する．

実際，ある慣性系に対して，原点を任意の定ベクトルだけずらした系も，原点の周りに任意の一定角度だけ回転させた系も，慣性系である．さらに，慣性系に対して，任意の速度で等速直線運動をしている座標系も慣性系である．これらを数式を用いて説明しよう．

2つの直交座標系（I系とI′系）を設定する．I系，I′系における物体の位置ベクトルをそれぞれ $\boldsymbol{r}$，$\boldsymbol{r}'$ とする．

（i） 図13.1のように，I系に対して原点を定ベクトル $\boldsymbol{r}_0 = (x_0, y_0, z_0)$ だけずらすことによりI′系が得られるとき，I系とI′系の間の変換は**並進**

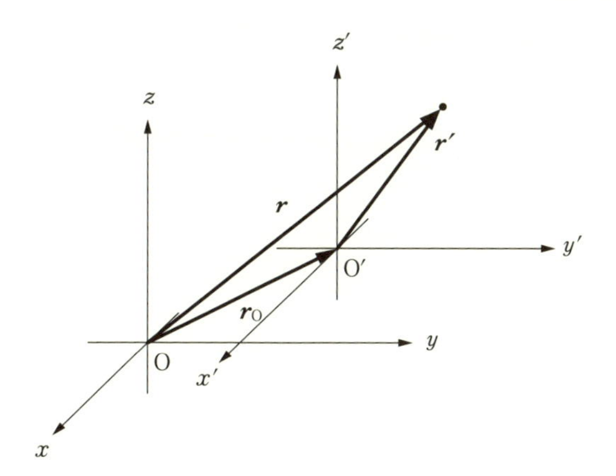

図 13.1 並進変換

変換とよばれ，

$$\boldsymbol{r} = \boldsymbol{r}_0 + \boldsymbol{r}' \tag{13.1}$$

が成り立つ．このとき，物体の速度はI系，I′系のどちらではかっても同じであるから，一方が慣性系ならば，もう片方も慣性系である．

(ii) I系に対して，原点の周りに任意の一定角度だけ回転させることによりI′系が得られるとき，I系とI′系の間の変換は空間回転（直交変換の一種）とよばれる．回転軸を z 軸に選び，その周りで θ だけ回転させた場合，

$$x' = x\cos\theta + y\sin\theta, \quad y' = -x\sin\theta + y\cos\theta, \quad z' = z \tag{13.2}$$

で与えられる（2.2 節参照）．ここで，θ は定数である（図 13.2 参照）．

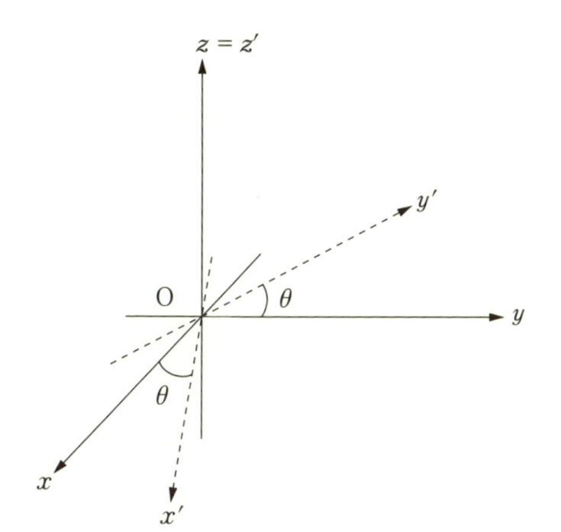

図 13.2 空間回転

このとき，物体の速度も空間回転により関係づけられ，等速度は等速度に移るため一方が慣性系ならば，もう片方も慣性系である．

（iii） 図 13.3 のように，I 系に対して速度 $\boldsymbol{u}$ で等速直線運動をしている観測者の座標系を I′ 系とすると，両者は**ガリレイ変換**

$$\boldsymbol{r}' = \boldsymbol{r} - \boldsymbol{u}t \tag{13.3}$$

で結ばれる．(13.3) を時間で微分することにより，速度に関する変換則

$$\frac{d\boldsymbol{r}'}{dt} = \frac{d\boldsymbol{r}}{dt} - \boldsymbol{u} \tag{13.4}$$

が得られ，物体の速度は座標系に依存する，ここで，$\boldsymbol{u}$ は I 系から見た I′ 系の相対速度である．$\boldsymbol{u}$ は一定であるため $d\boldsymbol{r}/dt$ が等速度ならば，$d\boldsymbol{r}'/dt$ も等速度となり，一方が慣性系ならば，もう片方も慣性系である．

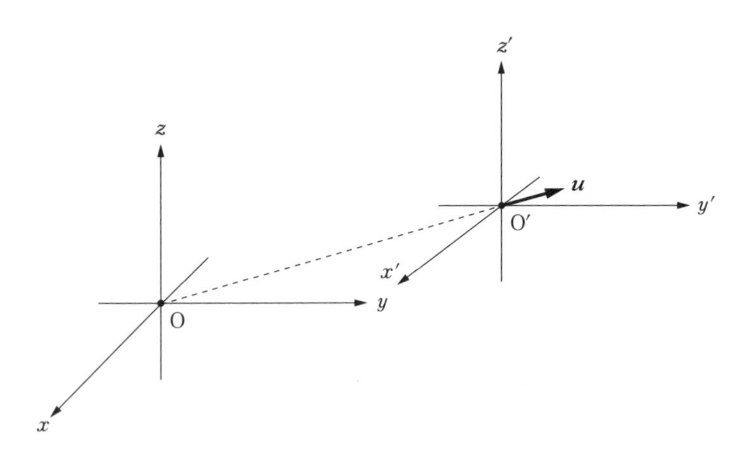

図 13.3　ガリレイ変換

物体にはたらく力は，並進変換やガリレイ変換で結ばれる I 系と I′ 系に対して，

$$\boldsymbol{F}' = \boldsymbol{F} \tag{13.5}$$

が成り立ち，空間回転 (13.2) で結ばれる I 系と I′ 系に対して，

$$F_{x'} = F_x \cos\theta + F_y \sin\theta, \quad F_{y'} = -F_x \sin\theta + F_y \cos\theta, \quad F_{z'} = F_z \tag{13.6}$$

が成り立つ．よって，I 系と I′ 系のどちらにおいても同じ形の運動方程式

$$m\frac{d^2\boldsymbol{r}}{dt^2} = \boldsymbol{F}, \quad m\frac{d^2\boldsymbol{r}'}{dt^2} = \boldsymbol{F}' \tag{13.7}$$

が成立する．このことは，運動法則を用いて特別な慣性系を選び出すことが原理的に不可能であることを意味し，この性質は**相対性原理**とよばれ，次のように表現される．

すべての慣性系において同じ運動法則が成立する．

ニュートン力学において，この性質は**ガリレイの相対性原理**とよばれる[†1]．

13.2 非慣性系を考察しよう

慣性系に対して加速度運動している観測者が物体の運動を観測すると，慣性の法則が成り立たないことに気づく．このような慣性の法則が成立しない系は**非慣性系**とよばれる．

加速度運動の典型例として，並進運動に伴う加速度運動と回転運動に伴う加速度運動があり，これらについて考察する．2つの直交座標系（O 系と O′ 系）を設定し，O 系，O′ 系における物体の位置ベクトルをそれぞれ $\boldsymbol{r}$，$\boldsymbol{r}'$ とする．

13.2.1 並進運動に伴う非慣性系

x 軸と x' 軸，y 軸と y' 軸，z 軸と z' 軸がそれぞれ平行に保たれたまま，それぞれの系の観測者が互いに運動しているとき，O′ 系は O 系に対して，**並進運動**をしているという．ガリレイ変換で結びつく運動は並進運動の特別な例である．

O 系から見た O′ 系の原点の位置ベクトルを $\boldsymbol{r}_0$ とすると，

$$\boldsymbol{r}' = \boldsymbol{r} - \boldsymbol{r}_0 \tag{13.8}$$

†1 「慣性の法則」，「慣性系の定義」，「相対性原理」は，相対論的力学とよばれる特殊相対性理論に基づく力学においても有効である．ニュートン力学と相対論的力学の主な違いは時空構造の違いに起因するもので，力学の舞台が4次元ミンコフスキー時空に代わり，それに伴いガリレイ変換がローレンツ変換に代わる．

が成り立つ．(13.8) を時間で微分することにより，速度に関する変換則

$$\frac{d\boldsymbol{r}'}{dt} = \frac{d\boldsymbol{r}}{dt} - \frac{d\boldsymbol{r}_0}{dt} \tag{13.9}$$

が得られる．ここで，$d\boldsymbol{r}_0/dt$ は O 系から見た O′ 系の相対速度である．

さらに，(13.9) を時間で微分することにより，加速度に関する変換則

$$\frac{d^2\boldsymbol{r}'}{dt^2} = \frac{d^2\boldsymbol{r}}{dt^2} - \frac{d^2\boldsymbol{r}_0}{dt^2} \tag{13.10}$$

が得られる．ここで，$d^2\boldsymbol{r}_0/dt^2$ は O 系から見た O′ 系の相対加速度である．

O 系が慣性系とすると，そこではニュートンの運動方程式

$$m\frac{d^2\boldsymbol{r}}{dt^2} = \boldsymbol{F} \tag{13.11}$$

が成り立つ．ここで，$\boldsymbol{F}$ は物体にはたらく力である．

(13.10) と (13.11) により，

$$m\frac{d^2\boldsymbol{r}'}{dt^2} = \boldsymbol{F} - m\frac{d^2\boldsymbol{r}_0}{dt^2} \tag{13.12}$$

が導かれる．

(13.12) は O′ 系において成立する運動方程式と考えられる．(13.12) の右辺の第 2 項は物体にはたらく真の力ではなくて，非慣性系を選んだことにより発生した見かけのもので，**慣性力**（**見かけの力**）とよばれる．

O′ 系において物体の運動状態が変わらないとき，すなわち，$d^2\boldsymbol{r}'/dt^2 = \boldsymbol{0}$ のとき，

$$\boldsymbol{F} - m\frac{d^2\boldsymbol{r}_0}{dt^2} = \boldsymbol{0} \tag{13.13}$$

が成り立ち，真の力 $\boldsymbol{F}$ が慣性力 $-\,md^2\boldsymbol{r}_0/dt^2$ とつり合った状態にある．物体にはたらく真の力と慣性力がつり合う例として，図 13.4 のように加速度の大きさが a の等加速度直線運動している電車内において，軽いひもに吊るした

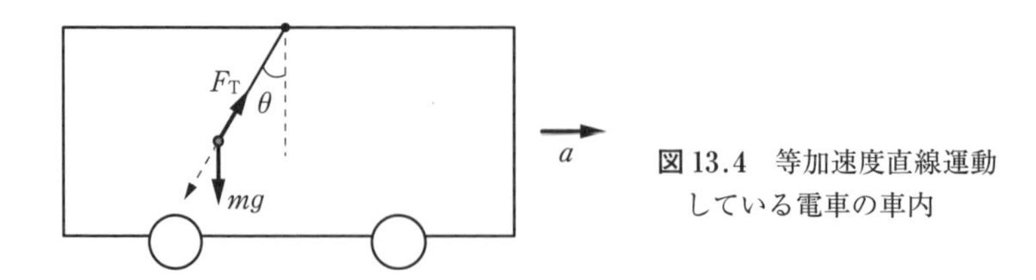

図 13.4　等加速度直線運動している電車の車内

質量 m のおもりが鉛直方向から θ だけ斜めになる現象がある．

例題 13.1

上述の電車の中で起こる現象を，数式を用いて説明せよ．

解　電車の外にいる地上に静止した人（慣性系における観測者）から見ると，おもりは重力（大きさ mg）とひもの張力（大きさ F_T で一定）を受けて，運動方程式

$$ma = F_\mathrm{T}\sin\theta, \quad 0 = F_\mathrm{T}\cos\theta - mg \tag{13.14}$$

に従い等加速度直線運動している．一方，電車の中にいる人（非慣性系における観測者）から見ると，重力と慣性力（大きさ ma）とひもの張力が

$$F_\mathrm{T}\sin\theta - ma = 0, \quad F_\mathrm{T}\cos\theta - mg = 0 \tag{13.15}$$

のようにつり合うことにより，ひもに吊るされたおもりが斜めになる．(13.14) と (13.15) は数学的に等価な方程式である．◆

このように，非慣性系に基づき慣性力を実際の力として扱うことにより，動力学の問題が静力学の問題に帰着する．これを**ダランベールの原理**という．

13.2.2　回転運動に伴う非慣性系

O 系に対して，原点の周りで回転運動している観測者の系を O′ 系とする．O′ 系は**回転座標系**とよばれる．回転軸を z 軸に選ぶと，物体の位置ベクトルに関して，

$$x = x'\cos\theta - y'\sin\theta, \quad y = x'\sin\theta + y'\cos\theta, \quad z = z' \tag{13.16}$$

が成り立つ．ここで，$\theta = \theta(t)$，すなわち，θ は時間に依存する．

(13.16) を時間で微分することにより，速度に関する変換則

$$v_x = v_{x'}\cos\theta - v_{y'}\sin\theta - (x'\sin\theta + y'\cos\theta)\frac{d\theta}{dt} \tag{13.17}$$

$$v_y = v_{x'}\sin\theta + v_{y'}\cos\theta + (x'\cos\theta - y'\sin\theta)\frac{d\theta}{dt} \tag{13.18}$$

$$v_z = v_{z'} \tag{13.19}$$

が得られる．ここで，

$$v_x = \frac{dx}{dt}, \quad v_y = \frac{dy}{dt}, \quad v_z = \frac{dz}{dt}, \quad v_{x'} = \frac{dx'}{dt}, \quad v_{y'} = \frac{dy'}{dt}, \quad v_{z'} = \frac{dz'}{dt} \tag{13.20}$$

である．

さらに，(13.17)，(13.18)，(13.19) を時間で微分することにより，加速度に関する変換則

$$a_x = a_{x'}\cos\theta - a_{y'}\sin\theta - 2(v_{x'}\sin\theta + v_{y'}\cos\theta)\frac{d\theta}{dt} - (x'\cos\theta - y'\sin\theta)\left(\frac{d\theta}{dt}\right)^2 - (x'\sin\theta + y'\cos\theta)\frac{d^2\theta}{dt^2} \quad (13.21)$$

$$a_y = a_{x'}\sin\theta + a_{y'}\cos\theta + 2(v_{x'}\cos\theta - v_{y'}\sin\theta)\frac{d\theta}{dt} - (x'\sin\theta + y'\cos\theta)\left(\frac{d\theta}{dt}\right)^2 + (x'\cos\theta - y'\sin\theta)\frac{d^2\theta}{dt^2} \quad (13.22)$$

$$a_z = a_{z'} \quad (13.23)$$

が得られる．ここで，

$$\left.\begin{aligned} a_x &= \frac{d^2x}{dt^2}, \quad a_y = \frac{d^2y}{dt^2}, \quad a_z = \frac{d^2z}{dt^2} \\ a_{x'} &= \frac{d^2x'}{dt^2}, \quad a_{y'} = \frac{d^2y'}{dt^2}, \quad a_{z'} = \frac{d^2z'}{dt^2} \end{aligned}\right\} \quad (13.24)$$

である

O 系が慣性系であるとする．そこでは，ニュートンの運動方程式

$$ma_x = F_x, \quad ma_y = F_y, \quad ma_z = F_z \quad (13.25)$$

が成り立つ．ここで，$\boldsymbol{F} = (F_x, F_y, F_z)$ は物体にはたらく力である．

力はベクトルであるから，力に関する変換則

$$F_x = F_{x'}\cos\theta - F_{y'}\sin\theta, \quad F_y = F_{x'}\sin\theta + F_{y'}\cos\theta, \quad F_z = F_{z'} \quad (13.26)$$

が成り立つ．ここで，$\boldsymbol{F}' = (F_{x'}, F_{y'}, F_{z'})$ は O′ 系から見た物体にはたらく真の力である．

よって，(13.21)，(13.22)，(13.23)，(13.26) を (13.25) に代入して，

$$m\left\{a_{x'}\cos\theta - a_{y'}\sin\theta - 2(v_{x'}\sin\theta + v_{y'}\cos\theta)\frac{d\theta}{dt}\right.$$

$$- (x' \cos\theta - y' \sin\theta)\left(\frac{d\theta}{dt}\right)^2 - (x' \sin\theta + y' \cos\theta)\frac{d^2\theta}{dt^2}\Bigg\}$$

$$= F_{x'} \cos\theta - F_{y'} \sin\theta \tag{13.27}$$

$$m\left\{a_{x'} \sin\theta + a_{y'} \cos\theta + 2(v_{x'} \cos\theta - v_{y'} \sin\theta)\frac{d\theta}{dt}\right.$$

$$\left. - (x' \sin\theta + y' \cos\theta)\left(\frac{d\theta}{dt}\right)^2 + (x' \cos\theta - y' \sin\theta)\frac{d^2\theta}{dt^2}\right\}$$

$$= F_{x'} \sin\theta + F_{y'} \cos\theta \tag{13.28}$$

$$ma_{z'} = F_{z'} \tag{13.29}$$

が導かれる．

最後に，(13.27) と (13.28) を $ma_{x'}$ と $ma_{y'}$ に関する連立方程式と見なして解くと，

$$ma_{x'} = F_{x'} + m\left(\frac{d\theta}{dt}\right)^2 x' + 2m\frac{d\theta}{dt}v_{y'} + m\frac{d^2\theta}{dt^2}y' \tag{13.30}$$

$$ma_{y'} = F_{y'} + m\left(\frac{d\theta}{dt}\right)^2 y' - 2m\frac{d\theta}{dt}v_{x'} - m\frac{d^2\theta}{dt^2}x' \tag{13.31}$$

が得られる．

(13.29)，(13.30)，(13.31) からわかるように，非慣性系である O′ 系では，真の力 $\boldsymbol{F}' = (F_{x'}, F_{y'}, F_{z'})$ の他に次のような 3 種類の見かけの力が発生する．

1 つ目は右辺の第 2 項

$$\boldsymbol{F}'_{\rm i1} = (m\omega^2 x', m\omega^2 y', 0) \tag{13.32}$$

で**遠心力**とよばれる．ここで，ω は角速度で $\omega = d\theta/dt$ である．

2 つ目は右辺の第 3 項

$$\boldsymbol{F}'_{\rm i2} = (2m\omega v_{y'}, -2m\omega v_{x'}, 0) \tag{13.33}$$

で**コリオリの力**とよばれる．

3 つ目は右辺の第 4 項

$$\boldsymbol{F}'_{\rm i3} = \left(m\frac{d\omega}{dt}y', -m\frac{d\omega}{dt}x', 0\right) \tag{13.34}$$

で角加速度 $d\omega/dt$ $(= d^2\theta/dt^2)$ に比例する．地上では地球の自転による角加速度は極めて小さいので，多くの場合，$\boldsymbol{F}'_{\rm i3}$ は無視される．

以下で，遠心力とコリオリの力について実例を用いて考察する．

遠 心 力

「回転している円盤上の物体が外側に放り出されるのはなぜか？」という疑問を解決するために，次のような現象を考察しよう．

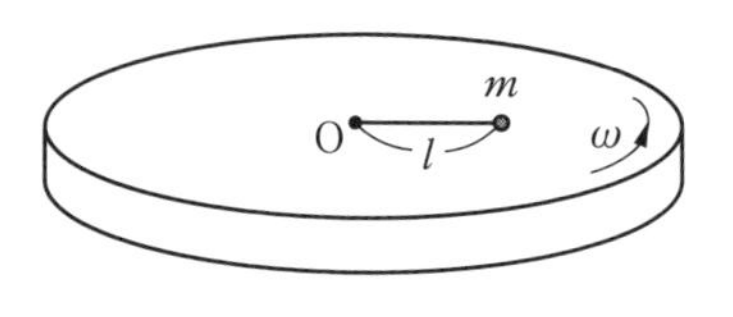

図 13.5　円盤上のおもりの運動

図 13.5 のように，粗い円盤上に長さ l の軽いひもの一端が円盤の中心 O に固定され，もう 1 つの端に質量 m のおもりが吊るされているとする．円盤が一定の角速度 ω で反時計回りに回転するとき，おもりも角速度 ω で等速円運動を行う．

例題 13.2

前述の運動を，静止系と円盤とともに回転する非慣性系で記述せよ．

解　地上に静止している観測者（慣性系）から見ると，おもりは運動方程式

$$ml\omega^2 = F_{\mathrm{T}} \tag{13.35}$$

に従って等速円運動をしている．ここで，F_{T} はひもの張力の大きさで一定である．一方，円盤とともに回転している観測者（非慣性系）から見ると，(x', y') に位置するおもりに，大きさ

$$|\boldsymbol{F}'_{\mathrm{i1}}| = \sqrt{(m\omega^2 x')^2 + (m\omega^2 y')^2} = m\omega^2 l \tag{13.36}$$

の遠心力がはたらき，それがひもの張力と

$$-F_{\mathrm{T}} + ml\omega^2 = 0 \tag{13.37}$$

のようにつり合うことにより，おもりが等速円運動をしている．円盤の上でおもりは静止しているので，コリオリの力ははたらかないことに注意しよう．(13.35) と (13.37) は数学的に等価な方程式である．◆

このように回転している円盤上に存在する物体には，遠心力が円の中心から外向きにはたらく．よって，回転している円盤上にいる観測者が外側に放り出されるのは遠心力のせいである．

コリオリの力

「振り子の振動面がゆっくりと時間変化するのはなぜか？」という疑問を解

決するために，**フーコーの振り子**とよばれる単振り子の運動について考察しよう．

図 13.6 のように，長さ l の軽いひもの端に質量 m のおもりをつけて，天井の点 P に吊るす．鉛直線から角度 θ の地点からおもりを静かに放すと，最下点 Q′ を中心にして振れる．

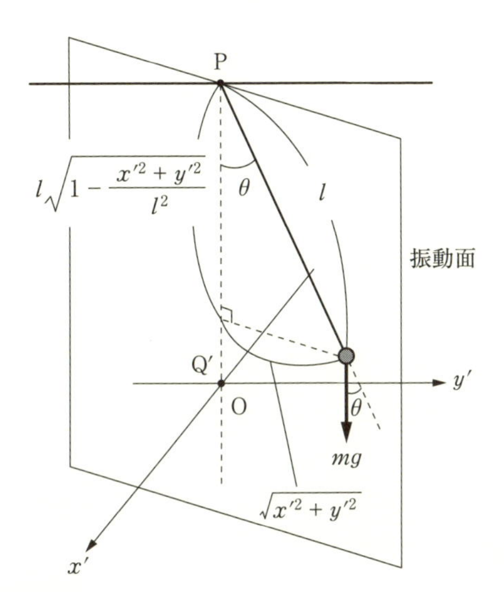

図 13.6　フーコーの振り子

例題 13.3

観測者が角速度 ω の回転座標系にいるとして，この振り子の運動を考察せよ．

解　おもりにはたらく真の力は重力とひもの張力である．重力は大きさ mg で鉛直下向きにはたらき，張力はその大きさを F_T とすると，点 P に向かう向きにはたらく．水平方向に Q′ を原点として x' 軸と y' 軸を設定する．観測者が角速度 ω の回転座標系にいるとすると，おもりの運動方程式の x' 成分と y' 成分は，それぞれ

$$ma_{x'} = -mg\frac{x'}{l\sqrt{1-\{(x'^2+y'^2)/l^2\}}} + 2m\omega v_{y'} \tag{13.38}$$

$$ma_{y'} = -mg\frac{y'}{l\sqrt{1-\{(x'^2+y'^2)/l^2\}}} - 2m\omega v_{x'} \tag{13.39}$$

で与えられる．ここで，重力の水平成分の大きさが

$$mg\tan\theta = mg\frac{\sqrt{x'^2+y'^2}}{\sqrt{l^2-(x'^2+y'^2)}} \tag{13.40}$$

で，これに $-x'/\sqrt{x'^2+y'^2}$, $-y'/\sqrt{x'^2+y'^2}$ を乗じることにより，(13.38) と (13.39) の右辺の第1項が得られる．(13.38) と (13.39) の右辺第2項は，コリオリの力である．また，重力に比べて遠心力の効果は小さいとして無視した．

振幅が小さい場合，すなわち，$l \gg \sqrt{x'^2+y'^2}$ のとき，(13.38)，(13.39) は

$$\frac{d^2x'}{dt^2} = -\frac{g}{l}x' + 2\omega\frac{dy'}{dt}, \quad \frac{d^2y'}{dt^2} = -\frac{g}{l}y' - 2\omega\frac{dx'}{dt} \tag{13.41}$$

で近似される．振動面がゆっくり円運動しながら変動するので，(13.41) の解として，

$$x' = C(t)\cos\omega_C t, \quad y' = C(t)\sin\omega_C t \tag{13.42}$$

を選ぶ．ここで，$C(t)$ は未定の関数，ω_C は未定の定数で，以下のように (13.42) が (13.41) の解になるという条件から，これらが決まる．

(13.42) を用いて，d^2x'/dt^2, d^2y'/dt^2 を計算すると，

$$\frac{d^2x'}{dt^2} = \left(\frac{d^2C}{dt^2} + \omega_c^2 C\right)\cos\omega_c t - 2\omega_c\frac{dy'}{dt} \tag{13.43}$$

$$\frac{d^2y'}{dt^2} = \left(\frac{d^2C}{dt^2} + \omega_c^2 C\right)\sin\omega_c t + 2\omega_c\frac{dx'}{dt} \tag{13.44}$$

が導かれ，これらが (13.41) の2式とそれぞれ一致するという条件から，

$$\frac{d^2C}{dt^2} + \left(\frac{g}{l} + \omega_c^2\right)C = 0, \quad \omega_c = -\omega \tag{13.45}$$

が得られる．(13.45) の第1式は単振動の方程式なので，(13.41) の解は

$$x' = A\cos(\omega_0 t + \theta_0)\cos(-\omega t), \quad y' = A\cos(\omega_0 t + \theta_0)\sin(-\omega t) \tag{13.46}$$

となる．ここで，A, θ_0 は実定数で，$\omega_0 = \sqrt{(g/l)+\omega^2} \approx \sqrt{g/l}$ である．この解から，単振り子の振動面が回転座標系の回転の向きとは逆向きに回転することがわかる．◆

地球の自転の角速度を $\omega_\oplus$ とすると，**緯度** φ における角速度は $\omega = \omega_\oplus \sin\varphi$ である（図 13.7 参照）．ここで，緯度とは赤道面と鉛直線がなす角度である．振り子の振動面が一周するのにかかる時間 T_c は角速度に反比例するので（$T_c = 2\pi/\omega$），緯度 φ における T_c は $(24/\sin\varphi)$ 時間である．例題 13.3 からわかるように，振り子の振動面がゆっくり時間変化するのはコリオリの力のせいである．

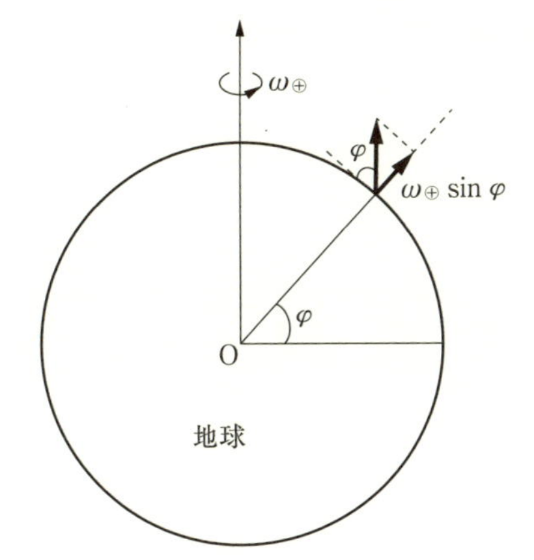

図 13.7　緯度と角速度

限界の打破

仮面がタロちゃんに尋ねた.『この章で何を学んだ？』タロちゃんは1.2節をパラパラとめくって確認した後，こう言った.「定式化の拡張により，理論の適用範囲が広がることを学びました.」『絶えず高い視点から学ぶという態度が身についてきたようだね.』今度は本当に褒められていると感じた. 嬉(うれ)しそうな表情をしたタロちゃんに，仮面が続けた.『そればかりでなく，別の理論を取り込んだり生み出したりする可能性も開けるんだ.』「例えば？」『典型例は“一般相対性理論”で，“座標系に依存しない定式化”と“等価原理”が融合した結果生まれた理論なんだ.』「一般相対性理論を理解したくなってきたよ.」『そのためには，数学の準備が必要だ.』「どんな？」『“微分幾何学に慣れ親しもう”だな.』

仮面がタロちゃんに語りかけた.『ガリレオ・ガリレイは，地動説を唱(とな)えたことで宗教裁判にかけられ有罪にされたことは知っているな.』「昔，聞いたことがあるよ. それでも地動説を曲げなかったよね.」『その通り. その理由を想像したことはあるか？』「科学を信じる強い心をもっていたんじゃない？」『同感だ.』

沈黙の後，仮面がタロちゃんにささやいた.『限界を打ち破ること. いや限界を設定しないことが重要だ.』「ガリレオの話の続き？」『いや，君たちの話. 卒業要件ぴったりの単位数で卒業する学生がいるが，あれはどうかなと思うんだ.』「どういうこと？」『“単位数ぎりぎり（で良，可多し）≒これが限界”，“はるかに多い単位数（で秀，優多し）≒余力あり”と評価されてしまうぞ．将来を見越して，よーく考えよう！』

章末問題

［1］ 直交変換のもとで長さが不変に保たれるという性質（$x'^2 + y'^2 + z'^2 = x^2 + y^2 + z^2$）を用いて，直交座標系の間の座標変換

$$\begin{cases} x' = a_{11}x + a_{12}y + a_{13}z, \quad y' = a_{21}x + a_{22}y + a_{23}z \\ z' = a_{31}x + a_{32}y + a_{33}z \end{cases}$$

が直交変換になるための条件を求めよ．　⇨ 2.2 節，13.1 節

［2］ 質量 M の物体 A が内部エネルギー ΔE を消費して，質量 m_1 の物体 1 と質量 m_2 の物体 2 に分裂したとする．以下の問いに答えよ．　⇨ 10.1.2 項，13.1 節

（a） 物体 A が静止して見える慣性系（I 系）において，物体 1，物体 2 の速度はそれぞれ $\boldsymbol{v}_1$，$\boldsymbol{v}_2$ である．分裂の前後において運動量やエネルギーが保存されるとして，保存則を書き下せ．

（b） I 系に対して速度 $\boldsymbol{u}$ で等速直線運動している観測者の座標系（I′ 系）においても，相対性原理により運動量とエネルギーが保存される．I′ 系における保存則を書き下せ．

（c） （a）と（b）で得られた保存則が両立するための条件式を求めよ．

［3］ 物体にはたらく真の力がする仕事と慣性力がする仕事の和は，0 であることを示せ．　⇨ 13.2.1 項

［4］ スピードスケートの選手の運動に関して，以下の問いに答えよ．

⇨ 13.2.2 項

（a） 氷の表面の摩擦力が無視できる場合，カーブを曲がる際に体を傾ける必要がある理由を述べよ．

（b） 選手の体重を m とする．曲率半径 R のカーブを速さ v で滑るとき，どのくらい体を傾ける必要があるか答えよ．

（c） カーブを曲がる際に足にかかる力の大きさ F を求めよ．

［5］ 回転ジャングルジムの角速度が ω になったとき，その外側につかまっている A 君の帽子が突然脱げて飛んでいった．B 君はその様子を外で立ち止まって見ていた．A 君，B 君が見た帽子の運動の様子を解説せよ． ⇨ 13.2.2 項

［6］ C 君が水の入ったバケツを，鉛直面内で半径 65 cm の円を描きながら一定の速さで回そうとしている．バケツから水がこぼれないように回すには，1 回転当り何秒以内で回す必要があるか求めよ． ⇨ 13.2.2 項

［7］ 水の入ったバケツを水平な回転台の中心に乗せて，角速度 ω で回転させたところ，水面が放物面になった（図 13.8 参照）．ここで，**放物面**とは放物線を回転させてできる図形面である．水面付近の水には，圧力勾配により発生した力 $\boldsymbol{F}$ が水面に垂直な方向にはたらく．以下の問いに答えよ． ⇨ 13.2.2 項

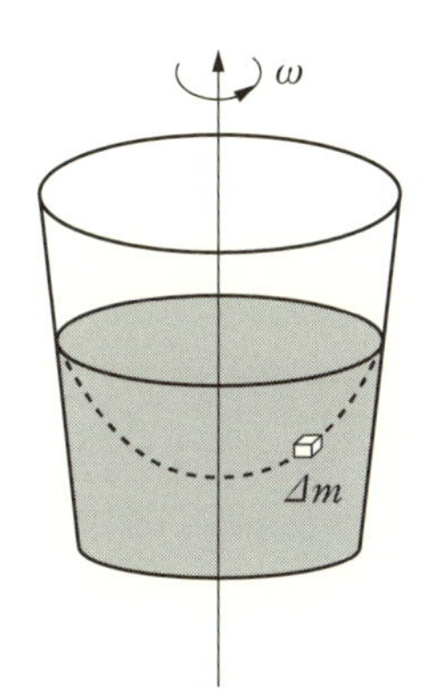

図 13.8

（a） バケツとともに回転している座標系から見て，水面付近の質量 Δm の微小体積の水にはたらく力を図示するとともに，それらの関係を式で表せ．

（b） 水面が安定に保たれる条件を表す微分方程式を書き下し，その解を求め，水面が放物面になることを示せ．

［8］ 角速度ベクトルとよばれる角速度の大きさをもち，回転軸の右ねじが進む向きをもつベクトル $\boldsymbol{\omega}$（16.1 節参照）を用いて，回転座標系では，物体の運動方程式が $m\boldsymbol{a}' = \boldsymbol{F}' - m\boldsymbol{\omega} \times (\boldsymbol{\omega} \times \boldsymbol{r}') + 2m\boldsymbol{v}' \times \boldsymbol{\omega} - m(d\boldsymbol{\omega}/dt) \times \boldsymbol{r}'$ と表される．$\boldsymbol{\omega} = (0, 0, \omega)$ のとき，この方程式から（13.30），（13.31），（13.29）が導かれることを示せ．ここで，$\boldsymbol{r}'$，$\boldsymbol{v}'$，$\boldsymbol{a}'$，$\boldsymbol{F}'$ はそれぞれ回転座標系における物体の位置ベクトル，速度，加速度，物体にはたらく真の力である． ⇨ 13.2.2 項

［9］ **【発展】** 物体の落下運動に関して，以下の問いに答えよ． ⇨ 13.2.2 項

（a）緯度 φ の地表付近の点 (x', y', z')（鉛直上向きを z' 軸の正の向きとする）にある，質量 m の物体にはたらくコリオリの力を φ を用いて表せ．ただし，地球の自転の角速度を ω とする．

（b）地表から高さ h の地点 $(x', y', z') = (0, 0, h)$ から，物体を静かに落下させた．物体には重力（鉛直下向きに大きさ mg）とコリオリの力がはたらくとして，物体の軌道（**ナイルの放物線**）を，物体がほぼ z' 軸に沿って落下するという近似のもとで求めよ．

[10] **【発展】** 北半球で台風が反時計回りに渦を巻く．この現象にもコリオリの力が関与していることを説明せよ．

⇨ 13.2.2 項

剛体の運動を定式化しよう

ここまで，身の回りにある物体や天体を質点と見なして，その運動がニュートンの運動方程式の解として理解できることを見た．巨大な惑星までも質点と見なすという大胆さが功を奏している，といっても過言ではない．ここで，次のような疑問が生じる．

- 質点に基づく記述がなぜこんなにもうまくいくのか？
- 質点では扱えない運動はあるのか？　それをいかにして扱うか？

これらの疑問を解決するのが，この章の課題である．

14.1　質点系の運動を定式化しよう

質点では扱えない運動の例として，コマや地球の自転が挙げられる．自転は物体が大きさをもつことに起因する．剛体とよばれる質量と大きさをもつ変形しない理想的な物体を扱う前に，**質点系**とよばれる質点の集団に関して，その運動を定式化する．その理由は，剛体が質点系の一種と見なせるからである．第 4 章で質点が 1 個と 2 個の場合の運動の定式化を行った．その拡張なので，第 4 章を読み返してから始めると理解しやすくなる．

14.1.1　質点系の運動

次頁の図 14.1 のように，N 個の質点が力を受けて運動しているとする．質点にはたらく力は内力と外力に分類される．**内力**とは，質点間にはたらく力で作用・反作用の法則に従う．**外力**とは，その源が質点系の外部に起因する力である．質点を 1 から N まで番号づけする．k 番目の質点の質量を m_k，位置ベクトルを $\boldsymbol{r}_k$ とする．l 番目の質点が k 番目の質点に及ぼす力を $\boldsymbol{F}_{k\leftarrow l}$ とし，k 番目の質点にはたらく外力を $\boldsymbol{F}_k$ とする．このとき，k 番目の質点は運動方程式

$$m_k \frac{d^2\boldsymbol{r}_k}{dt^2} = \sum_{l(\neq k)} \boldsymbol{F}_{k\leftarrow l} + \boldsymbol{F}_k \qquad (14.1)$$

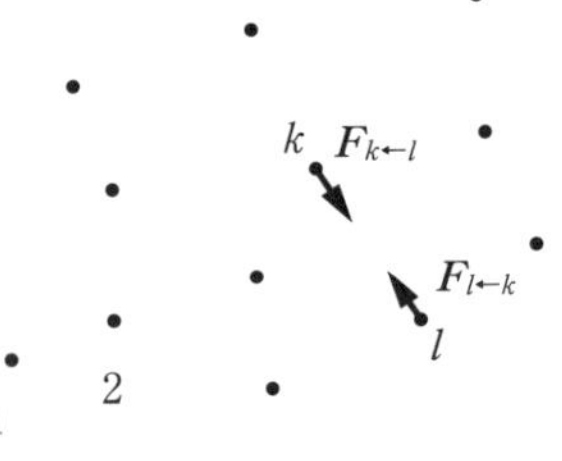

図 14.1　質点系

に従う．ここで，$\sum_{l(\neq k)}$ は k を除く l に関する 1 から N までの和を表す．内力は質点自身にはたらかないと考えられるので，$\boldsymbol{F}_{k\leftarrow k} = \boldsymbol{0}$ である．また，作用・反作用の法則より $\boldsymbol{F}_{k\leftarrow l} = -\boldsymbol{F}_{l\leftarrow k}$ が成り立つ．

以下で質点系の運動量，角運動量，エネルギーについて考察する．

運　動　量

k 番目の質点の運動量 $\boldsymbol{p}_k$ は

$$\boldsymbol{p}_k = m_k \frac{d\boldsymbol{r}_k}{dt} \qquad (14.2)$$

で定義され，$\boldsymbol{p}_k$ を用いて，(14.1) は

$$\frac{d\boldsymbol{p}_k}{dt} = \sum_{l(\neq k)} \boldsymbol{F}_{k\leftarrow l} + \boldsymbol{F}_k \qquad (14.3)$$

と表される．

すべての質点に関して，(14.1) あるいは (14.3) の辺々を足し算して，

$$\sum_{k=1}^{N} m_k \frac{d^2\boldsymbol{r}_k}{dt^2} = \sum_{k=1}^{N} \boldsymbol{F}_k, \quad \text{あるいは,} \quad \frac{d\boldsymbol{P}}{dt} = \boldsymbol{F} \qquad (14.4)$$

が得られる．ここで，$\boldsymbol{P}$ は**全運動量**，$\boldsymbol{F}$ は個々の質点にはたらく外力の総和で，それぞれ

$$\boldsymbol{P} = \sum_{k=1}^{N} \boldsymbol{p}_k, \quad \boldsymbol{F} = \sum_{k=1}^{N} \boldsymbol{F}_k \qquad (14.5)$$

で定義される．

(14.4) を導く際に，

$$\sum_{k=1}^{N} \sum_{l(\neq k)} \boldsymbol{F}_{k\leftarrow l} = \sum_{k>l} \boldsymbol{F}_{k\leftarrow l} + \sum_{l>k} \boldsymbol{F}_{k\leftarrow l} = \sum_{k>l} (\boldsymbol{F}_{k\leftarrow l} + \boldsymbol{F}_{l\leftarrow k}) = \boldsymbol{0} \qquad (14.6)$$

のように内力の寄与が $\mathbf{0}$ であることを用いた．ここで，$\sum_{k>l}$ は $k>l$ という条件のもとでの k と l に関する 1 から N までの和を表す．2 番目の等式では第 2 項に関して k を l に，l を k に書きかえている．3 番目の等式では $\boldsymbol{F}_{k\leftarrow l}=-\boldsymbol{F}_{l\leftarrow k}$ を用いている．

角運動量

原点周りの k 番目における質点の角運動量 $\boldsymbol{l}_k$ は

$$\boldsymbol{l}_k=\boldsymbol{r}_k\times\boldsymbol{p}_k=m_k\boldsymbol{r}_k\times\frac{d\boldsymbol{r}_k}{dt} \tag{14.7}$$

で定義され，

$$\frac{d\boldsymbol{l}_k}{dt}=\sum_{l(\neq k)}\boldsymbol{r}_k\times\boldsymbol{F}_{k\leftarrow l}+\boldsymbol{r}_k\times\boldsymbol{F}_k \tag{14.8}$$

に従う．

すべての質点に関して（14.8）の辺々を足し算して，

$$\frac{d}{dt}\left(\sum_{k=1}^{N}\boldsymbol{l}_k\right)=\sum_{k=1}^{N}\sum_{l(\neq k)}\boldsymbol{r}_k\times\boldsymbol{F}_{k\leftarrow l}+\sum_{k=1}^{N}\boldsymbol{r}_k\times\boldsymbol{F}_k \tag{14.9}$$

が導かれ，強い形の第 3 法則が成り立つとき，

$$\frac{d\boldsymbol{L}}{dt}=\boldsymbol{N} \tag{14.10}$$

が得られる．ここで，$\boldsymbol{L}$ は**全角運動量**，$\boldsymbol{N}$ は個々の質点にはたらく原点周りの外力のモーメントの総和で，それぞれ

$$\boldsymbol{L}=\sum_{k=1}^{N}\boldsymbol{l}_k,\quad \boldsymbol{N}=\sum_{k=1}^{N}\boldsymbol{r}_k\times\boldsymbol{F}_k \tag{14.11}$$

で定義される．

（14.10）を導く際に，

$$\begin{aligned}\sum_{k=1}^{N}\sum_{l(\neq k)}\boldsymbol{r}_k\times\boldsymbol{F}_{k\leftarrow l}&=\sum_{k>l}\boldsymbol{r}_k\times\boldsymbol{F}_{k\leftarrow l}+\sum_{l>k}\boldsymbol{r}_k\times\boldsymbol{F}_{k\leftarrow l}\\&=\sum_{k>l}(\boldsymbol{r}_k\times\boldsymbol{F}_{k\leftarrow l}+\boldsymbol{r}_l\times\boldsymbol{F}_{l\leftarrow k})=\sum_{k>l}(\boldsymbol{r}_k-\boldsymbol{r}_l)\times\boldsymbol{F}_{k\leftarrow l}=\mathbf{0}\end{aligned} \tag{14.12}$$

のように内力の寄与が $\mathbf{0}$ であることを用いた．（14.12）において，2 番目の等式では第 2 項に関して k を l に，l を k に書きかえている．3 番目の等式では $\boldsymbol{F}_{k\leftarrow l}=-\boldsymbol{F}_{l\leftarrow k}$ を用いている．最後の等式は，強い形の第 3 法則の特質 $\boldsymbol{F}_{k\leftarrow l}\,/\!/$

$\boldsymbol{r}_k - \boldsymbol{r}_l$ を用いて $\boldsymbol{0}$ になる（(4.5) 参照）.

エネルギー

k 番目の質点の運動エネルギー K_k は

$$K_k = \frac{1}{2} m_k \left(\frac{d\boldsymbol{r}_k}{dt}\right)^2 \tag{14.13}$$

で定義され，

$$\frac{dK_k}{dt} = \sum_{l(\neq k)} \boldsymbol{F}_{k\leftarrow l} \cdot \frac{d\boldsymbol{r}_k}{dt} + \boldsymbol{F}_k \cdot \frac{d\boldsymbol{r}_k}{dt} \tag{14.14}$$

に従う．

すべての質点に関して (14.14) の辺々を足し算して，

$$\frac{dK}{dt} = \sum_{k=1}^{N} \sum_{l(\neq k)} \boldsymbol{F}_{k\leftarrow l} \cdot \frac{d\boldsymbol{r}_k}{dt} + \sum_{k=1}^{N} \boldsymbol{F}_k \cdot \frac{d\boldsymbol{r}_k}{dt} \tag{14.15}$$

が導かれ，質点にはたらく内力が保存力である場合，

$$\frac{d}{dt}(K + U) = R \tag{14.16}$$

が得られる．ここで，K は**全運動エネルギー**，R は個々の質点にはたらく外力が行う仕事率の総和で，それぞれ

$$K = \sum_{k=1}^{N} K_k, \quad R = \sum_{k=1}^{N} \boldsymbol{F}_k \cdot \frac{d\boldsymbol{r}_k}{dt} \tag{14.17}$$

で与えられる．また，U は内力の位置エネルギーで，

$$\sum_{l(\neq k)} \boldsymbol{F}_{k\leftarrow l} = -\boldsymbol{\nabla}_k U = \left(-\frac{\partial U}{\partial x_k}, -\frac{\partial U}{\partial y_k}, -\frac{\partial U}{\partial z_k}\right) \tag{14.18}$$

が成り立つ．

14.1.2　重心の運動

質点系の**重心**の位置ベクトル $\boldsymbol{r}_{\mathrm{G}}$ は，

$$\boldsymbol{r}_{\mathrm{G}} = \frac{m_1\boldsymbol{r}_1 + m_2\boldsymbol{r}_2 + \cdots + m_N\boldsymbol{r}_N}{m_1 + m_2 + \cdots + m_N} = \frac{\sum_{k=1}^{N} m_k\boldsymbol{r}_k}{M} \tag{14.19}$$

で定義される．ここで，M は**全質量**で，

$$M = \sum_{k=1}^{N} m_k \tag{14.20}$$

である．$\boldsymbol{r}_{\mathrm{G}}$ と M を用いて，(14.4) は

$$M\frac{d^2\boldsymbol{r}_{\mathrm{G}}}{dt^2}=\boldsymbol{F} \tag{14.21}$$

と表される．$\boldsymbol{F}=\boldsymbol{0}$ のとき，$d^2\boldsymbol{r}_{\mathrm{G}}/dt^2=\boldsymbol{0}$，すなわち，質点系の重心は等速直線運動をすることがわかる．

原点周りの質点系の重心に関する角運動量 $\boldsymbol{L}_{\mathrm{G}}$ は

$$\boldsymbol{L}_{\mathrm{G}}=M\boldsymbol{r}_{\mathrm{G}}\times\frac{d\boldsymbol{r}_{\mathrm{G}}}{dt} \tag{14.22}$$

で定義され，

$$\frac{d\boldsymbol{L}_{\mathrm{G}}}{dt}=\boldsymbol{N}_{\mathrm{G}} \tag{14.23}$$

に従う．ここで，$\boldsymbol{N}_{\mathrm{G}}$ は原点周りの質点系の重心にはたらく外力のモーメントで，

$$\boldsymbol{N}_{\mathrm{G}}=\boldsymbol{r}_{\mathrm{G}}\times\boldsymbol{F} \tag{14.24}$$

で定義される．

(4.2)，(4.11) と (14.21)，(14.23) を比較すると，全質量が M である質点系の重心 $\boldsymbol{r}_{\mathrm{G}}$ の運動は，$\boldsymbol{r}_{\mathrm{G}}$ に存在する質量 M の質点に外力 $\boldsymbol{F}$ が加わったときのものと完全に一致することがわかる．よって，次のような性質が導かれる．

全質量 M の質点系の重心の運動は，質量 M の質点の運動と同じである．

14.1.3　重心系における運動

重心を原点とする座標系は重心系とよばれる（10.2.3 項参照）．重心系に基づいて，質点系の運動を重心の運動と重心から見た各質点の運動に分離して考えてみよう．

質点系の外部に設定した慣性系を O 系とする．O 系から見た k 番目の質点の位置ベクトル $\boldsymbol{r}_k$ は，重心系での位置ベクトル $\boldsymbol{r}'_k$ を用いて

$$\boldsymbol{r}_k=\boldsymbol{r}_{\mathrm{G}}+\boldsymbol{r}'_k \tag{14.25}$$

と表される．$\boldsymbol{r}'_k$ に関して，

$$\sum_{k=1}^{N}m_k\boldsymbol{r}'_k=\boldsymbol{0},\quad \sum_{k=1}^{N}m_k\frac{d^n\boldsymbol{r}'_k}{dt^n}=\boldsymbol{0}\quad (n=1,2,\cdots) \tag{14.26}$$

が成り立つ.

例題 14.1

重心の定義式（14.19）を用いて,（14.26）を示せ.

解（14.26）2式の左辺を（14.25),（14.20),（14.19）を用いて変形すると，それぞれ

$$\sum_{k=1}^{N} m_k \boldsymbol{r}'_k = \sum_{k=1}^{N} m_k(\boldsymbol{r}_k - \boldsymbol{r}_{\mathrm{G}}) = \sum_{k=1}^{N} m_k \boldsymbol{r}_k - \left(\sum_{k=1}^{N} m_k\right)\boldsymbol{r}_{\mathrm{G}}$$
$$= \sum_{k=1}^{N} m_k \boldsymbol{r}_k - M\boldsymbol{r}_{\mathrm{G}} = \boldsymbol{0} \tag{14.27}$$

$$\sum_{k=1}^{N} m_k \frac{d^n \boldsymbol{r}'_k}{dt^n} = \sum_{k=1}^{N} m_k \left(\frac{d^n \boldsymbol{r}_k}{dt^n} - \frac{d^n \boldsymbol{r}_{\mathrm{G}}}{dt^n}\right)$$
$$= \sum_{k=1}^{N} m_k \frac{d^n \boldsymbol{r}_k}{dt^n} - M\frac{d^n \boldsymbol{r}_{\mathrm{G}}}{dt^n} = \boldsymbol{0} \tag{14.28}$$

となり,（14.26）が示される. どちらの場合も，1行目の式から2行目の式に移る際に,（14.20）を用いた. さらに,（14.19）を用いて $\boldsymbol{0}$ となる. ◆

（14.26）の2番目の式で，$n = 1$ に対して

$$\boldsymbol{P}' = \sum_{k=1}^{N} m_k \frac{d\boldsymbol{r}'_k}{dt} = \boldsymbol{0} \tag{14.29}$$

が成り立ち，重心系において質点系の全運動量 $\boldsymbol{P}'$ は $\boldsymbol{0}$ であることがわかる.

また，O系の原点周りの角運動量 $\boldsymbol{L}$ および力のモーメント $\boldsymbol{N}$ は

$$\boldsymbol{L} = \boldsymbol{L}_{\mathrm{G}} + \boldsymbol{L}', \quad \boldsymbol{N} = \boldsymbol{N}_{\mathrm{G}} + \boldsymbol{N}' \tag{14.30}$$

と表される（本章の章末問題［4］参照). ここで，$\boldsymbol{L}'$，$\boldsymbol{N}'$ はそれぞれ重心周りの質点系の回転運動に関する角運動量，力のモーメントで,

$$\boldsymbol{L}' = \sum_{k=1}^{N} m_k\left(\boldsymbol{r}'_k \times \frac{d\boldsymbol{r}'_k}{dt}\right), \quad \boldsymbol{N}' = \sum_{k=1}^{N} \boldsymbol{r}'_k \times \boldsymbol{F}_k \tag{14.31}$$

で定義される.

（14.10）と（14.23）を用いて，重心周りの回転運動に関する方程式

$$\frac{d\boldsymbol{L}'}{dt} = \boldsymbol{N}' \tag{14.32}$$

が得られる.

質点系の運動エネルギー K も

$$K = \frac{1}{2} M \left(\frac{d\boldsymbol{r}_{\mathrm{G}}}{dt} \right)^2 + \sum_{k=1}^{N} \frac{1}{2} m_k \left(\frac{d\boldsymbol{r}'_k}{dt} \right)^2 \tag{14.33}$$

のように，重心の運動に関する部分と重心周りの回転運動に関する部分に分離される（本章の章末問題［5］参照）．

このようにして，**質点系の物理量は重心に関するものと重心周りのものに完全に分離される**ことがわかった．

14.2 剛体の特徴と運動を定式化しよう

14.2.1 剛体の特徴

剛体の特徴を列挙する．

- **非常に多くの質点で構成されていて質量と大きさをもつ．**

  質点系の一種と考えられ，前節の運動の定式化がそのまま成り立つ．**連続体**として近似的に扱う場合，図 14.2 のように剛体は N 個の部分に分割され，k 番目の質点は k 番目の**体積要素**におきかえられ，質量の間に対応関係

$$m_k \Leftrightarrow \Delta M_k = \rho(\boldsymbol{r}_k) \Delta V_k \tag{14.34}$$

  が設けられる．ここで，$\rho(\boldsymbol{r}_k)$，ΔV_k はそれぞれ k 番目の体積要素の密度，体積である．**密度**とは単位体積当りの質量のことである．このとき，質点系の物理量と連続体である剛体の物理量の間に，

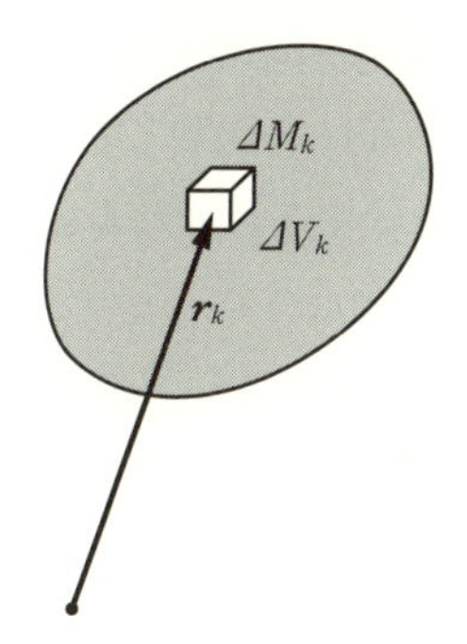

図 14.2 体積要素

$$\sum_{k=1}^{N} m_k f\left(\boldsymbol{r}_k, \frac{d\boldsymbol{r}_k}{dt}, \cdots\right)$$
$$\Leftrightarrow \lim_{N\to\infty} \sum_{k=1}^{N} \rho(\boldsymbol{r}_k)\Delta V_k f\left(\boldsymbol{r}_k, \frac{d\boldsymbol{r}_k}{dt}, \cdots\right) = \int_{\mathrm{V}} f\left(\boldsymbol{r}, \frac{d\boldsymbol{r}}{dt}, \cdots\right)\rho(\boldsymbol{r})\, dV \tag{14.35}$$

のような対応関係が存在する.

例題 14.2

(14.34) および (14.35) に基づき，全質量 M および重心の位置ベクトル $\boldsymbol{r}_{\mathrm{G}}$ に関する対応関係を記せ.

解　$f(\boldsymbol{r}_k, d\boldsymbol{r}_k/dt, \cdots)$ として，1 および $\boldsymbol{r}_k$ を選ぶことにより，

$$M = \sum_{k=1}^{N} m_k \Leftrightarrow M = \int_{\mathrm{V}} \rho(\boldsymbol{r})\, dV \tag{14.36}$$

$$\boldsymbol{r}_{\mathrm{G}} = \frac{1}{M}\sum_{k=1}^{N} m_k\boldsymbol{r}_k \Leftrightarrow \boldsymbol{r}_{\mathrm{G}} = \frac{\int_{\mathrm{V}} \boldsymbol{r}\rho(\boldsymbol{r})\, dV}{\int_{\mathrm{V}} \rho(\boldsymbol{r})\, dV} \tag{14.37}$$

が導かれる. ◆

- **剛体内の任意の 2 点間の距離は時間的に変化しない.**

  剛体内では，質点が互いに強く束縛されていて硬(かた)くて変形しない. 質点間の距離が変化しないので，内力の位置エネルギーは常に一定で，その値は 0 に選ばれる.

- **剛体の運動の自由度は 6 である.**

  ここで，**自由度**とは独立に選べる変数の数のことである. 慣性系にいる観測者の直交座標系を O 系，剛体内の任意の点に固定された直交座標系を O′ 系とする. 図 14.3 のように，O 系と O′ 系の各座標軸が平行を保ったまま剛体が移動する運動は並進運動とよばれ，その自由度は 3 で剛体内の任意の点の座標により指定される. 一方，O 系と O′ 系の原点が一致した状態で，座標軸がずれるような運動は回転運動とよばれ，その自由度は 3 で回転角で指定される. 例えば，図 14.4 のように，座標軸の間の角度 (α, β, γ) を用いて表示することができる（別の表示に

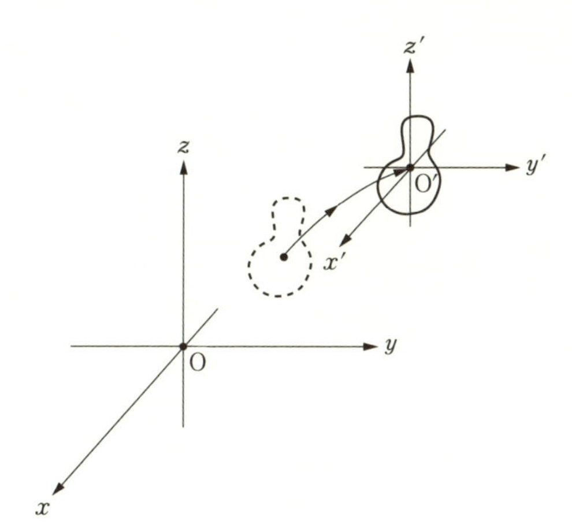

図 14.3　並進運動

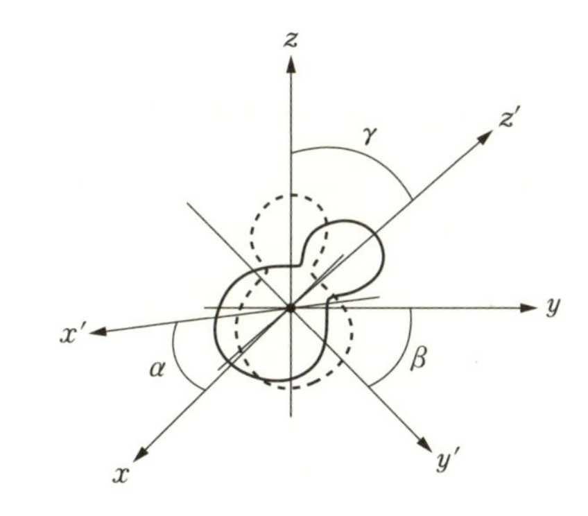

図 14.4　回転運動

関しては，本章の章末問題［10］参照）．よって，自由度は 6 である．さらに，O 系において剛体の運動の特徴は次のように述べられる．

- **剛体の並進運動**とは，剛体内のすべての点が同じ速度をもつ運動である．
- **剛体の回転運動**とは，剛体内のすべての点が同じ角速度をもつ運動である．

14.2.2　剛体の運動方程式

剛体は質点系の一種で，質点系と同じ形の運動方程式

$$\frac{d\boldsymbol{P}}{dt} = \boldsymbol{F}, \quad \frac{d\boldsymbol{L}}{dt} = \boldsymbol{N} \tag{14.38}$$

に従う．(14.38) の独立な方程式の総数は 6 で運動の自由度と一致するため，(14.38) を用いて剛体の運動が完全に指定される．ここで，$\boldsymbol{P}$，$\boldsymbol{F}$，$\boldsymbol{L}$，$\boldsymbol{N}$ はそれぞれ剛体の運動量，剛体にはたらく力，O 系の原点周りの剛体の角運動量，O 系の原点周りの剛体にはたらく力のモーメントで，

$$\left.\begin{aligned} \boldsymbol{P} &= \sum_{k=1}^{N} m_k \frac{d\boldsymbol{r}_k}{dt}, \quad \boldsymbol{F} = \sum_{k=1}^{N} \boldsymbol{F}_k \\ \boldsymbol{L} &= \sum_{k=1}^{N} m_k \boldsymbol{r}_k \times \frac{d\boldsymbol{r}_k}{dt}, \quad \boldsymbol{N} = \sum_{k=1}^{N} \boldsymbol{r}_k \times \boldsymbol{F}_k \end{aligned}\right\} \tag{14.39}$$

で定義される．ここでは，質点系に基づく表式を用いた．連続体近似は実用的ではあるが (15.3.2 項参照)，以下でも，理解促進の観点から，体積要素という用語を用いつつ，質点系に基づく表式を用いて考察を進める．

運動を記述する変数の選び方には任意性があり，**剛体の一般的な変位は任意の基準点に関する並進とその点の周りの回転で表される．並進は基準点によるが，回転は基準点によらないという性質がある** (本章の章末問題 [8] 参照)．

固定軸の周りで回転する場合を除いて，基準点として重心を選ぶと便利である．基準点として重心を選んだ場合，重心に関する並進運動と重心周りの回転運動に分離した形のもの

$$M \frac{d^2\boldsymbol{r}_{\mathrm{G}}}{dt^2} = \boldsymbol{F}, \quad \frac{d\boldsymbol{L}'}{dt} = \boldsymbol{N}' \tag{14.40}$$

が剛体の運動方程式となる．(14.40) の第 1 式は (14.38) の第 1 式と同じである．ここで，M は剛体の質量で，$\boldsymbol{L}'$，$\boldsymbol{N}'$ は重心周りの剛体の回転運動に関する角運動量，重心周りの剛体にはたらく力のモーメントで，それぞれ

$$\boldsymbol{L}' = \sum_{k=1}^{N} m_k \boldsymbol{r}'_k \times \frac{d\boldsymbol{r}'_k}{dt}, \quad \boldsymbol{N}' = \sum_{k=1}^{N} \boldsymbol{r}'_k \times \boldsymbol{F}_k \tag{14.41}$$

で定義される．

参考までに，$\boldsymbol{r}_{\mathrm{G}}$ を用いて，剛体の運動量 $\boldsymbol{P}$，O 系の原点周りの剛体における重心の角運動量 $\boldsymbol{L}_{\mathrm{G}}$，剛体の重心にはたらく力のモーメント $\boldsymbol{N}_{\mathrm{G}}$ はそれぞれ

$$\boldsymbol{P} = M \frac{d\boldsymbol{r}_{\mathrm{G}}}{dt}, \quad \boldsymbol{L}_{\mathrm{G}} = M\boldsymbol{r}_{\mathrm{G}} \times \frac{d\boldsymbol{r}_{\mathrm{G}}}{dt}, \quad \boldsymbol{N}_{\mathrm{G}} = \boldsymbol{r}_{\mathrm{G}} \times \boldsymbol{F} \tag{14.42}$$

と表され，$\boldsymbol{P}$ と $\boldsymbol{L}_{\mathrm{G}}$ は

$$\frac{d\boldsymbol{P}}{dt} = \boldsymbol{F}, \quad \frac{d\boldsymbol{L}_{\mathrm{G}}}{dt} = \boldsymbol{N}_{\mathrm{G}} \tag{14.43}$$

に従う．質点系の方程式と同じように，(14.38) の第2式が (14.40) の第2式と (14.43) の第2式に分離されることがわかる．

このようにして，質点系の場合と同じように，**剛体の運動が重心に関するものと重心周りのものに完全に分離され，剛体の重心に関する運動は質点の運動と同じ方程式に従う**ことがわかる．このような性質が「質点に基づく記述が，なぜこんなにもうまくいくのか？」という問いに対する答えである．

14.3 剛体の性質を理解しよう

14.3.1 作用点と作用線

図14.5のように，剛体に作用する力の始点 $\boldsymbol{r}$ を力 $\boldsymbol{F}$ の**作用点**とよぶ．作用点を含む力の向きに平行な直線を**作用線**とよぶ．作用点と作用線に関して，次のような性質が成り立つ．

> 作用点が作用線上のどこにあっても，剛体に同じ効果を及ぼす．

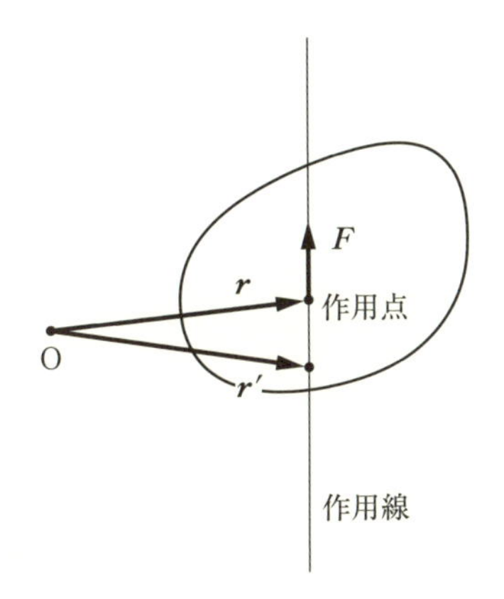

図14.5 力の作用点と作用線

例題 14.3

上記の性質を示せ．

解　(14.38) の第1式から，重心の運動は作用点の位置によらないことがわかる．また，力のモーメント $\boldsymbol{N}$ に関して，

$$\boldsymbol{N} = \boldsymbol{r} \times \boldsymbol{F} = (\boldsymbol{r} - \boldsymbol{r}') \times \boldsymbol{F} + \boldsymbol{r}' \times \boldsymbol{F} = \boldsymbol{r}' \times \boldsymbol{F} \tag{14.44}$$

が成り立つので，回転運動は作用点が作用線上のどこにあっても同一である．ここで，$\boldsymbol{r}'$ は剛体内にある作用線上の任意の点で $\boldsymbol{r} - \boldsymbol{r}' /\!/ \boldsymbol{F}$ である．よって，作用点が作用線上のどこにあっても剛体が従う運動方程式は同じで，剛体に同じ効果を及ぼす．◆

14.3.2　偶　力

剛体に大きさが等しく向きが反対の力がはたらき，その作用線が異なるとき，この一対の力を**偶力**とよび，この力により剛体が回転する．

この一対の力のモーメントの和は**偶力のモーメント**とよばれ，図 14.6 で与えられた偶力の作用点を $\boldsymbol{r}_1$，$\boldsymbol{r}_2$ とすると，偶力のモーメントは

$$\boldsymbol{N} = \boldsymbol{r}_1 \times \boldsymbol{F} + \boldsymbol{r}_2 \times (-\boldsymbol{F}) = (\boldsymbol{r}_1 - \boldsymbol{r}_2) \times \boldsymbol{F} \tag{14.45}$$

である．$\boldsymbol{N}$ の大きさは $|\boldsymbol{r}_1 - \boldsymbol{r}_2||\boldsymbol{F}|\sin\theta$ で，向きは偶力により引き起こされた回転に関する右ねじが進む向きである．

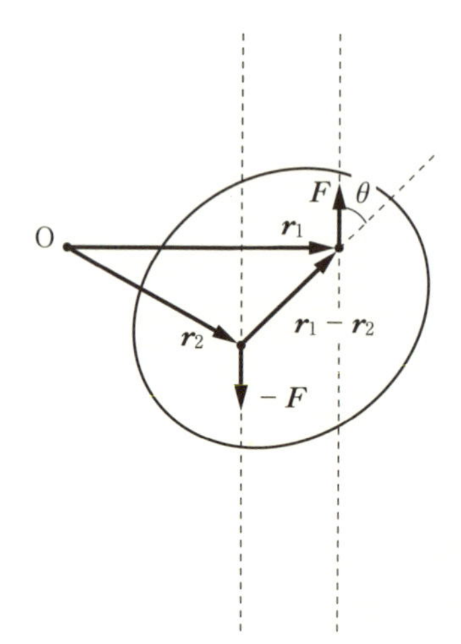

図 14.6　偶力

14.4　対称性と保存則の関係を垣間見よう

ここでは,「なぜ, 運動量, 角運動量, エネルギーに着目したのか」,「なぜ, これら3つの量が重要なのか」について言及する.

答えを先に述べると, **閉じた物理系において, エネルギー, 運動量, 角運動量に関する保存則が系の構成要素によらずに一般的に成立し, これらの保存則は物理系の入れものである時間と空間の構造と深く関わっている**からである.

力学の定式化において, 時間と空間について仮定したことを再度列挙する.

- 時間の流れは一様である.
- 空間は平坦で一様である.
- 空間は平坦で等方的である.

上記の構造を物理法則と絡めると, 次のような不変性が示唆される.

- 時間の原点をどこに選んでも物理法則は変わらない.
- 空間の原点をどこに選んでも物理法則は変わらない.
- 空間の座標軸をどの方向に選んでも物理法則は変わらない.

質点系の全運動エネルギー$K = \sum_{k=1}^{N} (m_k/2)(d\boldsymbol{r}_k/dt)^2$ が, 時間の原点や空間の原点によらないことは, それぞれ

$$\frac{d}{d(t-t_0)} = \frac{d}{dt}, \quad \frac{d(\boldsymbol{r}_k - \boldsymbol{r}_0)}{dt} = \frac{d\boldsymbol{r}_k}{dt} \tag{14.46}$$

からわかる. ここで, t_0 は定数, $\boldsymbol{r}_0$ は定ベクトルである. また, $|d\boldsymbol{r}_k|$ が直交変換のもとで不変であることから, K が空間の座標軸の方向の選び方によらないことが理解される (2.2節参照).

以下では, 外力が作用していないような閉じた物理系において, 位置エネルギーUを通して不変性と保存則の関係を垣間(かいま)見よう[†1].

「時間の流れの一様性」を要請すると, Uは時間変数tをあらわに含まない. 実際, Uが時間にあらわに依存するとUは時間の原点の選び方に依存し, 時

---

†1 「**解析力学**」とよばれる力学の一般的な定式化において, 作用積分とよばれる物理量が存在し,「作用積分が極値を取る経路を物体はたどる (**変分原理**)」に基づいて運動状態が決定され, 作用積分に関する変換のもとでの不変性からさまざまな保存則が導かれる.

間の経過とともに U の値が変化し，力学的エネルギー $E = K + U$ が保存されなくなる．一方，U が物体の位置ベクトル $\boldsymbol{r}_k$（$k = 1, 2, \cdots, N$）のみを変数として含み，力が保存力（$\sum_{l(\neq k)} \boldsymbol{F}_{k \leftarrow l} = -\nabla_k U$）として与えられる場合は，14.1.1 項で考察したようにエネルギー保存則が導かれる．

「空間の一様性」の要請は，空間の原点の平行移動，すなわち，物体の位置ベクトルに関する変換

$$\boldsymbol{r}_k \to \boldsymbol{r}_k - \boldsymbol{r}_0 \quad (k = 1, 2, \cdots, N) \tag{14.47}$$

のもとでの物理系の不変性を意味する．k 番目と l 番目の物体に着目し，U が変換 (14.47) のもとで不変であることを要請すると，U は $\boldsymbol{r}_k - \boldsymbol{r}_l$（$k, l = 1, 2, \cdots, N$）を変数として含み，これを用いて物体にはたらく力の間に作用・反作用の法則

$$\boldsymbol{F}_{k \leftarrow l} = -\frac{\partial(\boldsymbol{r}_k - \boldsymbol{r}_l)}{\partial \boldsymbol{r}_k}\frac{\partial U}{\partial(\boldsymbol{r}_k - \boldsymbol{r}_l)} = \frac{\partial(\boldsymbol{r}_k - \boldsymbol{r}_l)}{\partial \boldsymbol{r}_l}\frac{\partial U}{\partial(\boldsymbol{r}_k - \boldsymbol{r}_l)} = -\boldsymbol{F}_{l \leftarrow k} \tag{14.48}$$

が成立し，14.1.1 項で考察したように運動量保存則が導かれる．ここで，$\partial/\partial \boldsymbol{r}_k = (\partial/\partial x_k, \partial/\partial y_k, \partial/\partial z_k)$ である．

「空間の等方性」の要請は，空間の原点周りの（任意の一定角度の）回転のもとでの物理系の不変性を意味する．k 番目と l 番目の物体に着目し，U が回転のもとで不変であることを要請すると，回転のもとで物体間の距離 $|\boldsymbol{r}_k - \boldsymbol{r}_l|$ が不変であることから，U は $|\boldsymbol{r}_k - \boldsymbol{r}_l|$（$k, l = 1, 2, \cdots, N$）を変数として含み，これを用いて物体にはたらく力は

$$\boldsymbol{F}_{k \leftarrow l} = -\frac{\partial|\boldsymbol{r}_k - \boldsymbol{r}_l|}{\partial \boldsymbol{r}_k}\frac{\partial U}{\partial|\boldsymbol{r}_k - \boldsymbol{r}_l|} = -\frac{\partial U}{\partial|\boldsymbol{r}_k - \boldsymbol{r}_l|}\frac{\boldsymbol{r}_k - \boldsymbol{r}_l}{|\boldsymbol{r}_k - \boldsymbol{r}_l|} \tag{14.49}$$

となり，強い形の第 3 法則（$\boldsymbol{F}_{k \leftarrow l} = -\boldsymbol{F}_{l \leftarrow k}, \boldsymbol{F}_{k \leftarrow l} \parallel \boldsymbol{r}_k - \boldsymbol{r}_l$）が成立し，14.1.1 項で考察したように角運動量保存則が導かれる．

変換のもとでの物理系の不変性は**対称性**ともよばれる．このように，物理系の対称性と物理量の保存則の間には密接な関係がある．エネルギー，運動量，角運動量に関して得られた関係を記載する．

- エネルギー保存則は時間の一様性からの帰結である．
- 運動量保存則は空間の一様性からの帰結である．
- 角運動量保存則は空間の等方性からの帰結である．

コラム

心構え

仮面がタロちゃんに尋ねた.『この章で学んだことは？』質問がある程度予想できたので，タロちゃんは即答した.「剛体に関する力学の定式化です．力学の基本は第4章で尽きていること，これらの定式化を用いて，多種多様な運動が説明されること，惑星を質点と見なしても公転運動がうまく説明できる理由などを学びました.」『すごいな．よく復習し理解しようとしているな．でも，もっとキャッチーな表現ができないか？』「力学を宣伝するってこと？」『そうだ．力学のすごさをな.』「“力学という理論が有する普遍性の勝利！”，“原理や法則に基づく方法論の勝利！”っていうのはどう？」『なかなかいい線いってるぞ.』

仮面がタロちゃんにつぶやいた.『実社会には物理学的な方法論では解決できない問題があるんだ.』「以前，同じようなことを聞いた気がします.」『そうだった？最近，物忘れがひどくて困る.』「でも，重要な課題だね．まだ，直面したことがないので，どうすればよいのか真剣に考えたことがないよ.」『若いうちは概(がい)してそうだろ．時間があれば，考えるとよいぞ.』「考える際の材料，ヒントのようなものがあればいいんだけど．他人に頼らず，自分で見つけるのがよいと承知しています.」『承知しているなら，1つだけ，“できるかぎり多くの可能性を追求すべし”』「そのやり方だと，かなりの時間と労力を要するんじゃない？」『その通りだ．だから普段から鍛えておく必要があるんだ.』「効果的な鍛え方は？」『例えば，課題が与えられたとき，それは最低限のものであると見なし，それ以上のものを自らに課して，それに挑む訓練をしてみるのも1つの方法だ.』

章末問題

［1］**【発展】** 運動方程式 $m_k\, d^2\boldsymbol{r}_k/dt^2 = -\nabla_k U$ $(k=1,\cdots,N)$ に従う質点系について，座標変数を $q_a = (x_1, y_1, z_1, \cdots, x_N, y_N, z_N)$ $(a=1,\cdots,3N)$ とすると，運動方程式は $\widetilde{m}_a (d^2q_a/dt^2) = -\partial U/\partial q_a$ と表される．さらに，運動方程式は $(d/dt) \times (\partial L/\partial \dot{q}_a) - (\partial L/\partial q_a) = 0$（**オイラー・ラグランジュの方程式**）と書きかえられる．q_a と $\dot{q}_a$（$= dq_a/dt$）を変数とする $L = L(q_a, \dot{q}_a)$ を求めよ．⇨ 14.1.1 項

［2］ **【発展】** $\widetilde{m}_a\, d^2q_a/dt^2 = -\,\partial U/\partial q_a$ は，$dq_a/dt = \partial H/\partial p_a$，$dp_a/dt = -\,\partial H/\partial q_a$（**ハミルトンの正準方程式**）と書きかえられる．q_a と $p_a = \partial L/\partial \dot{q}_a = \widetilde{m}_a \dot{q}_a$ を変数とする $H = H(q_a, p_a)$ を求めよ．さらに，$A = A(q_a, p_a)$ が $dA/dt = \{A, H\}_{\rm PB}$ に従うことを示せ．ここで，$\{A, B\}_{\rm PB}$ は**ポアソン括弧**とよばれ，$\{A, B\}_{\rm PB} = \sum_{a=1}^{3N} \{(\partial A/\partial q_a)(\partial B/\partial p_a) - (\partial A/\partial p_a)(\partial B/\partial q_a)\}$ で定義される． ⇨ 14.1.1 項

［3］ 図 14.7 のような，一様なひょうたんを重心 G を通る面で 2 つに切り分けた．上部の質量 $m_{\rm A}$ と下部の質量 $m_{\rm B}$ の間の関係式は，$m_{\rm A} = m_{\rm B}$，$m_{\rm A} > m_{\rm B}$，$m_{\rm A} < m_{\rm B}$ のいずれであるか理由とともに答えよ． ⇨ 14.1.2 項

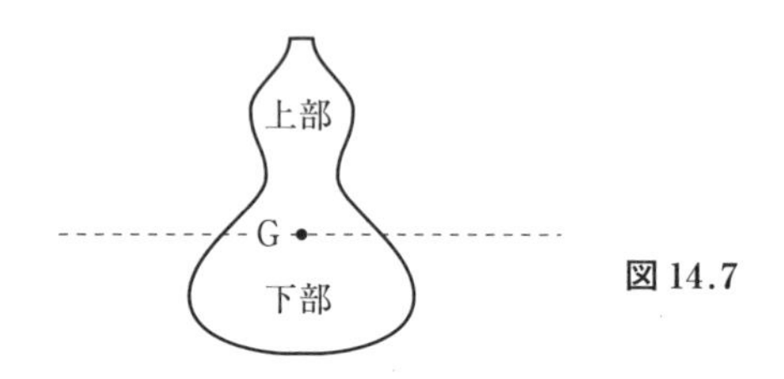

図 14.7

［4］ (14.26) を用いて，(14.30) を示せ． ⇨ 14.1.3 項

［5］ (14.26) を用いて，(14.33) を示せ． ⇨ 14.1.3 項

［6］ 例題 14.2 を参考にして，剛体を連続体として扱ったときの剛体の運動量 $\boldsymbol{P}$，角運動量 $\boldsymbol{L}$，運動エネルギー K に関する表式を与えよ． ⇨ 14.2.1 項

［7］ 剛体の配位（位置と向き）が 6 個の変数により決まることを示せ． ⇨ 14.2.1 項

［8］「剛体の一般的な変位は任意の基準点に関する並進とその点の周りの回転で表され，並進は基準点によるが回転は基準点によらない」という性質を示せ． ⇨ 14.2.1 項

［9］ 質量 M の剛体にはたらく重力の効果は，剛体にはたらく重力の総和が剛体の重心にはたらく場合と等価であることを示せ． ⇨ 14.2.3 項

［10］ **【発展】** 同一の原点をもち，座標軸がずれている直交座標系（O 系，O′ 系）について，O 系の座標軸 x，y，z と O′ 系の座標軸 X，Y，Z の間の関係式は 3 つの操作「(i) z 軸周りの ϕ 回転，(ii) 新しい x 軸周りの θ 回転，(iii) 新しい z 軸周りの ψ 回転」により決めることができる．X，Y，Z を x，y，z および ϕ，θ，ψ を用いて表せ．ここで，ϕ，θ，ψ は**オイラー角**とよばれる変数である． ⇨ 14.2.1 項

剛体の平面運動で検証しよう

実例を用いて，剛体の運動の定式化を検証しよう．具体的には，次の疑問を解決しよう．

- 壁に立てかけられたはしごが静止するのはなぜか？
- 斜面を転がる物体の運動の様子をいかに記述するか？
- 実体振り子の運動の様子をいかに記述するか？

15.1 剛体にはたらく力のつり合いを考察しよう

剛体にはたらく力のつり合いを考察することにより，「壁に立てかけられたはしごが静止するのはなぜか？」という問いの答えを見つけよう．

前章で学んだように，剛体は運動方程式

$$M\frac{d^2\boldsymbol{r}_\mathrm{G}}{dt^2} = \boldsymbol{F}, \quad \frac{d\boldsymbol{L}}{dt} = \boldsymbol{N} \tag{15.1}$$

に従う．ここで，M は剛体の質量，$\boldsymbol{r}_\mathrm{G}$ は剛体の重心，$\boldsymbol{F}$ は剛体にはたらく力，$\boldsymbol{L}$ は剛体の角運動量で，$\boldsymbol{N}$ は剛体にはたらく力のモーメントである．

(15.1) より，剛体が静止し続けるためには，2つの条件

$$\boldsymbol{F} = \sum_{k=1}^{N}\boldsymbol{F}_k = \boldsymbol{0}, \quad \boldsymbol{N} = \sum_{k=1}^{N}\boldsymbol{r}_k \times \boldsymbol{F}_k = \boldsymbol{0} \tag{15.2}$$

が満たされる必要がある．2番目の条件が必要な理由は，剛体にはたらく力の作用点が異なるとき，力がつり合っても力のモーメントがつり合わないかぎり剛体が回転するからである．

例題 15.1

図 15.1 のような，滑らかな壁に立てかけられた長さ l，質量 M のはしごが安定に静止するための条件を求めよ．

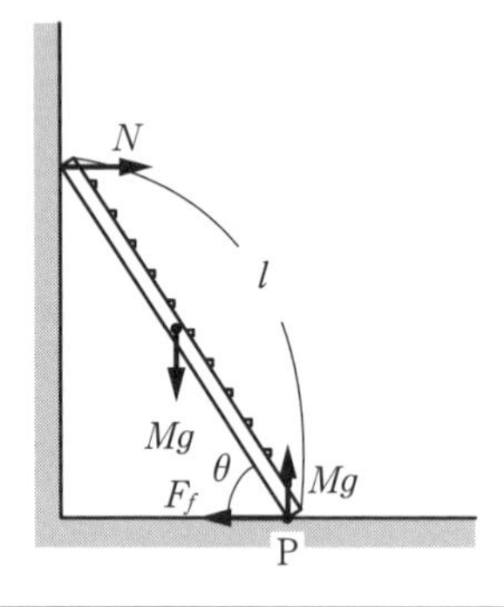

図 15.1　壁に立てかけられたはしご

解　床とはしごの間には静止摩擦力がはたらく必要があり，はしごにはたらく力は重力（大きさ Mg），壁からの垂直抗力（大きさ N），床からの垂直抗力（大きさ Mg），床からの静止摩擦力（大きさ F_{f}）である．力のつり合いの条件，床との接点 P 周りの力のモーメントのつり合いの条件はそれぞれ

$$N = F_{\mathrm{f}}, \quad Mg\frac{1}{2}\cos\theta = Nl\sin\theta \tag{15.3}$$

で与えられる．また，はしごが滑らないためには，

$$F_{\mathrm{f}} < \mu Mg \tag{15.4}$$

が必要である．ここで，静止摩擦係数を μ とした．(15.3) と (15.4) より，

$$\tan\theta > \frac{1}{2\mu} \tag{15.5}$$

が導かれる．◆

てこの原理

図 15.2 のように，支点 O で支えた棒の一方の端 A におもりを乗せ，もう片方の端 B に力を加えて，おもりを持ち上げる道具を**てこ**という．おもりの質量を m，O からおもりまでの距離を r_{a}，O から力の

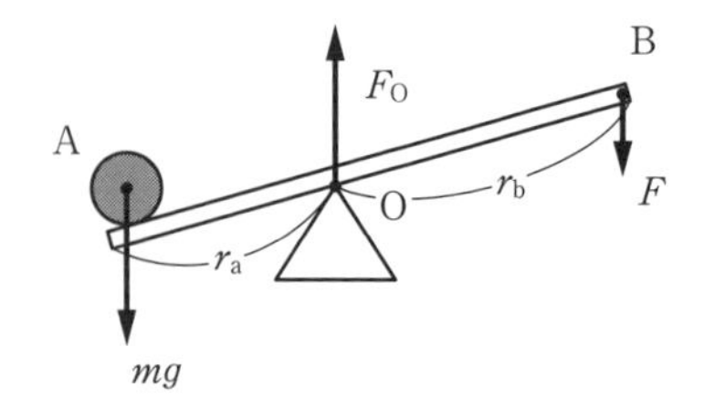

図 15.2　てこ

作用点までの距離を r_b，B に加える力は鉛直下向きで大きさ F，支点が棒に及ぼす力は鉛直上向きで大きさを F_0 とする．力のつり合いの条件，支点 O 周りの力のモーメントのつり合いの条件は，それぞれ

$$mg + F = F_0, \quad mgr_\mathrm{a} - Fr_\mathrm{b} = 0 \tag{15.6}$$

で与えられる．(15.6) の第 2 式により，

$$F = \frac{r_\mathrm{a}}{r_\mathrm{b}} mg \tag{15.7}$$

が導かれ，支点からの距離を長く取ることにより加える力の大きさを小さく抑えることができる．このように，てこを利用して小さな力で重い物体を動かすことができるが，その際に力を加える距離が長くなり仕事の値は変わらない．このような仕事の性質は**仕事の原理**とよばれる．

15.2　固定軸周りの運動を考察しよう

斜面を転がる飲料水の缶の運動や，実体振り子の運動の様子を理解するために，固定軸周りでの剛体の回転運動について考察しよう．

15.2.1　固定軸周りの回転運動

次頁の図 15.3 のように，剛体が固定軸周りで回転運動をしているとする．固定軸を z 軸とする．剛体内の各点は固定軸に垂直な平面を回転運動する．このような運動を一般に**剛体の平面運動**とよぶ．その平面内に直交座標系を導入し，x 軸と y 軸を設定する．回転運動を表す変数として z 軸周りの回転角を選ぶ．

k 番目の体積要素の位置ベクトルを $\boldsymbol{r}_k = (x_k, y_k, 0)$ とする．xy 平面上で，x_k と y_k は

$$x_k = r_k \cos\theta_k, \quad y_k = r_k \sin\theta_k \quad (r_k : z \text{ 軸からの距離}) \tag{15.8}$$

と表される．ここで，xy 平面と z 軸の交点を原点 O に選んでいる．剛体内の各体積要素における角速度は共通の値

$$\frac{d\theta_k}{dt} = \omega \; (= \omega(t) = \text{共通の値}) \tag{15.9}$$

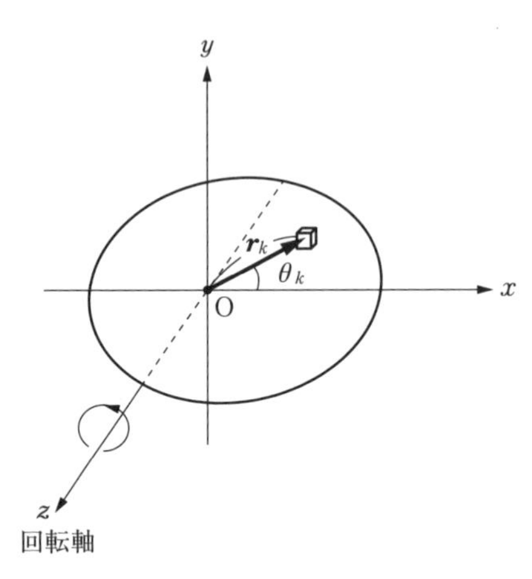

図 15.3　固定軸の周りの回転運動

を取るので，k 番目の体積要素の速度 $\boldsymbol{v}_k = (v_{xk}, v_{yk}, v_{zk})$ は

$$v_{xk} = \frac{dx_k}{dt} = -\omega r_k \sin\theta_k, \quad v_{yk} = \frac{dy_k}{dt} = \omega r_k \cos\theta_k, \quad v_{zk} = 0 \quad (15.10)$$

となる．ここで，回転運動のもとで，回転軸から各体積要素までの距離は一定である（$dr_k/dt = 0$）という性質を用いた．

剛体の回転運動に関する運動方程式は，角運動量 $\boldsymbol{L}$ を用いて

$$\frac{d\boldsymbol{L}}{dt} = \boldsymbol{N} \quad (15.11)$$

と表される（(14.38)の第 2 式参照）．k 番目の体積要素の角運動量は $\boldsymbol{L}_k = (0, 0, L_{zk})$ である．ここで L_{zk} は（15.8）と（15.10）を用いて，

$$L_{zk} = m_k(x_k v_{yk} - y_k v_{xk}) = m_k r_k^2 \omega \quad (15.12)$$

と表される．よって，剛体の角運動量は $\boldsymbol{L} = (0, 0, L_z)$ で，L_z は

$$L_z = \sum_{k=1}^{N} L_{zk} = \sum_{k=1}^{N} m_k r_k^2 \omega \quad (15.13)$$

である．

（15.11）を用いて，剛体の z 軸周りの回転に関する運動方程式は

$$I_z \frac{d\omega}{dt} = N_z \quad (15.14)$$

と表される．ここで，回転の向きは左回り（反時計回り）を正，右回り（時計回り）を負とする．また，I_z は z 軸周りの**慣性モーメント**で，

$$I_z = \sum_{k=1}^{N} m_k r_k^2 \tag{15.15}$$

で与えられる．I_z を用いて，L_z は

$$L_z = I_z \omega \tag{15.16}$$

と表される．

k 番目の体積要素の運動エネルギー K_k は

$$K_k = \frac{1}{2} m_k (v_{xk}^2 + v_{yk}^2) = \frac{1}{2} m_k r_k^2 \omega^2 \tag{15.17}$$

と表される．よって，剛体の運動エネルギー K は

$$K = \sum_{k=1}^{N} K_k = \frac{1}{2} \sum_{k=1}^{N} m_k r_k^2 \omega^2 = \frac{1}{2} I_z \omega^2 \tag{15.18}$$

となる．

直線運動をしている質量 m の物体の運動量 p と運動エネルギー K は

$$p = mv, \quad K = \frac{1}{2} mv^2 \tag{15.19}$$

で，これらと (15.16)，(15.18) とを比較することにより，対応関係

$$p \Leftrightarrow L_z, \quad m \Leftrightarrow I_z, \quad v \Leftrightarrow \omega \tag{15.20}$$

が明らかになり，慣性モーメントが回転運動の状態の変えにくさを表す物理量であることがわかる．

15.2.2 斜面を転がる円柱

図 15.4 のように，質量 M，半径 R の円柱上の剛体が滑ることなく傾斜角 φ の斜面を転がるとする．斜面に沿って下向きを x 軸の正の向きに選ぶ．初期条件として，時刻 $t = 0$ で円柱表面の点 P が x 軸の原点 $x = 0$ に接していたとする．

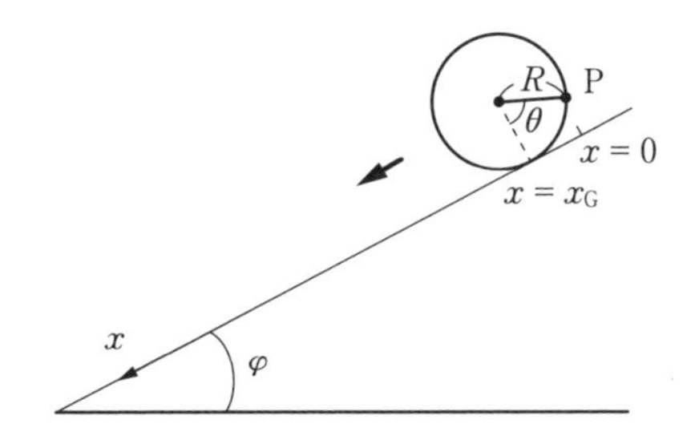

図 15.4 斜面を転がる円柱

円柱にはたらく力は重力（鉛直下向きに大きさ Mg），垂直抗力，摩擦力（大きさ F_{f}）である．すると，円柱の重心 x_{G} に関する運動方程式は

$$M\frac{d^2x_{\mathrm{G}}}{dt^2} = Mg\sin\varphi - F_{\mathrm{f}} \tag{15.21}$$

である．さらに，円柱の中心軸周りの慣性モーメントを I とすると，円柱の回転運動に関する方程式は

$$I\frac{d^2\theta}{dt^2} = RF_{\mathrm{f}} \tag{15.22}$$

である．ここで，θ は回転角で x_{G} と

$$x_{\mathrm{G}} = R\theta \tag{15.23}$$

のような関係式が成り立つ．(15.22) と (15.23) より，

$$F_{\mathrm{f}} = \frac{I}{R^2}\frac{d^2x_{\mathrm{G}}}{dt^2} \tag{15.24}$$

が導かれ，これを (15.21) に代入することにより，

$$\frac{d^2x_{\mathrm{G}}}{dt^2} = \frac{MR^2}{MR^2+I}g\sin\varphi \tag{15.25}$$

が得られる．(15.25) から，慣性質量が M から $M+(I/R^2)$ に変化していると見なせるので，摩擦力がない状態で滑っているよりも加速度が小さくなり，転がるほうが滑るよりも時間がかかる．

(15.23) を用いて，円柱がもつ力学的エネルギー E は

$$\begin{aligned} E &= \frac{1}{2}M\left(\frac{dx_{\mathrm{G}}}{dt}\right)^2 + \frac{1}{2}I\left(\frac{d\theta}{dt}\right)^2 + Mgh_{\mathrm{G}} \\ &= \frac{1}{2}\left(M+\frac{I}{R^2}\right)\left(\frac{dx_{\mathrm{G}}}{dt}\right)^2 + Mgh_{\mathrm{G}} \end{aligned} \tag{15.26}$$

と表される．ここで，h_{G} は重心の高さである．(15.26) からも (15.25) からの考察と同様に，慣性質量が M から $M+(I/R^2)$ に変化していると見なせるので，摩擦力がない状態で滑っているよりも速度が小さくなり，転がるほうが滑るよりも時間がかかることがわかる．

15.2.3　実体振り子

図 15.5 のような，質量 M の実体振り子の振動について考察しよう．点 O

を中心として振動するとき，剛体の重心 G に注目する．G は O から l だけ離れているとする．G にはたらく力は重力（鉛直下向きに大きさ Mg）で，O の周りの剛体にはたらく力のモーメント N は

$$N = -Mgl\sin\theta \qquad (15.27)$$

である（第 13 章の章末問題［9］参照）．符号が負であるのは，重力が θ の増減と逆の向きに実体振り子を回転させるようにはたらくことによる．よって，回転運動に関する方程式は

$$I\frac{d^2\theta}{dt^2} = -Mgl\sin\theta \qquad (15.28)$$

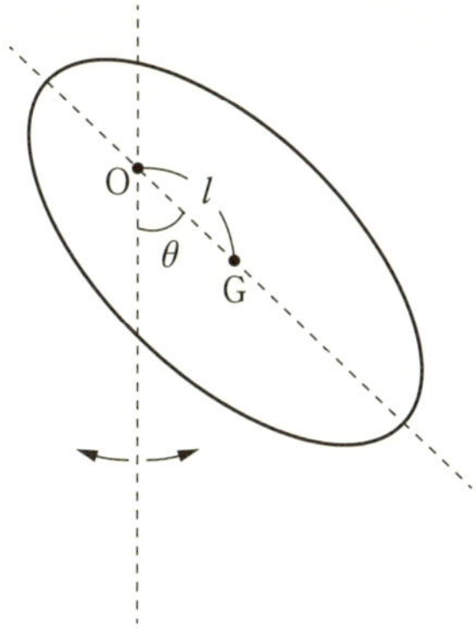

図 15.5　実体振り子

で与えられ，係数を除いて単振り子の方程式と同じ形になることがわかる（(6.15) の第 1 式参照）．

15.2.4　滑車の運動

図 15.6 のように，半径 R で慣性モーメント I の滑車に軽いひもを吊るして，その両端にそれぞれ質量 M と m（$< M$）のおもりをつけて，静かに手を放した場合，おもりがどのような運動をするかについて調べよう．このような装置は**アトウッドの器械**とよばれ，加速度の測定に用いられる．

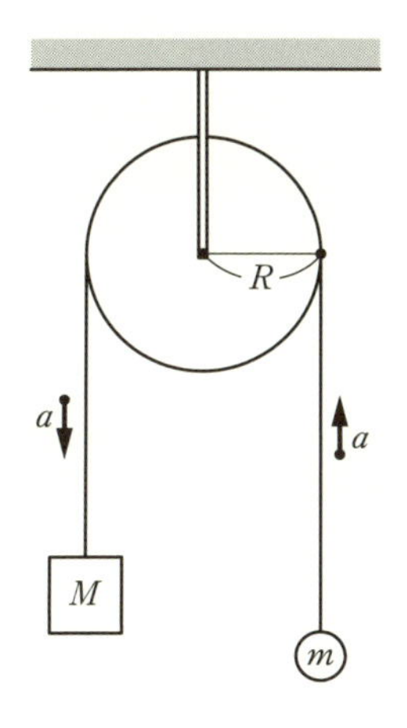

図 15.6　アトウッドの器械

この運動は，1次元運動で鉛直下向きを正の向きに選ぶと容易に記述することができる．質量 M のおもりの加速度を a，滑車の角速度を ω とすると，2つのおもりと滑車の運動方程式は，それぞれ

$$Ma = Mg - T_M, \quad -ma = mg - T_m, \quad I\frac{d\omega}{dt} = (T_M - T_m)R \tag{15.29}$$

で与えられる．ここで，T_M，T_m はそれぞれ質量 M，m のおもりにはたらくひもの張力である．また，a と ω の間には，

$$a = R\frac{d\omega}{dt} \tag{15.30}$$

のような関係式が成り立つ．(15.29) の第1式から第2式を辺々引き算し，第3式と (15.30) を用いて，

$$\begin{aligned}(M+m)a &= (M-m)g - (T_M - T_m)\\ &= (M-m)g - \frac{I}{R}\frac{d\omega}{dt} = (M-m)g - \frac{I}{R^2}a\end{aligned} \tag{15.31}$$

が得られ，これより

$$a = \frac{(M-m)R^2}{(M+m)R^2 + I}g \tag{15.32}$$

が導かれる．

15.3　慣性モーメントの性質を理解しよう

剛体の回転運動を解析するうえで，慣性モーメントの値を評価する必要がある．ここでは，慣性モーメントに関する2つの定理と慣性モーメントの具体的な計算を紹介する．

15.3.1　慣性モーメントに関する定理

平行軸の定理

質量 M の剛体の任意の軸A周りの慣性モーメント I と，剛体の重心Gを通り軸Aに平行な軸周りの慣性モーメント I_G の間に，

$$I = I_G + Ml^2 \tag{15.33}$$

のような関係式が成り立つ．ここで，l は軸 A と重心 G との間の距離である（図 15.7 参照）．

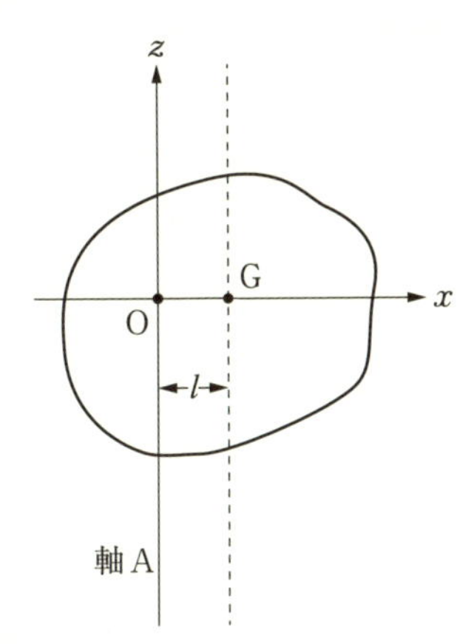

図 15.7　平行軸の定理

例題 15.2

(15.33) を示せ．

解　軸 A を z 軸とし重心 G が x 軸上に来るように x 軸を選ぶ．z 軸と x 軸の交点が原点 O となり，O から見た k 番目の体積要素の位置ベクトルを $\boldsymbol{r} = (x_k, y_k, z_k)$，G から見た k 番目の体積要素の位置ベクトルを $\boldsymbol{r}' = (x'_k, y'_k, z'_k)$ とすると，これらの間に，

$$x_k = x'_k + l, \quad y_k = y'_k, \quad z_k = z'_k \tag{15.34}$$

のような関係式が成り立つ．また，このとき，重心を通る軸に関する慣性モーメントは $I_G = \sum_{k=1}^{N} m_k (x'^2_k + y'^2_k)$ で与えられる．これらの関係式を用いて，軸 A 周りの慣性モーメント I は

$$\begin{aligned} I &= \sum_{k=1}^{N} m_k (x_k^2 + y_k^2) = \sum_{k=1}^{N} m_k \left\{(x'_k + l)^2 + y'^2_k\right\} \\ &= \sum_{k=1}^{N} m_k (x'^2_k + y'^2_k) + 2l \sum_{k=1}^{N} m_k x'_k + l^2 \sum_{k=1}^{N} m_k \\ &= I_G + Ml^2 \end{aligned} \tag{15.35}$$

となる．ここで，$\sum_{k=1}^{N} m_k x'_k = 0$（(14.26) 参照）および $M = \sum_{k=1}^{N} m_k$ を用いた．◆

(15.33) から，重心を通る軸に関する慣性モーメントが計算できれば，それに平行な任意の軸に関する慣性モーメントの値を得ることができる．

平板の定理

厚さが無視できる平板状の剛体について，その上の任意の点を原点Oとして平板上に x 軸と y 軸を選び，平板に垂直に z 軸を選ぶ（図15.8参照）．これらの軸に関する慣性モーメントをそれぞれ I_x，I_y，I_z とする．これらの間に，

$$I_z = I_x + I_y \tag{15.36}$$

が成り立つ．

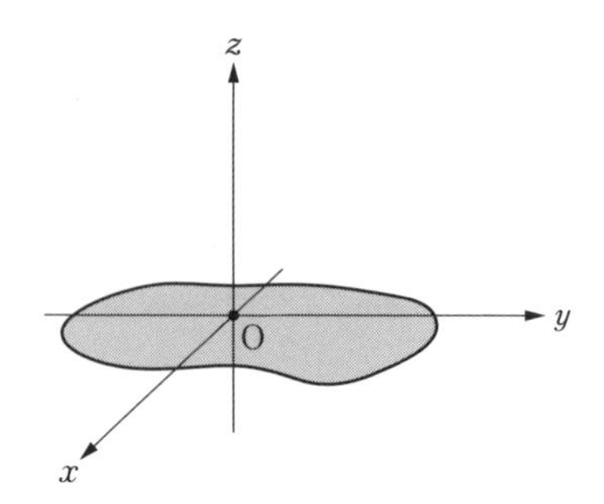

図15.8　平板の定理

例題 15.3

（15.36）を示せ．

解　剛体内の k 番目の体積要素の位置ベクトルを $\boldsymbol{r}_k = (x_k, y_k, z_k)$ とすると，慣性モーメントの定義に基づいて I_x，I_y，I_z は

$$\left.\begin{aligned} I_x &= \sum_{k=1}^{N} m_k(y_k^2 + z_k^2), \quad I_y = \sum_{k=1}^{N} m_k(z_k^2 + x_k^2) \\ I_z &= \sum_{k=1}^{N} m_k(x_k^2 + y_k^2) \end{aligned}\right\} \tag{15.37}$$

となる．平板の厚さは無視できるので，$z_k = 0$ として，

$$I_x + I_y = \sum_{k=1}^{N} m_k \left(x_k^2 + y_k^2\right) = I_z \tag{15.38}$$

が導かれる．◆

15.3.2　慣性モーメントの計算

斜面を転がる円柱と実体振り子の運動の考察を完結させるために，円柱の中心軸周りの慣性モーメントと直方体の特定の軸周りの慣性モーメントを，連続

体近似に基づいて計算しよう．

円柱の慣性モーメント

質量 M，半径 R，高さ l の円柱の中心軸周りの慣性モーメントを計算しよう．円柱は一様であるとすると，密度は一定で $\rho = M/(\pi R^2 l)$ である．図 15.9 のように重心を原点 O として座標軸を設定する．このとき，z 軸周りの慣性モーメントは

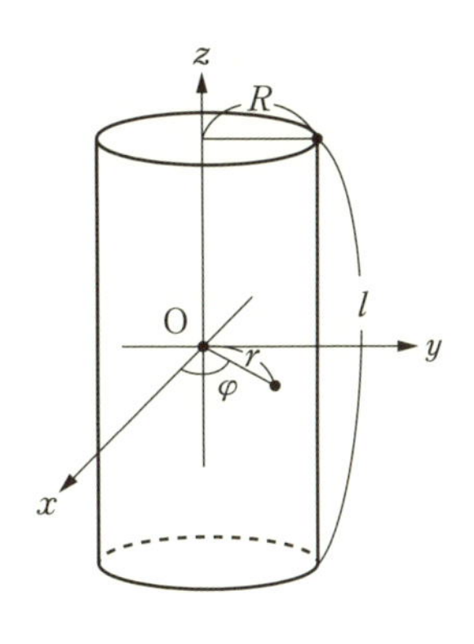

図 15.9　円柱

$$I_z = \int_{円柱} \rho r^2 \, dV = \rho \int_0^R r^3 \, dr \int_0^{2\pi} d\varphi \int_{-l/2}^{l/2} dz = \frac{M}{2} R^2 \tag{15.39}$$

となる．この値を（15.25）に代入して，方程式

$$\frac{d^2 x_G}{dt^2} = \frac{2}{3} g \sin\varphi \tag{15.40}$$

が得られる．

ちなみに，質量 M，半径 R，高さ l の中空の円柱（薄い円筒）の中心軸周りの慣性モーメントは

$$I_z = MR^2 \tag{15.41}$$

となり，この値を（15.25）に代入して，

$$\frac{d^2 x_G}{dt^2} = \frac{1}{2} g \sin\varphi \tag{15.42}$$

が得られる．（15.40）と（15.42）を比較することにより，質量が等しい場合，中が詰まった円柱のほうが加速度の値が大きいため，速く転がることがわかる．

直方体の慣性モーメント

次頁の図 15.10 のような質量 M，3 辺が a，b，c の一様な直方体の重心（直方体の中心と同一）を原点 O に選び，座標軸を設定する．このとき，x 軸周りの慣性モーメントは

$$I_x = \int \rho (y^2 + z^2) \, dV$$

$$= \rho\left(\int_{-a/2}^{a/2} dx \int_{-b/2}^{b/2} y^2\, dy \int_{-c/2}^{c/2} dz + \int_{-a/2}^{a/2} dx \int_{-b/2}^{b/2} dy \int_{-c/2}^{c/2} z^2\, dz\right)$$

$$= \rho\left(\frac{ab^3c}{12} + \frac{abc^3}{12}\right) = \frac{M}{12}(b^2 + c^2) \tag{15.43}$$

のように計算される．ここで，ρ は密度で $\rho = M/(abc)$ である．

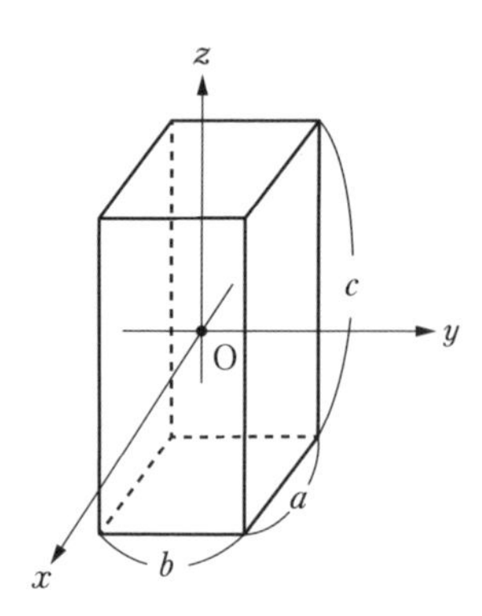

図 15.10　直方体

実体振り子の剛体が直方体で x 軸の周りで振動する場合，(15.43) の値を (15.28) に代入することにより，運動方程式

$$\frac{d^2\theta}{dt^2} = -\frac{12gl}{b^2 + c^2}\sin\theta \tag{15.44}$$

が導かれる．

積み上げ方式

仮面がタロちゃんにクイズを出した．『身近にある道具や機械部品の中に，力学の原理や法則がいくつも潜んでいるぞ．どんなものがある？』タロちゃんが答えた．「てこ，滑車，ばね．」『これまでに出てきたものばかりだな．他には？』「えーと．ねじ．」『他には，歯車，くさび，輪軸（りんじく）があるぞ．』「確かに．より性能や安全性が高い機械を設計・製作するためには，物理学を熟知し応用する能力が求められるってことだね．」『よくわかっているじゃないか．将来を見越して，準備を進めておこう．』

仮面が神妙な面持ち（おももち）でタロちゃんに言った．『第 1 章にあるように，物理学は机上の空論ではなく本当に起こっている現象を扱う学問だ．心して係わろう．』「有効利用する道が万人に開かれているということだね．」『その通り．もし学習意欲が低下したと感じたら，初心に帰ってあいまいなところを読み返すのもいいぞ．』「自然科学は積み上げ方式で学習する分野が多いからでしょ．」『その通り．早期に力学を習得してほしいと願っとるぞ．』「小中高の経験から，さらに内容を濃くして力学を学ぶ機会があるんじゃないかと思っている友人がいるよ．」『それは間違いだ．君たちにとって，力学の学習はこれで最後である場合が多いぞ．高年次で学習する内容は，力学をもとにした専門科目や応用科目だ．』「そうだよね．」『そうだ．力学をじっくり学ぶラストチャンスだという意識をもとう！』

章末問題

［1］ 本の積み上げ（図 15.11 参照）に関して，以下の問いに答えよ．本は横方向の長さが l で，材質は均一とする． ⇨ 15.1 節

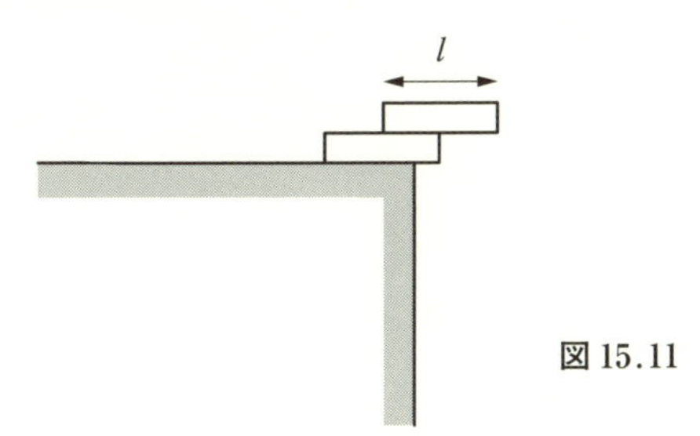

図 15.11

（a） 1 冊の本をずらしたとき，どれだけずらすことができるか．

（b） 2 冊の本をずらして積む場合，どれだけずらすことができるか．

（c） 1 番上の本が机から 1 冊分はみ出すために最低何冊必要か．

［2］ 長さ l の不均一な物体の一方の端 1 に軽いひもをつけて，（もう片方の端を地面につけたまま）鉛直上向きに引き上げ，ひもの張力をはかったところ F_1 であった．次に反対の端 2 でも同様の測定を行ったところ，ひもの張力は F_2 であった．このような測定を用いて，物体の質量と重心の位置が求められることを示せ． ⇨ 15.1 節

［3］ (15.20) を参考にして，直線運動における位置 x，速度 v，加速度 a，力 F，

仕事 W，仕事率 P に対する，固定軸周りの回転運動における対応する物理量を求めよ．

⇨ 15.2.1 項

[4]　自転車の車輪が水平面を滑らずに回転しながら，一定の速さ v_0 で直進しているとする．地面に静止している人から見た，車輪の最上部の速さと最下部（地面との接点）の速さを求めよ．

⇨ 15.2.1 項

[5]　質量 M，半径 R の一様な円盤の中心軸に関する慣性モーメントを求めよ．

⇨ 15.3.2 項

[6]　質量 M，半径 R の一様な球の中心を通る軸に関する慣性モーメントを求めよ．

⇨ 15.3.2 項

[7]　図 15.12 のような，斜面を同じ質量 M で同じ半径 R をもつ一様な円柱と一様な球が同じ高さから同時に転がり始めたとする．どちらが最初に最下点まで到達するかを，理由とともに答えよ．

⇨ 15.2.2 項

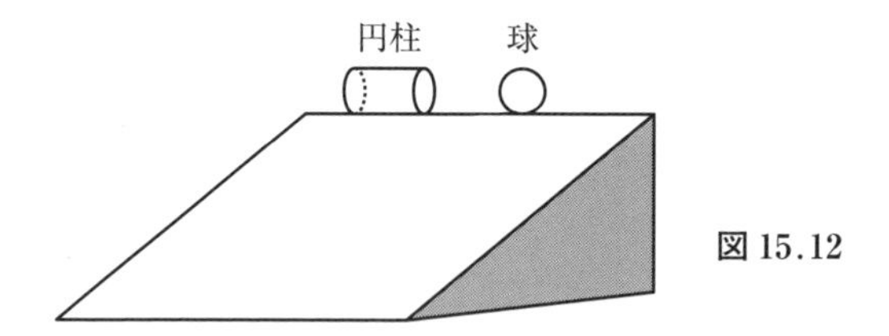

図 15.12

[8]　フィギュアスケートにおいて，腕を伸ばしたり縮めたりすることにより，スピンの角速度を変化させることができる理由を述べよ．

⇨ 15.2.1 項

[9]　図 15.13 のように，質量 M，半径 R の一様な円盤の側面に，長さ l の軽い糸の片方の端を取りつけた物体（ヨーヨー）の運動について考察する．この運動において力学的エネルギーが保存されるとして，以下の問いに答えよ．

⇨ 15.2.1 項

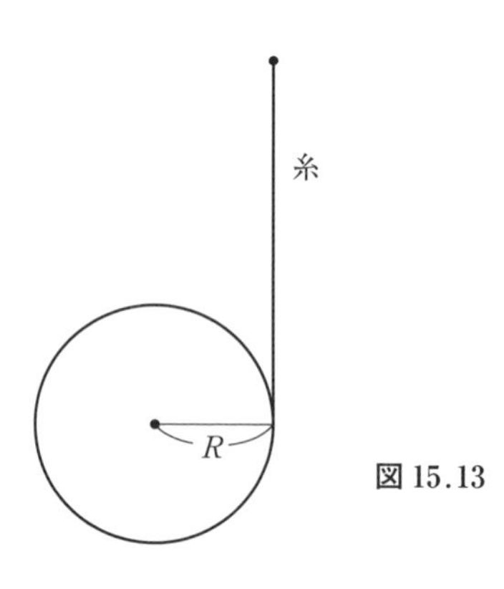

図 15.13

（a） 円盤に糸が完全に巻きついた状態から，糸のもう片方の端を持って，円盤を静かに放し自由落下させたとする．円盤の角加速度と糸の張力 T を求めよ．また，円盤が最下点に来たときの角速度 ω_l と回転の運動エネルギーを求めよ．さらに，円盤が最下点に到達した後，どのような運動をするか述べよ．

（b） 円盤に糸が完全に巻きついた状態から，糸のもう片方の端を持って円盤を静かに放した後，一定の加速度（大きさ a）で鉛直上向きに糸を引き上げた．円盤から糸が完全にほどけたときの円盤の角速度と回転の運動エネルギーを求めよ．

［10］ **【発展】** ブランコをこぎながら，立ったりしゃがんだりすることにより，重心の位置の変化を通して振れ具合を調整することができる．ブランコの運動に関して，以下の問いに答えよ． ⇨ 15.2.1 項

（a） 人が乗ったブランコを長さが変化する振り子と見なす．おもりの質量を m，振り子の長さを l $(= l(t))$ とする．「角運動量の変化率が力のモーメントに等しい」という式を用いて，運動方程式を書き下せ．

（b） l をどのタイミングでどのように変化させると，振り子の振れを大きくすることができるか理由とともに述べよ．

固定点をもつ剛体の運動と衝突現象で検証しよう

前半（16.1 節，16.2 節）では，固定点をもつ剛体の運動について考察し，次の疑問を解決しよう．

- コマが回る動きをいかに記述するか？

後半（16.3 節）では，剛体の衝突現象について考察し，次の疑問を解決しよう．

- テニスラケットのスイートスポットをいかに理解するか？
- スーパーボールのはね返りをいかに理解するか？　もとに戻ったり，重心の速さが増したりするのはなぜか？

16.1 角速度ベクトルを活用しよう

剛体が，ある軸の周りで角速度 ω（>0）で回転をしているとする．回転軸方向を向いた大きさ ω のベクトルを**角速度ベクトル**（**回転ベクトル**）とよび，$\boldsymbol{\omega}$ と記す．$\boldsymbol{\omega}$ の向きは右ねじが進む向きを選ぶ．

回転軸上に原点 O′ を選び，剛体に固定した形で直交座標系を設定し，その基底ベクトルを $\boldsymbol{e}_{x'}$, $\boldsymbol{e}_{y'}$, $\boldsymbol{e}_{z'}$ とする．剛体内の点 P の位置ベクトルは $\boldsymbol{r} = x'\boldsymbol{e}_{x'} + y'\boldsymbol{e}_{y'} + z'\boldsymbol{e}_{z'}$ で与えられる．回転運動により，x', y', z' は定数で $\boldsymbol{e}_{x'}$, $\boldsymbol{e}_{y'}$, $\boldsymbol{e}_{z'}$ が時間変化することに注意しよう．回転運動に関して，速度 $\boldsymbol{v} = d\boldsymbol{r}/dt$ は $\boldsymbol{\omega}$ および $\boldsymbol{r}$ と垂直で，$\boldsymbol{\omega}$ と $\boldsymbol{r}$ のなす角を θ とすると $|\boldsymbol{v}| = |\boldsymbol{\omega}||\boldsymbol{r}|\sin\theta$ であるから（$|\boldsymbol{r}|\sin\theta$ は点 P から回転軸までの距離，図 16.1 参照），

$$\boldsymbol{v} = \frac{d\boldsymbol{r}}{dt} = \boldsymbol{\omega} \times \boldsymbol{r} \tag{16.1}$$

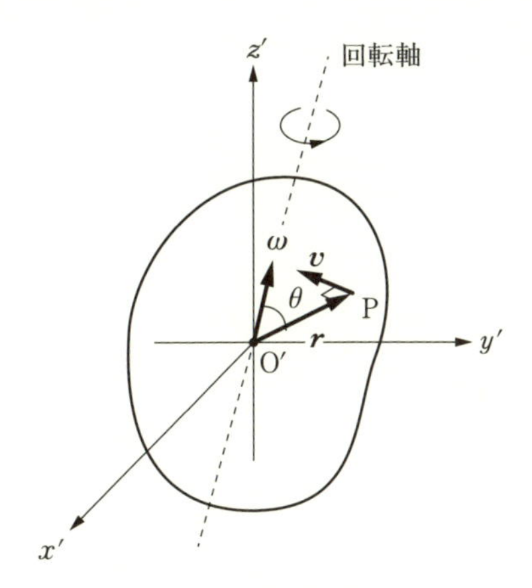

図 16.1 角速度ベクトル

が成り立つ．一般に，$\boldsymbol{\omega}$ で回転しているベクトル $\boldsymbol{A} = A_{x'}\boldsymbol{e}_{x'} + A_{y'}\boldsymbol{e}_{y'} + A_{z'}\boldsymbol{e}_{z'}$（$A_{x'}, A_{y'}, A_{z'}$：定数）の時間変化は

$$\frac{d\boldsymbol{A}}{dt} = \boldsymbol{\omega} \times \boldsymbol{A} \tag{16.2}$$

で記述される．例えば，回転軸を z' 軸に選ぶと，$\boldsymbol{\omega} = \omega\boldsymbol{e}_{z'}$ より，$d\boldsymbol{A}/dt = -\omega A_{y'}\boldsymbol{e}_{x'} + \omega A_{x'}\boldsymbol{e}_{y'}$ となる．

一般的な角速度ベクトル

$$\boldsymbol{\omega} = \omega_{x'}\boldsymbol{e}_{x'} + \omega_{y'}\boldsymbol{e}_{y'} + \omega_{z'}\boldsymbol{e}_{z'} \tag{16.3}$$

を用いて，O′ 周りの角運動量 $\boldsymbol{L} = L_{x'}\boldsymbol{e}_{x'} + L_{y'}\boldsymbol{e}_{y'} + L_{z'}\boldsymbol{e}_{z'}$ に関する公式を求めよう．剛体内の k 番目の体積要素の質量を m_k，位置を $\boldsymbol{r}_k$ とする（図 16.2

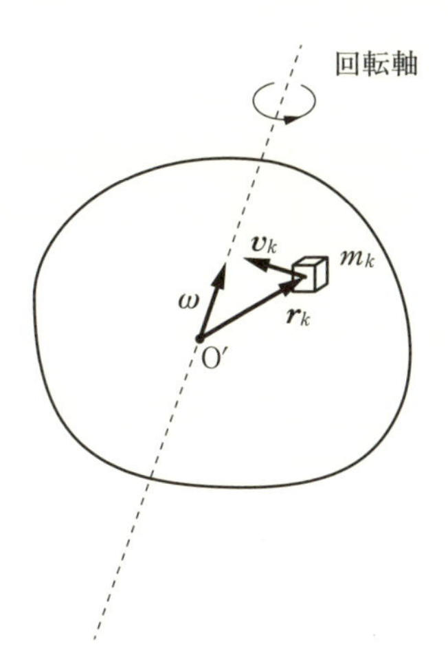

図 16.2 k 番目の体積要素

参照)．k 番目の体積要素の速度は $\boldsymbol{v}_k = \boldsymbol{\omega} \times \boldsymbol{r}_k$ であり，剛体において角速度ベクトル $\boldsymbol{\omega}$ はすべての体積要素に共通であるから，$\boldsymbol{L}$ は

$$\boldsymbol{L} = \sum_{k=1}^{N} m_k \boldsymbol{r}_k \times \boldsymbol{v}_k = \sum_{k=1}^{N} m_k \boldsymbol{r}_k \times (\boldsymbol{\omega} \times \boldsymbol{r}_k) \tag{16.4}$$

で定義される（(14.41) 参照)．

(16.4) より，$\boldsymbol{L}$ の x' 成分は

$$\begin{aligned} L_{x'} &= \sum_{k=1}^{N} m_k \{\boldsymbol{r}_k \times (\boldsymbol{\omega} \times \boldsymbol{r}_k)\}_{x'} \\ &= \sum_{k=1}^{N} m_k \{y'_k (\boldsymbol{\omega} \times \boldsymbol{r}_k)_{z'} - z'_k (\boldsymbol{\omega} \times \boldsymbol{r}_k)_{y'}\} \\ &= \sum_{k=1}^{N} m_k \{y'_k (\omega_{x'} y'_k - \omega_{y'} x'_k) - z'_k (\omega_{z'} x'_k - \omega_{x'} z'_k)\} \\ &= \sum_{k=1}^{N} m_k \{(y'^2_k + z'^2_k)\omega_{x'} - x'_k y'_k \omega_{y'} - x'_k z'_k \omega_{z'}\} \end{aligned} \tag{16.5}$$

と表される．同様にして，$L_{y'}$，$L_{z'}$ も計算され，

$$L_{x'} = I_{xx}\omega_{x'} + I_{xy}\omega_{y'} + I_{xz}\omega_{z'} \tag{16.6}$$

$$L_{y'} = I_{yx}\omega_{x'} + I_{yy}\omega_{y'} + I_{yz}\omega_{z'} \tag{16.7}$$

$$L_{z'} = I_{zx}\omega_{x'} + I_{zy}\omega_{y'} + I_{zz}\omega_{z'} \tag{16.8}$$

のように表記される．ここで，I_{xx}，I_{yy}，$\cdots$ は

$$\left.\begin{aligned} I_{xx} &= \sum_{k=1}^{N} m_k (y'^2_k + z'^2_k), \quad I_{yy} = \sum_{k=1}^{N} m_k (z'^2_k + x'^2_k) \\ I_{zz} &= \sum_{k=1}^{N} m_k (x'^2_k + y'^2_k), \quad I_{xy} = I_{yx} = -\sum_{k=1}^{N} m_k x'_k y'_k \\ I_{yz} &= I_{zy} = -\sum_{k=1}^{N} m_k y'_k z'_k, \quad I_{zx} = I_{xz} = -\sum_{k=1}^{N} m_k z'_k x'_k \end{aligned}\right\} \tag{16.9}$$

である．I_{xx}，I_{yy}，I_{zz} はそれぞれ x' 軸，y' 軸，z' 軸周りの慣性モーメントで，残りの I_{xy} から I_{xz} までは**慣性乗積**とよばれる量である．これらの量は剛体の形と剛体に固定した座標系により決まる．

(16.6)，(16.7)，(16.8) から，一般的な回転運動の場合，回転軸の方向と角運動量の方向が必ずしも一致しないことがわかる．

例題 16.1

角速度ベクトルを用いて，回転の運動エネルギー K を表せ．

解　k 番目の体積要素における速度の各成分の 2 乗は，

$$v_{kx'}^2 = (\boldsymbol{\omega} \times \boldsymbol{r}_k)_{x'}^2 = (\omega_{y'} z'_k - \omega_{z'} y'_k)^2 = y'^2_k \omega_{z'}^2 + z'^2_k \omega_{y'}^2 - 2 y'_k z'_k \omega_{y'} \omega_{z'} \tag{16.10}$$

$$v_{ky'}^2 = (\boldsymbol{\omega} \times \boldsymbol{r}_k)_{y'}^2 = (\omega_{z'} x'_k - \omega_{x'} z'_k)^2 = z'^2_k \omega_{x'}^2 + x'^2_k \omega_{z'}^2 - 2 z'_k x'_k \omega_{z'} \omega_{x'} \tag{16.11}$$

$$v_{kz'}^2 = (\boldsymbol{\omega} \times \boldsymbol{r}_k)_{z'}^2 = (\omega_{x'} y'_k - \omega_{y'} x'_k)^2 = x'^2_k \omega_{y'}^2 + y'^2_k \omega_{x'}^2 - 2 x'_k y'_k \omega_{x'} \omega_{y'} \tag{16.12}$$

と表される．これらを用いて，回転の運動エネルギーは

$$\begin{aligned} K &= \sum_{k=1}^{N} \frac{1}{2} m_k (v_{kx'}^2 + v_{ky'}^2 + v_{kz'}^2) \\ &= \frac{1}{2} I_{xx} \omega_{x'}^2 + \frac{1}{2} I_{yy} \omega_{y'}^2 + \frac{1}{2} I_{zz} \omega_{z'}^2 + I_{xy} \omega_{x'} \omega_{y'} + I_{yz} \omega_{y'} \omega_{z'} + I_{zx} \omega_{z'} \omega_{x'} \end{aligned} \tag{16.13}$$

と表される．◆

次のような行列で表示される量

$$\mathscr{I} = \begin{pmatrix} I_{xx} & I_{xy} & I_{xz} \\ I_{yx} & I_{yy} & I_{yz} \\ I_{zx} & I_{zy} & I_{zz} \end{pmatrix} \tag{16.14}$$

は，**慣性テンソル**とよばれる．$\mathscr{I}$ は対称行列であるから，剛体内に固定された座標系に対して直交変換を施すことにより，$\mathscr{I}$ は対角行列に移行し，その対角成分の値（固有値）を $\tilde{I}_{xx}$，$\tilde{I}_{yy}$，$\tilde{I}_{zz}$ とすると，$\boldsymbol{L}$ の成分および K はそれぞれ

$$\widetilde{L}_{x'} = \tilde{I}_{xx} \widetilde{\omega}_{x'}, \quad \widetilde{L}_{y'} = \tilde{I}_{yy} \widetilde{\omega}_{y'}, \quad \widetilde{L}_{z'} = \tilde{I}_{zz} \widetilde{\omega}_{z'} \tag{16.15}$$

$$K = \frac{1}{2} \tilde{I}_{xx} \widetilde{\omega}_{x'}^2 + \frac{1}{2} \tilde{I}_{yy} \widetilde{\omega}_{y'}^2 + \frac{1}{2} \tilde{I}_{zz} \widetilde{\omega}_{z'}^2 \tag{16.16}$$

と表される（本章の章末問題［2］参照）．このように，$\mathscr{I}$ が対角型で表示される互いに直交する座標軸は，剛体の**慣性主軸**とよばれる．ちなみに (16.15)，(16.16) 内の $\widetilde{\omega}_{x'}$，$\widetilde{\omega}_{y'}$，$\widetilde{\omega}_{z'}$ は，この直交座標系における回転ベクトルの成分である．以後，煩雑さを避けるためにベクトルの成分につけられた波線符号 (~) を省略する．

質量 M の剛体の，1 つの軸周りの慣性モーメントを $I_{軸}$ とする．$I_{軸}$ が

$$I_{軸} = MR^2 \tag{16.17}$$

であるような R を，その軸周りの**慣性半径**とよぶ．ちなみに慣性モーメントの公式 $I = \sum_{k=1}^{N} m_k r_k^2$ より，質量 M，半径 R のリングの中心軸周りの慣性モーメントは $I = MR^2$ で，剛体の慣性半径はその剛体と等しい慣性モーメントを

もつリングの半径を意味する．剛体の慣性モーメントは軸に依存するため，慣性半径も軸に依存することに注意しよう．

16.2 固定点をもつ運動を考察しよう

16.2.1 オイラーの方程式

コマのように，剛体内に固定点をもつ運動について考察する．固定点を原点とし，原点を共有する剛体とは独立な慣性系を O 系，剛体に固定された座標系を O′ 系とする．

O 系で回転に関する運動方程式は

$$\frac{d\boldsymbol{L}}{dt} = \boldsymbol{N} \tag{16.18}$$

で与えられる．O′ 系の成分を用いて，回転に関する運動方程式を表そう．角運動量 $\boldsymbol{L}$，力のモーメント $\boldsymbol{N}$ はそれぞれ O′ 系で，

$$\boldsymbol{L} = L_{x'}\boldsymbol{e}_{x'} + L_{y'}\boldsymbol{e}_{y'} + L_{z'}\boldsymbol{e}_{z'} \tag{16.19}$$

$$\boldsymbol{N} = N_{x'}\boldsymbol{e}_{x'} + N_{y'}\boldsymbol{e}_{y'} + N_{z'}\boldsymbol{e}_{z'} \tag{16.20}$$

と表示される．ここで，$\boldsymbol{e}_{x'}$，$\boldsymbol{e}_{y'}$，$\boldsymbol{e}_{z'}$ は O′ 系に関する単位ベクトルで回転ベクトル $\boldsymbol{\omega}$ を用いて，その時間変化は

$$\frac{d\boldsymbol{e}_{x'}}{dt} = \boldsymbol{\omega} \times \boldsymbol{e}_{x'}, \quad \frac{d\boldsymbol{e}_{y'}}{dt} = \boldsymbol{\omega} \times \boldsymbol{e}_{y'}, \quad \frac{d\boldsymbol{e}_{z'}}{dt} = \boldsymbol{\omega} \times \boldsymbol{e}_{z'} \tag{16.21}$$

と表される（(16.2) 参照）．

(16.19) を微分し (16.21) を用いて，

$$\begin{aligned}
\frac{d\boldsymbol{L}}{dt} &= \frac{dL_{x'}}{dt}\boldsymbol{e}_{x'} + \frac{dL_{y'}}{dt}\boldsymbol{e}_{y'} + \frac{dL_{z'}}{dt}\boldsymbol{e}_{z'} + L_{x'}\frac{d\boldsymbol{e}_{x'}}{dt} + L_{y'}\frac{d\boldsymbol{e}_{y'}}{dt} + L_{z'}\frac{d\boldsymbol{e}_{z'}}{dt} \\
&= \frac{dL_{x'}}{dt}\boldsymbol{e}_{x'} + \frac{dL_{y'}}{dt}\boldsymbol{e}_{y'} + \frac{dL_{z'}}{dt}\boldsymbol{e}_{z'} \\
&\qquad + L_{x'}\boldsymbol{\omega} \times \boldsymbol{e}_{x'} + L_{y'}\boldsymbol{\omega} \times \boldsymbol{e}_{y'} + L_{z'}\boldsymbol{\omega} \times \boldsymbol{e}_{z'} \\
&= \frac{dL_{x'}}{dt}\boldsymbol{e}_{x'} + \frac{dL_{y'}}{dt}\boldsymbol{e}_{y'} + \frac{dL_{z'}}{dt}\boldsymbol{e}_{z'} + \boldsymbol{\omega} \times \boldsymbol{L}
\end{aligned} \tag{16.22}$$

が得られる．(16.18)，(16.20)，(16.22) を用いて，運動方程式

$$\frac{dL_{x'}}{dt}\boldsymbol{e}_{x'}+\frac{dL_{y'}}{dt}\boldsymbol{e}_{y'}+\frac{dL_{z'}}{dt}\boldsymbol{e}_{z'}+\boldsymbol{\omega}\times\boldsymbol{L}=N_{x'}\boldsymbol{e}_{x'}+N_{y'}\boldsymbol{e}_{y'}+N_{z'}\boldsymbol{e}_{z'} \tag{16.23}$$

が導かれる．

剛体の慣性主軸を x' 軸，y' 軸，z' 軸とすると，$\boldsymbol{L}$ は（16.15）のように表示されるので，各成分の時間微分は

$$\frac{dL_{x'}}{dt}=I_{xx}\frac{d\omega_{x'}}{dt},\quad \frac{dL_{y'}}{dt}=I_{yy}\frac{d\omega_{y'}}{dt},\quad \frac{dL_{z'}}{dt}=I_{zz}\frac{d\omega_{z'}}{dt} \tag{16.24}$$

となる．また，$\boldsymbol{\omega}\times\boldsymbol{L}$ は

$$\boldsymbol{\omega}\times\boldsymbol{L}=(I_{zz}-I_{yy})\omega_{y'}\omega_{z'}\boldsymbol{e}_{x'}+(I_{xx}-I_{zz})\omega_{z'}\omega_{x'}\boldsymbol{e}_{y'}+(I_{yy}-I_{xx})\omega_{x'}\omega_{y'}\boldsymbol{e}_{z'} \tag{16.25}$$

と表される．

（16.24），（16.25）を（16.23）に代入することにより，

$$I_{xx}\frac{d\omega_{x'}}{dt}+(I_{zz}-I_{yy})\omega_{y'}\omega_{z'}=N_{x'} \tag{16.26}$$

$$I_{yy}\frac{d\omega_{y'}}{dt}+(I_{xx}-I_{zz})\omega_{z'}\omega_{x'}=N_{y'} \tag{16.27}$$

$$I_{zz}\frac{d\omega_{z'}}{dt}+(I_{yy}-I_{xx})\omega_{x'}\omega_{y'}=N_{z'} \tag{16.28}$$

が得られる．これらの方程式は**オイラーの方程式**とよばれる．

16.2.2　軸対称な剛体の運動

簡単のため，力のモーメント $\boldsymbol{N}$ が $\boldsymbol{0}$ のもとで，軸対称な剛体が固定点周りで自由に回転する運動について考察する（図 16.3 参照）．実際，重心が固定点である場合には，重心周りの重力のモーメントは $\boldsymbol{N}=\sum_{k=1}^{N}\boldsymbol{r}'_k\times(-m_kg\boldsymbol{e}_z)=\boldsymbol{0}$ となる．ここで，$\sum_{k=1}^{N}m_k\boldsymbol{r}'_k=\boldsymbol{0}$ を用いた（(14.26) 参照）．固定点を原点 O′ として，剛体に固定された座標系で運動を解析する．剛体の慣性主軸を x' 軸，y' 軸，z' 軸とし，剛体は z' 軸に関し

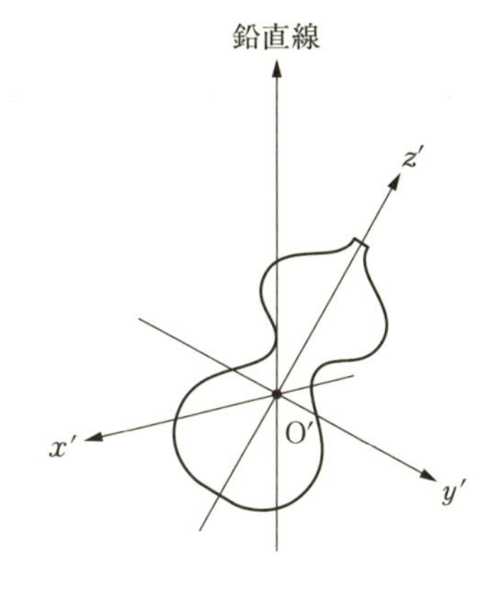

図 16.3　軸対象な剛体

て対称であるとする．そのとき慣性モーメントは $I_{xx} = I_{yy}$ となる．

このとき，オイラーの方程式は

$$I_{xx} \frac{d\omega_{x'}}{dt} + (I_{zz} - I_{xx})\omega_{y'}\omega_{z'} = 0 \tag{16.29}$$

$$I_{yy} \frac{d\omega_{y'}}{dt} + (I_{xx} - I_{zz})\omega_{z'}\omega_{x'} = 0 \tag{16.30}$$

$$I_{zz} \frac{d\omega_{z'}}{dt} = 0 \tag{16.31}$$

となる．

例題 16.2

(16.29)，(16.30)，(16.31) の解を求めよ．

解　(16.31) より，

$$\omega_{z'} = \omega_0 = \text{一定} \tag{16.32}$$

が導かれる．$\alpha = (I_{zz} - I_{xx})/I_{xx}$ とおくと，(16.29)，(16.30) はそれぞれ

$$\frac{d\omega_{x'}}{dt} + \alpha\omega_0\omega_{y'} = 0, \quad \frac{d\omega_{y'}}{dt} - \alpha\omega_0\omega_{x'} = 0 \tag{16.33}$$

と表される．(16.33) の 2 式を連立させることにより，

$$\frac{d^2\omega_{x'}}{dt^2} = -(\alpha\omega_0)^2\omega_{x'}, \quad \frac{d^2\omega_{y'}}{dt^2} = -(\alpha\omega_0)^2\omega_{y'} \tag{16.34}$$

が導かれ，$\omega_{x'}$ および $\omega_{y'}$ が単振動の方程式に従うことがわかる．

(16.33) の解は

$$\omega_{x'}(t) = A\cos(\alpha\omega_0 t + \theta_0), \quad \omega_{y'}(t) = A\sin(\alpha\omega_0 t + \theta_0) \tag{16.35}$$

となり，角速度ベクトル $\boldsymbol{\omega} = \omega_{x'}(t)\boldsymbol{e}_{x'} + \omega_{y'}(t)\boldsymbol{e}_{y'} + \omega_0\boldsymbol{e}_{z'}$ が z' 軸周りを角振動数 $\alpha\omega_0$ で円運動する（図 16.4 参照）．

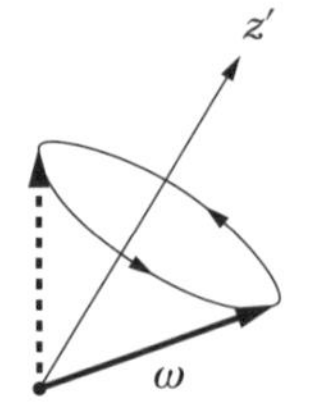

図 16.4　回転ベクトルの変動

◆

剛体の慣性主軸を x' 軸，y' 軸，z' 軸に選んでいるので，剛体の角運動量は

$$L_{x'} = I_{xx}\omega_{x'} = I_{xx}A\cos(\alpha\omega_0 t + \theta_0) \tag{16.36}$$

$$L_{y'} = I_{xx}\omega_{y'} = I_{xx}A\sin(\alpha\omega_0 t + \theta_0) \tag{16.37}$$

$$L_{z'} = I_{zz}\omega_{z'} = I_{zz}\omega_0 \tag{16.38}$$

となる．角運動量 $\boldsymbol{L}$ も z' 軸周りを角振動数 $\alpha\omega_0$ で円運動するが，$I_{xx} \neq I_{zz}$ のとき $\boldsymbol{L}$ と $\boldsymbol{\omega}$ の向きが一致しないことに注意しよう．

$\boldsymbol{L}$ と $\boldsymbol{\omega}$ の関係を見よう．(16.16) により，

$$K = \frac{1}{2}\boldsymbol{L}\cdot\boldsymbol{\omega} = \frac{1}{2}I_{xx}A^2 + \frac{1}{2}I_{zz}\omega_0^2 = \text{一定} \tag{16.39}$$

が導かれる．また，$|\boldsymbol{L}| = \sqrt{I_{xx}^2A^2 + I_{zz}^2\omega_0^2} = $ 一定，$|\boldsymbol{\omega}| = \sqrt{A^2 + \omega_0^2} = $ 一定である．$\boldsymbol{L}$ と $\boldsymbol{\omega}$ のなす角を φ とすると $\boldsymbol{L}\cdot\boldsymbol{\omega} = |\boldsymbol{L}||\boldsymbol{\omega}|\cos\varphi$ であるから，φ を一定に保ったまま首振り運動が行われる（図 16.5 参照）．

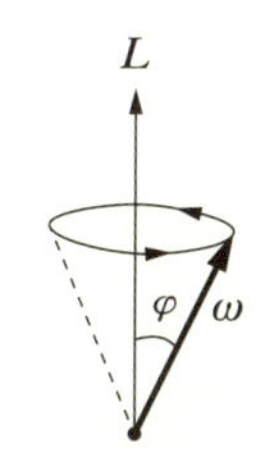

図 16.5　首振り運動

最後に O 系（固定点を原点として共有する慣性系で，基底ベクトル $\boldsymbol{e}_x$，$\boldsymbol{e}_y$，$\boldsymbol{e}_z$ は定ベクトルとする）から軸対称な剛体の運動を眺めよう．O 系では，剛体の回転運動に関する方程式は (16.18) で与えられるので，$\boldsymbol{N} = \boldsymbol{0}$ のとき，

$$\frac{d\boldsymbol{L}}{dt} = \frac{dL_x}{dt}\boldsymbol{e}_x + \frac{dL_y}{dt}\boldsymbol{e}_y + \frac{dL_z}{dt}\boldsymbol{e}_z = \boldsymbol{0} \tag{16.40}$$

となり，角運動量 (L_x, L_y, L_z) は一定である．よって，固定された $\boldsymbol{L}$ の周りを $\boldsymbol{\omega}$ が円運動する．

コマには重力のモーメントが作用し（本章の章末問題［9］参照），図 16.6 のようにコマの先端が上下に振動しながら円運動する．このような物体の先端

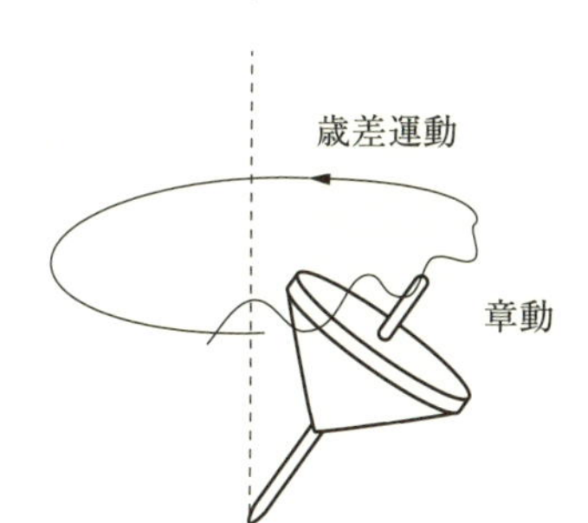

図 16.6　歳差運動と章動

が円軌道を描く運動は，**歳差運動**とよばれる．また，上下に振動する運動は**章動**とよばれる．

16.3 剛体の衝突現象を考察しよう

16.3.1 スイートスポットはどこに

テニスラケットでテニスボールを軽く叩いて真上に打ち上げるとき，ほとんど手に衝撃が加わらずにはね返る場所がある．このような打点はスイートスポット（野球のバットの場合，真芯）とよばれる．

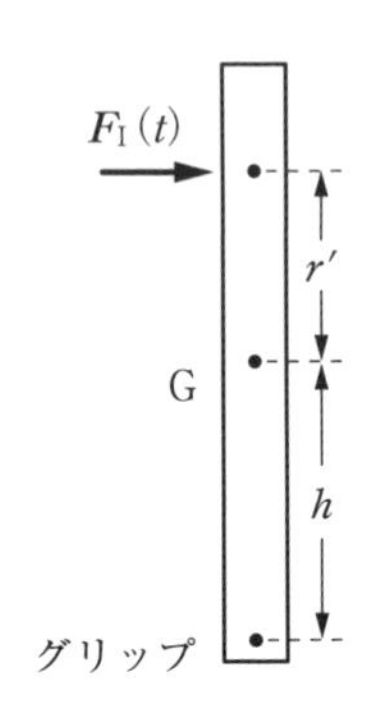

図 16.7　剛体棒に加わる撃力

簡単のため，ラケットが図 16.7 のような剛体棒であるとして，スイートスポットの位置を求めよう．剛体棒の重心 G の位置ベクトルを $\boldsymbol{r}_{\rm G}$，重心とボールが当たる位置との間の距離を r'，重心とグリップの位置との間の距離を h とする．ボールは剛体棒に垂直に衝突し，剛体棒は撃力 $\boldsymbol{F}_{\rm I}(t)$ を時刻 $t_0 - \Delta t_1$ から $t_0 + \Delta t_2$ の間に受ける．剛体棒の質量は M で，重心周りの慣性モーメントは $I_{\rm G}$ とする．剛体棒が従う運動方程式は

$$M\frac{d^2\boldsymbol{r}_{\rm G}}{dt^2} = \boldsymbol{F}_{\rm I}, \quad I_{\rm G}\frac{d^2\theta}{dt^2} = r'F_{\rm I} \tag{16.41}$$

で与えられる．ここで，θ は回転角，$F_{\rm I} = |\boldsymbol{F}_{\rm I}|$，$r'F_{\rm I}$ は撃力のモーメントの大きさである．

衝突前は剛体棒は静止していたとする．すなわち，

$$v_{\rm G}(t_{\rm i}) = 0, \quad \omega(t_{\rm i}) = 0 \quad (t_{\rm i} < t_0 - \Delta t_1) \tag{16.42}$$

とする．(16.41) の両辺を時間で積分することにより，衝突後，時刻 $t_{\rm f}$ ($> t_0 + \Delta t_2$) における剛体棒の重心の速さ $v_{\rm G}(t_{\rm f})$ と角速度 $\omega(t_{\rm f})$ に関して，

$$Mv_{\rm G}(t_{\rm f}) = \int_{t_0-\Delta t_1}^{t_0+\Delta t_2} F_{\rm I}(t)\,dt, \quad I_{\rm G}\omega(t_{\rm f}) = r'\int_{t_0-\Delta t_1}^{t_0+\Delta t_2} F_{\rm I}(t)\,dt \tag{16.43}$$

が成り立つ．

また，衝突後のグリップの速さは

$$v_{\mathrm{grip}}(t_{\mathrm{f}}) = v_{\mathrm{G}}(t_{\mathrm{f}}) - h\omega(t_{\mathrm{f}}) \tag{16.44}$$

である．打点がスイートスポットになるための条件は撃力を受けてもグリップの位置が衝撃を受けないこと，すなわち，グリップが動かないことである．これは $v_{\mathrm{grip}}(t_{\mathrm{f}}) = 0$ と表され，この式より，(16.43) と (16.44) を用いて，

$$h = \frac{v_{\mathrm{G}}(t_{\mathrm{f}})}{\omega(t_{\mathrm{f}})} = \frac{\displaystyle\int_{t_0-\Delta t_1}^{t_0+\Delta t_2} F_{\mathrm{I}}(t)\,dt}{M} \frac{I_{\mathrm{G}}}{r'\displaystyle\int_{t_0-\Delta t_1}^{t_0+\Delta t_2} F_{\mathrm{I}}(t)\,dt} = \frac{I_{\mathrm{G}}}{Mr'} \tag{16.45}$$

が得られ，r' が決まる．

例題 16.3

剛体棒は長さ l の一様な細い棒とし，スイートスポットの位置を求めよ．

解 長さ l の一様な細い剛体棒の重心周りの慣性モーメントの値は，(15.43) において $b = 0$，$c = l$ とすることにより，

$$I_{\mathrm{G}} = \frac{Ml^2}{12} \tag{16.46}$$

のように得られる．(16.45) を用いて，スイートスポットの位置は重心から

$$r' = \frac{I_{\mathrm{G}}}{Mh} = \frac{l^2}{12h} \tag{16.47}$$

だけ離れたところにある．例えば，剛体棒の端をグリップに選ぶと，$h = l/2$ で $r' = l/6$ となり，グリップから ($l/2 + l/6 =$) $2l/3$ だけ離れたところにスイートスポットが生まれることがわかる．◆

16.3.2 スーパーボールのはね返り

「スーパーボールのはね返りをいかに理解するか？　もとに戻ったり，重心の速さが増したりするのはなぜか？」に挑もう．

スーパーボールの半径を R，質量を m，回転軸周りの慣性モーメントを I とする．運動は平面内で起こるとして，水平方向が x 軸，鉛直方向が y 軸であるような座標系（次頁の図 16.8 参照）を選ぶ．

衝突直前の重心の速度，重心周りの角速度をそれぞれ $\boldsymbol{v}_{\mathrm{i}} = (v_{x\mathrm{i}}, v_{y\mathrm{i}})$，$\omega_{\mathrm{i}}$ とし，

衝突直後の重心の速度，重心周りの角速度をそれぞれ $\boldsymbol{v}_{\mathrm{f}} = (v_{x\mathrm{f}}, v_{y\mathrm{f}})$，$\omega_{\mathrm{f}}$ とする．角速度が正の場合は左回りの回転で，負の場合は右回りの回転であるとする．スーパーボールは床から撃力（大きさ $F_{\mathrm{I}}(t)$）と撃力のモーメント（大きさ $RF_{\mathrm{I}}(t)$）を時刻 $t_0 - \Delta t_1$ から $t_0 + \Delta t_2$ の間に受ける．床に垂直な方向には弾性衝突が起こるとすると，

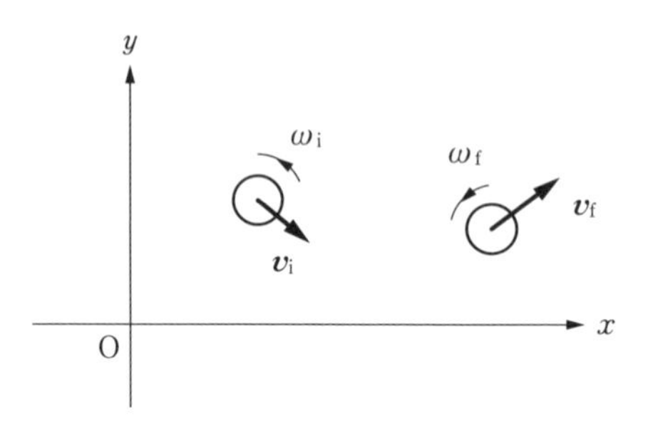

図 16.8　スーパーボールのはね返り

$$v_{y\mathrm{f}} = -v_{y\mathrm{i}} \tag{16.48}$$

が成り立つ．

床に水平な方向に関する運動量の変化と力積の間に，

$$mv_{x\mathrm{f}} - mv_{x\mathrm{i}} = -\int_{t_0-\Delta t_1}^{t_0+\Delta t_2} F_{\mathrm{I}}(t)\,dt \tag{16.49}$$

が成り立ち，角運動量の変化と力積のモーメントの間に，

$$I\omega_{\mathrm{f}} - I\omega_{\mathrm{i}} = -R\int_{t_0-\Delta t_1}^{t_0+\Delta t_2} F_{\mathrm{I}}(t)\,dt \tag{16.50}$$

が成り立つ．

床は荒くて，衝突後，スーパーボールが滑らないとすると，速度と角速度の間にボールが転がるときの関係式

$$v_{x\mathrm{f}} = -R\omega_{\mathrm{f}} \tag{16.51}$$

が成り立つ．

(16.49) の右辺を R 倍すると，(16.50) の右辺と一致するので，

$$R(mv_{x\mathrm{f}} - mv_{x\mathrm{i}}) = I\omega_{\mathrm{f}} - I\omega_{\mathrm{i}} \tag{16.52}$$

が成り立ち，さらに (16.51) を用いて，

$$R(mv_{x\mathrm{f}} - mv_{x\mathrm{i}}) = -\frac{I}{R}v_{x\mathrm{f}} - I\omega_{\mathrm{i}} \tag{16.53}$$

が得られる．(16.53) より，

$$v_{x\mathrm{f}} = \frac{mR^2 v_{x\mathrm{i}} - RI\omega_{\mathrm{i}}}{mR^2 + I} \tag{16.54}$$

が得られる．さらに，スーパーボールは一様な球であるとすると，慣性モーメントは $I = 2mR^2/5$ である（第 15 章の章末問題［6］参照）．この値を（16.54）に代入して，

$$v_{xf} = \frac{mR^2 v_{xi} - R(2mR^2/5)\omega_i}{mR^2 + (2mR^2/5)} = \frac{5}{7}v_{xi} - \frac{2}{7}R\omega_i \tag{16.55}$$

が得られ，この公式から以下のような現象の要因が明らかになる．

- スーパーボールに $\omega_i > 5v_{xi}/(2R)$ のような左回りの回転（逆回転）を最初にかけておくと，$v_{xf} < 0$ となり，床に平行な成分に関してスーパーボールがもとの向きにはね返る．
- スーパーボールに $-v_{xi}/R > \omega_i$ のような右回りの回転を最初にかけておくと，$v_{xf} > v_{xi}$ となり，スーパーボールははね返った後に重心の速さが増す．

コ ラ ム
仮面の裏側

タロちゃんが叫んだ．「また，オイラーという名が出てきたよ．オイラーってすごいね！」すると，仮面はすかさず，こう答えた．『オイラーは数学と物理学の分野でさまざまな業績を残したまさに知の巨人だ．“オイラーの公式”，“オイラー角”，“オイラーの方程式”の他に，オイラーという名がつく用語が数多く存在するぞ．』「オイラーは目を患（わずら）い失明したという話を聞いたけど．」『それでも，口述筆記により研究論文を発表し続けたそうだ．』「症状は違うけど，ホーキングを思い出すね．」『そうじゃな．』「どうすれば，こんなに重要な発見がバンバンできるようになるの？」この問いに仮面は黙り込んでしまった．

せかすつもりではなかったが，タロちゃんがつぶやいた．「すごいことを見つける方法を知りたいよー．」仮面は困った表情を浮かべながら言った．『わしもじゃ．』タロちゃんはその言葉に驚き，しげしげと仮面を見つめた．違和感が高まる中，仮面の裏表が反対であることに気づいた．「もしかして，反面仮面？」と心の中でつぶやいた．仮面は，それに気づいたように口を開いた．『もうわかっただろ．光陰矢の如し．後悔先に立たず．鉄は熱いうちに打て．まあ，挙げるとキリがないな．』「あなたが語ってくれたことを思い出してがんばるよ．」『わしの出番はもうないようだな．』

（完）

章末問題

［1］ 角速度ベクトル $\boldsymbol{\omega} = \omega \boldsymbol{e}_\omega$ をもって回転している剛体について，回転軸に関する慣性モーメントが $I = \sum_k m_k \left\{ |\boldsymbol{r}'_k|^2 - (\boldsymbol{r}'_k \cdot \boldsymbol{e}_\omega)^2 \right\}$ と表されることを示せ．

⇨ 16.1 節

［2］ $\omega_z = 0$ のとき，回転の運動エネルギーは $K = I_{xx}\omega_{x'}^2/2 + I_{yy}\omega_{y'}^2/2 + I_{xy}\omega_{x'}\omega_{y'}$ で与えられる．x' 軸と y' 軸の代わりに $\tilde{x} = x'\cos\beta - y'\sin\beta$，$\tilde{y} = x'\sin\beta + y'\cos\beta$ を新たな軸として選ぶことにより，回転の運動エネルギーが $K = \tilde{I}_{xx}\tilde{\omega}_{x'}^2/2 + \tilde{I}_{yy}\tilde{\omega}_{y'}^2/2$ のように表されることを示せ．ここで，$\tan 2\beta = 2I_{xy}/(I_{yy} - I_{xx})$ である．

⇨ 16.1 節

［3］ **【発展】** $\boldsymbol{N} = \boldsymbol{0}$ のとき，オイラーの方程式は

$$\frac{dL_{x'}}{dt} = \frac{L_{y'}L_{z'}}{I_{zz}} - \frac{L_{z'}L_{y'}}{I_{yy}}, \quad \frac{dL_{y'}}{dt} = \frac{L_{z'}L_{x'}}{I_{xx}} - \frac{L_{x'}L_{z'}}{I_{zz}}$$

$$\frac{dL_{z'}}{dt} = \frac{L_{x'}L_{y'}}{I_{yy}} - \frac{L_{y'}L_{x'}}{I_{xx}}$$

と表される．さらに，この方程式は

$$\frac{dL_{x'}}{dt} = \frac{\partial K}{\partial L_{y'}}\frac{\partial H}{\partial L_{z'}} - \frac{\partial K}{\partial L_{z'}}\frac{\partial H}{\partial L_{y'}}, \quad \frac{dL_{y'}}{dt} = \frac{\partial K}{\partial L_{z'}}\frac{\partial H}{\partial L_{x'}} - \frac{\partial K}{\partial L_{x'}}\frac{\partial H}{\partial L_{z'}}$$

$$\frac{dL_{z'}}{dt} = \frac{\partial K}{\partial L_{x'}}\frac{\partial H}{\partial L_{y'}} - \frac{\partial K}{\partial L_{y'}}\frac{\partial H}{\partial L_{z'}}$$

と書きかえられる．ここで，$K = (1/2)(L_{x'}^2 + L_{y'}^2 + L_{z'}^2)$ である．$H = H(L_{x'}, L_{y'}, L_{z'})$ を求めよ．このような形をした運動方程式は**南部方程式**とよばれる．さらに，

$$\begin{cases} \dfrac{dL_{x'}}{dt} = \{L_{x'}, K, H\}_{\mathrm{NB}}, \quad \dfrac{dL_{y'}}{dt} = \{L_{y'}, K, H\}_{\mathrm{NB}} \\ \dfrac{dL_{z'}}{dt} = \{L_{z'}, K, H\}_{\mathrm{NB}} \end{cases}$$

と表される．ポアソン括弧 $\{A, B\}_{\mathrm{PB}}$（第 14 章の章末問題［2］参照）を参考にして，**南部括弧** $\{A, B, C\}_{\mathrm{NB}}$ を定義せよ．

⇨ 16.2.1 項

［4］ 図 16.9 のように，自転車の車輪の両側に軸をつけ，その軸の片方の端に軽いひもを取りつけ，手で軸を固定してひもを鉛直に軸を水平にした状態に保った．車輪の質量を M，軸は車輪の左右で同じ長さ l で質量は無視できるとして，以下の問いに答えよ． ⇨ 16.2.2 項

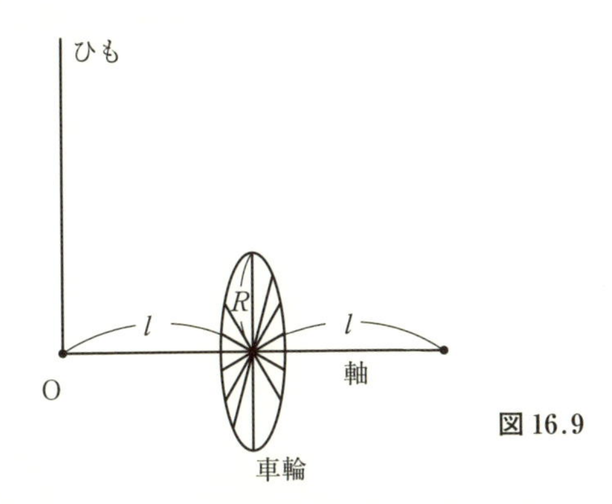

図 16.9

（a） 車輪を回転させない場合，軸から手を放すとどうなるか，理由とともに答えよ．

（b） 車輪を勢いよく回転させた後，軸から手を放したところ，軸が水平方向を保ったまま点 O を中心として角速度 Ω で回転した．この運動は歳差運動の一例で**ジャイロスコープ効果**とよばれる．このとき，この剛体（車輪と軸）にどのような力がはたらいているか．また，剛体の角運動量の時間変化について考察せよ．

［5］ 四枚羽根のブーメランの運動（図 16.10 参照）について，以下の問いに答えよ．

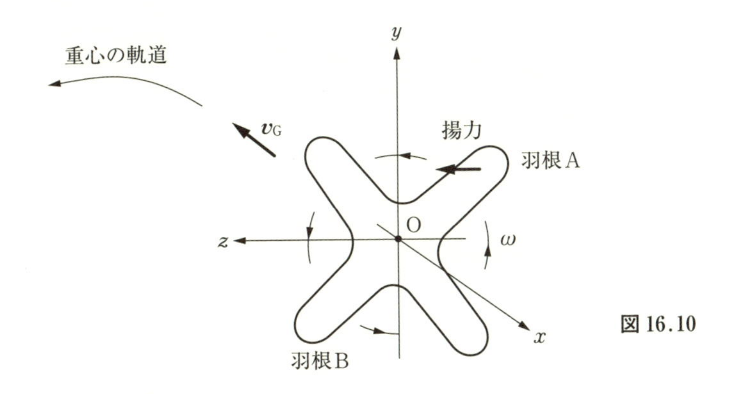

図 16.10

⇨ 16.2.2 項

（a） ブーメランが回転するとき，回転面に垂直に揚力（ようりょく）とよばれる力がはたらく．揚力は羽根の速さに比例する．羽根 A と羽根 B にはたらく揚力の大きさを比較せよ．

（b） ブーメランが回転しながら，その重心が速度 $\boldsymbol{v}_{\mathrm{G}}$ で移動するとき，角運動量 $\boldsymbol{L}$ と重心周りの揚力のモーメント $\boldsymbol{N}$ を図示せよ．

（c） ジャイロスコープ効果により，ブーメランの向きが変化する．ブーメランの重心が半径 R の円軌道を描いてもとの場所に戻ってくるとき，R，$|\boldsymbol{v}_{\mathrm{G}}|$，$|\boldsymbol{L}|$，$|\boldsymbol{N}|$ の間にどんな関係式が成り立つか．

［6］ 逆立ち（さかだ）ゴマの運動（図 16.11 参照）について，以下の問いに答えよ．

⇨ 16.2.2 項

（a） 逆立ちゴマには摩擦力 $\boldsymbol{F}_{\mathrm{f}}$ が接点にはたらく．角運動量 $\boldsymbol{L}$ と重心周りの摩擦力のモーメント $\boldsymbol{N}$ を図示せよ．

（b） 逆立ちゴマはほぼ球形をしていて，$\boldsymbol{L} = I\boldsymbol{\omega}$ が成り立つとする．逆立ちゴマとともに回転している座標系で見た場合，逆立ちゴマの運動方程式を書き下せ．

（c） コマの中心軸の方向の単位ベクトルを $\boldsymbol{e}_{\mathrm{c}}$ とし，これと $\boldsymbol{L}$ のなす角を θ とすると，$\boldsymbol{e}_{\mathrm{c}}\cdot\boldsymbol{N} = -N\sin\theta$，$\boldsymbol{e}_{\mathrm{c}}\cdot\boldsymbol{L} = L\cos\theta$ が成り立ち，これらを運動方程式に代入して，θ に関する運動方程式を導き，コマが回転している間に逆立ちすることを示せ．

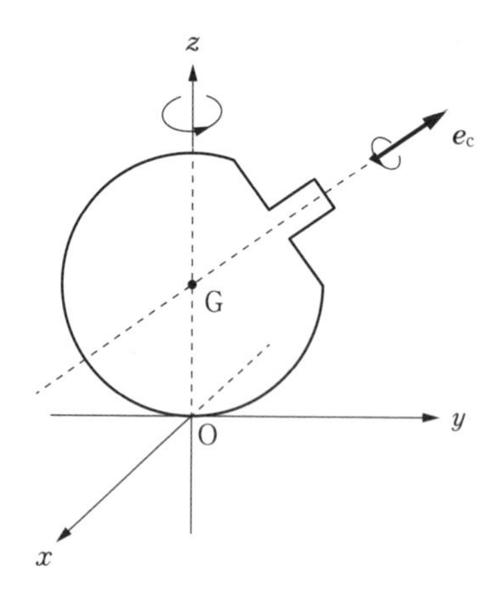

図 16.11

［7］ ビリヤードの試技をイメージして，以下の問いに答えよ． ⇨ 16.3.1 項

（a） 図 16.12 のように，質量 M，半径 R の一様な球の 1 点（水平面から高さ h の地点）を細い棒で水平に突いたところ，球は撃力（その力積を $F_1\Delta t$ とする）を受けてまっすぐに動き出した．突いてから Δt 秒後における球の速さを v，角速度を ω とする．撃力以外の力の寄与は無視できるとして，球に関する運動方程式の積分形を書き下せ．

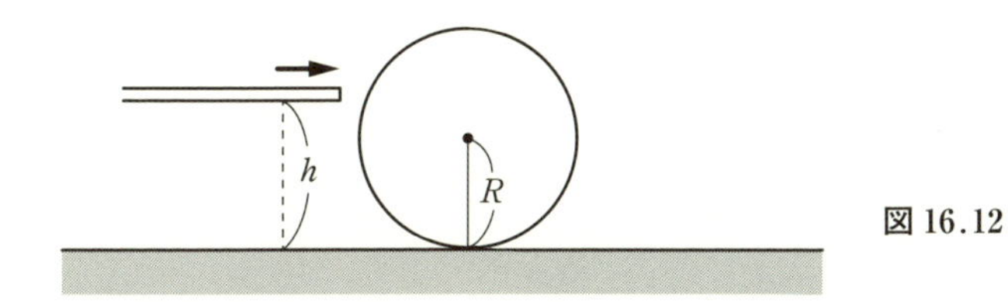

図 16.12

（b） v と ω の間の関係式を導き，球が滑らずに回転運動するような h の値を求めよ．

［8］ 質量 m，半径 R のスーパーボールに，角速度 ω をもたせて水平な粗い床の上に自由落下させた．スーパーボールは床と衝突する際に鉛直方向には弾性衝突し，水平方向には滑らないとする．衝突直後のスーパーボールの速度と角速度を求めよ． ⇨ 16.3.2 項

［9］ **【発展】** 図 16.13 のように，原点 O を固定点として質量 M のコマが角速度 ω_0 で高速回転している．回転軸が角運動量の方向と一致するという仮定のもとでコマの運動を考察せよ． ⇨ 16.2.2 項

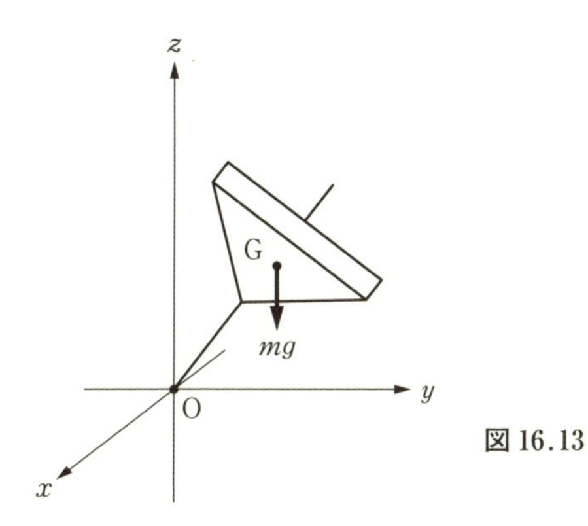

図 16.13

［10］ **【発展】** 体操や水泳の飛び込みやトランポリンの選手は，空中で巧みに「宙返り」や「ひねり」を行う．このような運動を剛体の運動に基づいて考察しよう．

⇨ 16.3.1 項

（a） 選手の代わりに質量 M の円柱を用いて，図 16.14 のように点 P に撃力がはたらくことにより宙返り（円柱の重心 O′ の周りの回転運動）が起こることを示せ．

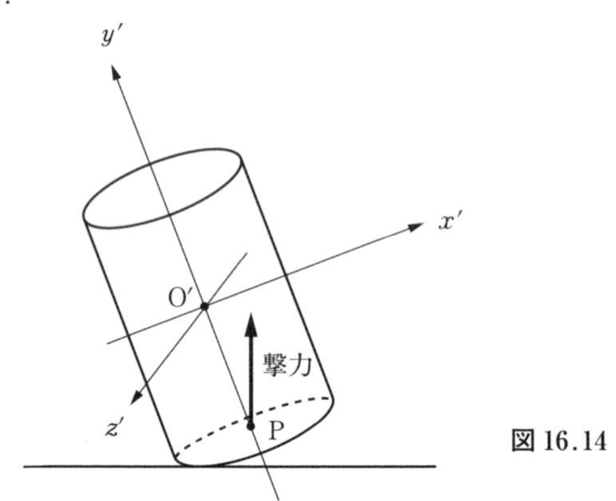

図 16.14

（b） 宙返りしている状態で円柱が $y'z'$ 平面（円柱の回転軸と中心軸を含む平面）内で傾いたとき，ひねり（円柱の中心軸周りの回転運動）が起こることを示せ．

章末問題略解

章末問題の詳細解答は，

https://www.shokabo.co.jp/mybooks/ISBN978-4-7853-2268-7.htm

にて公開する予定である．各自参照してほしい．

第1章

［2］ $x = l\cos\theta$，$y = l\sin\theta$，z は共通，$l = \sqrt{x^2 + y^2}$，$\tan\theta = y/x$

第2章

［1］ $|\boldsymbol{A}| = 5\sqrt{2}$，$\cos\alpha = 3\sqrt{2}/10$，$\cos\beta = 2\sqrt{2}/5$，$\cos\gamma = \sqrt{2}/2$ ［5］ $|\boldsymbol{r} - \boldsymbol{c}|^2 = R^2$ ［9］ $S = |\boldsymbol{A}\times\boldsymbol{B}| = |\boldsymbol{A}||\boldsymbol{B}|\sin\theta = |\boldsymbol{A}||\boldsymbol{B}|\sqrt{1-\cos^2\theta} = \sqrt{|\boldsymbol{A}|^2|\boldsymbol{B}|^2 - (\boldsymbol{A}\cdot\boldsymbol{B})^2}$
［18］ 例えば，$(\boldsymbol{A}\times\boldsymbol{B})\cdot\boldsymbol{C}$

第3章

［4］ $(d/dt)(\boldsymbol{A}/A) = (1/A)(d\boldsymbol{A}/dt) - (1/A^2)(dA/dt)\boldsymbol{A}$ ［5］ $\boldsymbol{v} = (R\omega(1+\cos\omega t), R\omega\sin\omega t)$，$\boldsymbol{a} = (-R\omega^2\sin\omega t, R\omega^2\cos\omega t)$ ［6］（b）$\boldsymbol{r}\times(d\boldsymbol{r}/dt) = \omega\boldsymbol{a}\times\boldsymbol{b}$ （c）$\boldsymbol{r}\cdot\{(d\boldsymbol{r}/dt)\times(d^2\boldsymbol{r}/dt^2)\} = \boldsymbol{0}$ ［7］ $\boldsymbol{v} = (-R\omega\sin\omega t, R\omega\cos\omega t, v_0)$，$\boldsymbol{a} = (-R\omega^2\times\cos\omega t, -R\omega^2\sin\omega t, 0)$ ［8］（a）1個の点 （b）一定の速さで回る円 （c）接線ベクトル ［9］（a）2.0×10^{-7} rad/s，3.0×10^4 m/s （b）2.7×10^{-6} rad/s，1.0×10^3 m/s （c）7.3×10^{-5} rad/s，4.6×10^2 m/s ［10］ $\boldsymbol{r} = (1/2)\boldsymbol{a}_0t^2 + \boldsymbol{b}_0t + \boldsymbol{c}_0$（$\boldsymbol{b}_0$，$\boldsymbol{c}_0$ は定ベクトル） ［12］（e）$\boldsymbol{e}_t\cdot\{(d\boldsymbol{e}_t/ds)\times(d^2\boldsymbol{e}_t/ds^2)\} = \kappa^2\tau$

第4章

［3］ 4.58 N ［6］（b）$|\boldsymbol{l}| = mv_0b$ ［7］ $\partial r/\partial x = x/r$，$(\partial/\partial x)(1/r) = -x/r^3$

第5章

［1］（a）558 N （b）$t = 1.4$ s ［4］ 約6倍 ［8］ $y = (m^2g/\gamma^2)\log|1-(\gamma/mv_{0x})x| + \{v_{0y} + (mg/\gamma)\}x/v_{0x}$ ［9］ $mdv/dt = -\beta v^2 + mg$（β は正の定数）を解いて，$v = \sqrt{mg/\beta}\tanh\sqrt{\beta g/m}\,t$．ここで，$\tanh a = (e^a - e^{-a})/(e^a + e^{-a})$.

第6章

［1］ 141 N ［3］ $h \geq 5r/2$ ［4］（a）$\mu = 1$ （b）980 N ［7］（a）$\mu(m+M)g$

（b）$\mu' g, (F-\mu' mg)/M$ ［8］（a）$(1/2)g(\sin\theta-\mu'\cos\theta)t^2$ （b）$\{2lg(\sin\theta-\mu'\cos\theta)\}^{1/2}$

［9］重力の大きさは 6.67×10^{-9} N，クーロン力の大きさは 8.99×10^{11} N．

第7章

［3］（a）$\{x^2/(2E/k)\}+(p^2/2mE)=1$ （b）E/ν ［4］$T=\int_{x1}^{x2}\sqrt{\dfrac{2m}{U(x_2)-U(x)}}\,dx$

［6］$\tan\theta=\theta+(\theta^3/3)+(2/15)\theta^5+\cdots$ ［8］2.0 s ［9］$T=2\pi\sqrt{l\cos\theta/g}$

第8章

［2］損失仕事率 $-\gamma C^2\Omega^2\sin^2(\Omega t-\xi_0)$，平均損失仕事率 $-(1/2)\gamma C^2\Omega^2$ ［4］$x_P(t)=(f_0t/2\omega)\sin\omega t$ ［5］$x_P(t)=\{f_0/(a^2+\omega^2)\}e^{-at}$ ［6］$dn/dt=-\gamma n$，$n(t)=n_0e^{-\gamma t}$ ［7］$x(t)=x(0)/[x(0)+\{1-x(0)\}e^{-\mu t}]$ ［8］$x(t)=ae^t+bte^t+ce^{-2t}$（a，b，c は任意定数）［10］（b）$W=W_0e^{-pt}$，ここで，$W_0=W(x_1(0), x_2(0))$．（d）$x(t)=c_1\cos\omega t+c_2\sin\omega t+(1/\omega)\int^t f(t')\sin\omega(t-t')\,dt'$

第9章

［1］（a）$mld^2\theta_1/dt^2=-mg\theta_1+kl(\theta_2-\theta_1)$，$mld^2\theta_1/dt^2=-mg\theta_2-kl(\theta_2-\theta_1)$ （b）$\omega_+=\sqrt{g/l}$，$\omega_-=\sqrt{(g/l)+(2k/m)}$ （c）$\theta_1=\theta_0\cos(k/2m\omega_+)t\cos\{\omega_++(k/2m\omega_+)\}t$，$\theta_2=\theta_0\sin(k/2m\omega_+)t\sin\{\omega_++(k/2m\omega_+)\}t$

［2］$\omega_\pm^2=(1/2)\left[\{(k_1+k_2)/m_1\}+(k_2/m_2)\pm\sqrt{\{(k_1+k_2)/m_1+(k_2/m_2)\}^2-(4k_1k_2/m_1m_2)}\right]$

［3］$x_1=(k_2-m\Omega^2)F_0\cos\Omega t/\{(k_1+k_2-m\Omega^2)(k_2-m\Omega^2)-k_2^2\}$，
$x_2=k_2F_0\cos\Omega t/\{(k_1+k_2-m\Omega^2)(k_2-m\Omega^2)-k_2^2\}$

［4］$s=a\int_0^\varphi\sqrt{1-k^2\sin^2\varphi'}\,d\varphi'$（$k^2=(a^2-b^2)/a^2$）［5］$x=a(\theta+\sin\theta)$，$y=a(1-\cos\theta)$ ［6］（a）$K=2ma^2\cos^2(\theta/2)(d\theta/dt)^2$，$U=mga(1-\cos\theta)$ （b）$T=2\sqrt{\dfrac{a}{g}}\int_{-\theta_{\max}}^{\theta_{\max}}\dfrac{\cos(\theta/2)}{\sqrt{\sin^2(\theta_{\max}/2)-\sin^2(\theta/2)}}\,d\theta$ （c）$T=4\pi\sqrt{a/g}$ （d）9分26秒 ［8］（a）$\omega_\pm^2=\left(\sqrt{m_1+m_2}/2m_1l_1l_2\right)g\left\{\sqrt{m_1+m_2}(l_1+l_2)\pm\sqrt{m_1(l_1-l_2)^2+m_2(l_1+l_2)^2}\right\}$
（b）$\omega_\pm\fallingdotseq\sqrt{g/l}\{1\pm(1/2)\sqrt{m_2/m_1}\}$ （c）$\omega_-\fallingdotseq\sqrt{g/2l}$

第10章

［2］4.6×10^3 N ［5］（a）$\tan^{-1}(\tan\theta/e)$ （b）$v\sqrt{\sin^2\theta+e^2\cos^2\theta}$ ［6］（a）$mv_{1i}=mv_{1f}\cos\theta_1+mv_{2f}\cos\theta_2$，$mv_{1f}\sin\theta_1=mv_{2f}\sin\theta_2$，$(1/2)mv_{1i}^2=(1/2)mv_{1f}^2+(1/2)mv_{2f}^2$ （b）$\theta_1+\theta_2=\pi/2$ （c）$v_{1f}=v_{1i}\sin\theta_2$，$v_{2f}=v_{1i}\cos\theta_2$ ［10］（a）$MdV/dt=mv$ （b）$V(t)=v\log\{M_0/(M_0-mt)\}$，$l(t)=(M_0v/m)[\{1-(m/M_0)t\}\times$

$\log\{1-(m/M_0)t\}+(m/M_0)t]$

第11章

［1］ 4.5×10^5 m ［3］（a）7.9×10^3 m/s，85分 （b）1.1×10^4 m/s
［6］1.99×10^{30} kg ［8］（a）$v=\sqrt{GM(r)/r}$ （b）rとともに$1/\sqrt{r}$で減少
［9］$r>R$のとき$u(r)=-GM_{球殻}/r$，$r<R$のとき$u(r)=-GM_{球殻}/R=$一定
［10］ $r>R$のとき$u(r)=-GM/r$，$r<R$のとき$u(r)=GMr^2/2R^3-3GM/2R$

第12章

［1］ 5.6×10^3 J，2.8×10^3 W ［2］ 2.5×10^7 J，3.3×10^3 W ［3］（a）2.7×10^{33} J （b）2.28×10^{25} J （c）5.88 J （d）2.5×10^5 J ［4］ 6.3 m ［7］（b）$\boldsymbol{F}=(x/r^2,\ y/r^2)$ （c）$x>0$で$F_x=-a$，$x<0$で$F_x=a$ ［9］（a）$l=v\Delta t+v^2/(2\mu' g)$ （b）$\Delta t=1.26$ s，$\mu'=0.78$ ［10］ 9.9×10^3 J/s

第13章

［1］ $a_{1i}a_{1j}+a_{2i}a_{2j}+a_{3i}a_{3j}=\delta_{ij}\ (i,j=1,2,3)$．ここで，$i=j$のとき$\delta_{ij}=1$，$i\neq j$のとき$\delta_{ij}=0$． ［2］（a）$m_1\boldsymbol{v}_1+m_2\boldsymbol{v}_2=\boldsymbol{0}$，$(1/2)m_1\boldsymbol{v}_1^2+(1/2)m_2\boldsymbol{v}_2^2=\Delta E$ （b）$m_1(\boldsymbol{v}_1-\boldsymbol{u})+m_2(\boldsymbol{v}_2-\boldsymbol{u})=-M\boldsymbol{u}$，$(1/2)m_1(\boldsymbol{v}_1-\boldsymbol{u})^2+(1/2)m_2(\boldsymbol{v}_2-\boldsymbol{u})^2=(1/2)M(-\boldsymbol{u})^2+\Delta E$ （c）$m_1+m_2=M$ ［4］（b）$\theta=\tan^{-1}(v^2/gR)$ （c）$F=m\sqrt{(gR)^2+v^4}/R$
［6］ 1.6 s ［9］（a）$\boldsymbol{F}'_{i2}=(2m\omega v_{y'}\cos\varphi,\ -2m\omega(v_{x'}\sin\varphi+v_{z'}\cos\varphi),\ 2m\omega v_{y'}\cos\varphi)$ （b）$y'=(\omega\cos\varphi/3)\sqrt{8(h-z')^3/g}$

第14章

［1］ $L=\sum_{a=1}^{3N}(1/2)\widetilde{m}_a(dq_a/dt)^2-U(q_1,\cdots,q_{3N})$

［2］ $H=\sum_{a=1}^{3N}p_a^2/2\widetilde{m}_a+U(q_1,\cdots q_{3N})$

［6］ $\boldsymbol{P}=\int_V\rho(\boldsymbol{r})\dfrac{d\boldsymbol{r}}{dt}dV$，$\boldsymbol{L}=\int_V\rho(\boldsymbol{r})\boldsymbol{r}\times\dfrac{d\boldsymbol{r}}{dt}dV$，$K=\int_V\dfrac{1}{2}\rho(\boldsymbol{r})\left(\dfrac{d\boldsymbol{r}}{dt}\right)^2dV$

［10］ $X=x(\cos\psi\cos\phi-\cos\theta\sin\phi\sin\psi)-y(\cos\psi\sin\phi+\cos\theta\cos\phi\sin\psi)+z\sin\psi\sin\theta$，$Y=x(\sin\psi\cos\phi+\cos\theta\sin\phi\cos\psi)-y(\sin\psi\sin\phi-\cos\theta\cos\phi\cos\psi)-z\cos\psi\sin\theta$，$Z=x\sin\theta\sin\phi+y\sin\theta\cos\phi+z\cos\theta$

第15章

［1］（a）$l/2$ （b）$3l/4$ （c）4冊 ［2］ $m=(F_1+F_2)/g$，$l_G=\{F_1/(F_1+F_2)\}l$
［3］ $x\Leftrightarrow\theta$，$v\Leftrightarrow\omega=d\theta/dt$，$a=d^2x/dt^2\Leftrightarrow d\omega/dt=d^2\theta/dt^2$，$F=md^2x/dt^2\Leftrightarrow$

$N = Id^2\theta/dt^2$, $W = \int F\,dx \Leftrightarrow W = \int N\,d\theta$, $P = Fv \Leftrightarrow P = N\omega$ ［**4**］ 車輪の最上部の速さは $2v_0$, 最下部の速さは 0 ［**5**］ $I = MR^2/2$ ［**6**］ $I_z = 2MR^2/5$ ［**9**］（a）$\omega_l = 2\sqrt{gl/(3R^2)}$, $I\omega_l^2/2 = Mgl/3$ （b）$\omega_l = 2\sqrt{(g+a)l/(3R^2)}$, $I\omega_l^2/2 = M(g+a)l/3$ ［**10**］（a）$d(ml^2\omega)/dt = -mgl\sin\theta$

第 16 章

［**5**］（c）$|\boldsymbol{N}|/|\boldsymbol{L}| = |\boldsymbol{v}_G|/R$ ［**6**］（b）$d\boldsymbol{L}/dt = \boldsymbol{N}$ ［**7**］（a）$Mv = F_I\Delta t$, $I\omega = F_I\Delta t(h-R)$ （b）$h = (7/5)R$ ［**8**］ $v_{xf} = 4R\omega_0/7$, $\omega_f = -3\omega_0/7$

あとがき

自らの経験から，「学生のころに読んだ本がその後の人生に少なからぬ影響を及ぼすかもしれない」と自分に言い聞かせることにより，放っておくと緩みそうになる気持ちを引き締めながら執筆に励んだ．

私が大学の初年次に活用した力学に関する本は

[1]　紀本和男，飼沼芳郎，杉山 旭 共編：「基礎物理学講座 I 」（学術図書出版社，1979 年）

[2]　山内恭彦 著：「一般力学 増訂第 3 版」（岩波書店，1963 年）

[3]　ファインマン，レイトン，サンズ 共著，坪井忠二 訳：「ファインマン物理学 I　力学」（岩波書店，1967 年）

である．[1] は授業のテキストとして，[2]，[3] は独学用に購入した．[3] が有する物理の世界に引き込む力に圧倒され，「このようなテキストが書けたら」というあこがれがいまだにある．

「まえがき」にも記したように共通教育で物理学の基礎を教えてきた．その際に用いたテキストは，

[4]　川村 清 著：「裳華房テキストシリーズ - 物理学 力学」（裳華房，1998 年）

[5]　小出昭一郎 著：「物理学 三訂版」（裳華房，1997 年）

である．[4] は工学部の初年次生を対象とした講義に，[5] は医学部の学生を対象とした講義に用いた．いずれも前任者が使用していたものを踏襲した．

現在，「力学」に関する非常に多くの本が出版されている．執筆を始めてから，さまざまなテキストを拝見し優れたものが数多くあることを改めて認識した．紙面の都合上，ここではその一部を掲載するに留める．

[6]　V.D. バーガー，M.G. オルソン 共著：「力学 ― 新しい視点に立って ―」（培風館，1975 年）

[7]　戸田盛和 著：「物理入門コース 1 力学」（岩波書店，1982 年）

[8]　米谷民明 著：「物理学基礎シリーズ 1 力学」（培風館，1993 年）

[9]　R.A. サーウェー 著：「科学者と技術者のための物理学 Ia，Ib」（学術図書出版社，1995 年）

[10]　兵頭俊夫 著：「考える力学」（学術図書出版社，2001 年）

[11]　D. ハリディ，R. レスニック，J. ウォーカー 共著：「物理学の基礎 [1] 力学」（培風館，2002 年）

[12]　窪田高弘 著：「力学入門」（培風館，2006 年）

[13]　副島雄児，杉山忠男 共著：「講談社基礎物理学シリーズ 1 力学」（講談社サイエンティフィク，2009 年）

[14]　篠本滋，坂口英継 共著：「基幹講座 物理学 力学」（東京図書，2013 年）

各自，図書館などで手に取って自分に合った本を選ぶとよいと思う．提示の仕方やスタンスに違いがあり，内容の理解はもちろんのこと，いろいろな本を読み比べて，違いがわかる・違いを楽しめるレベルになるとすばらしいと思う．

力学に限らず，物理学の興味深い点は，さまざまな現象が少数の基本的な法則から説明できることである．力学においては「ニュートンの運動の 3 法則」を用いて，本書で見たように数々の巨視的な力学現象を理解することができる（ただし，紙数の都合上，物体を質点や剛体として理想化して扱ったが，弾性体，流体，波動の定式化も可能で，それらを用いてより広範囲に及ぶ現象が説明される）．もちろん，どのような法則をより基本的なものとして捉えるかについてはさまざまな立場が存在する．例えば，14.4 節で紹介したように，運動に関する保存則は時空構造の反映として捉えることができる．すなわち，保存則や時空構造を出発点とした定式化が考えられる．一般的な定式化（変分原理，対称性と保存則）に興味のある方には，「解析力学」の学習をお勧めする．物理学に限らず，自然科学の現象を多面的に理解することにより，物事の価値観が変容し視野が広がる可能性が生まれる．

最後に，本書で紹介した「力学」（「ニュートン力学」）には適用限界があることも指摘しておこう．具体的には，物体の速さが光の速さ（$c = 3.0 \times 10^8\ \mathrm{m/s}$）に近づいたとき，「相対論的力学」が取って代わる（というよりも，相対論的力学がより基本的で，ニュートン力学はその非相対論的極限にすぎない）．また，エネルギーを振動数で割った値や角運動量の大きさがプランク定数（$h = 6.63 \times 10^{-34}\ \mathrm{J{\cdot}s}$）と同程度になった場合，「量子力学」が取って代わる

(すなわち，微視的な世界ではニュートン力学は破綻する)．

本書を読み終えた方々が，力学を通して身につけた科学する心と術をもとにして，各自の専門分野の学習に勤しみ，近い将来，研究や技術開発に地道に励む，能動性と創造力を駆使して難問に挑む，現状に満足せず未知の学問領域を切り開くなど，それぞれの目標の実現に向かって邁進(まいしん)してほしいものである．

索　　引

ヨ

ラ

リ

ル

レ

ロ

著者略歴

川村嘉春(かわむら よしはる)

1961年　滋賀県長浜市生まれ
1985年　名古屋大学理学部物理学科卒業
1990年　金沢大学大学院自然科学研究科物質科学専攻修了，学術博士
1990年　信州大学理学部物理学科助手
1999年　信州大学理学部物理科学科助教授
2006年　信州大学理学部物理科学科教授
2014年　信州大学学術研究院（理学系）教授，現在に至る
専門：素粒子物理学
著書：「例題形式で学ぶ 現代素粒子物理学」（サイエンス社），「相対論的量子力学」（裳華房），「人名でよむ 物理法則の事典」（共著，丸善出版），「基礎物理から理解する ゲージ理論」（サイエンス社）

理解する力学 ―科学する心と術を学ぶ―

2019年 8月20日　第1版1刷発行

検印省略

定価はカバーに表示してあります．

著作者　川村嘉春
発行者　吉野和浩
発行所　〒102-0081 東京都千代田区四番町8-1 電話 03-3262-9166～9 株式会社 裳華房
印刷所　株式会社 真興社
製本所　牧製本印刷株式会社

一般社団法人
自然科学書協会会員

ISBN 978-4-7853-2268-7